北大社 "十三五"职业教育规划教材

高职高专土建专业"互联网＋"创新规划教材

市政工程材料检测

主　编◎李继伟　崔　杰　郑　伟

副主编◎雷　华　刘文芳　章　治
　　　　王子硕

参　编◎徐炳进　陈　健　章文菁
　　　　龚巧艳　黎永坚

主　审◎罗　旭

北京大学出版社
PEKING UNIVERSITY PRESS

内 容 简 介

本书结合大量工程案例，并参阅国家九部委最新联合颁布的《标准文件》，系统地阐述了市政工程材料检测的主要内容，包括砂石材料、石灰和水泥、水泥混凝土和砂浆、无机结合料稳定材料、沥青材料、沥青混合料、建筑钢材、高分子聚合物材料等主要市政工程材料的相关知识和检测方法，反映了国内外市政工程材料检测的最新动态。

本书采用全新体例编写，除附有大量工程案例外，还增加了知识链接、特别提示、引例等模块。此外，每章还附有单选题、多选题、判断题、简答题、计算题等多种题型供读者练习。通过对本书的学习，读者可以掌握主要市政工程材料的基本理论和检测操作技能，具备普通水泥混凝土配合比和沥青混合料配合比设计的能力。

本书既可作为高职高专院校土木工程类相关专业的教材和指导书，也可作为土木施工类及工程管理类各专业职业资格考试的培训教材，还可为备考从业和执业资格考试的人员提供参考。

图书在版编目(CIP)数据

市政工程材料检测/李继伟，崔杰，郑伟主编 . —北京：北京大学出版社，2018.9
(高职高专土建专业"互联网+"创新规划教材)
ISBN 978 – 7 – 301 – 29572 – 4

Ⅰ . ①市… Ⅱ . ①李… ②崔… ③郑… Ⅲ . ①市政工程—建筑材料—检测—高等职业教育—教材 Ⅳ . ①TU502

中国版本图书馆 CIP 数据核字(2018)第 116828 号

书　　　　名	市政工程材料检测	
	SHIZHENG GONGCHENG CAILIAO JIANCE	
著作责任者	李继伟　崔　杰　郑　伟　主编	
策 划 编 辑	杨星璐	
责 任 编 辑	伍大维	
数 字 编 辑	贾新越	
标 准 书 号	ISBN 978 – 7 – 301 – 29572 – 4	
出 版 发 行	北京大学出版社	
地　　　　址	北京市海淀区成府路 205 号　　100871	
网　　　　址	http://www.pup.cn　新浪微博：@北京大学出版社	
电 子 信 箱	pup_6@163.com	
电　　　　话	邮购部 010 - 62752015　发行部 010 - 62750672　编辑部 010 - 62750667	
印 　刷　 者	天津中印联印务有限公司	
经 　销　 者	新华书店	
	787 毫米 × 1092 毫米　16 开本　19.75 印张　462 千字	
	2018 年 9 月第 1 版　2021 年 1 月第 2 次印刷	
定　　　　价	44.00 元	

前言

本书为北京大学出版社"高职高专土建专业'互联网＋'创新规划教材"之一。为适应"互联网＋"时代职业技术教育发展需要，培养土木工程行业具备工程材料检测的专业技术管理应用型人才，我们结合当前工程材料检测的前沿问题编写了本书。

本书主要内容包括绪论、砂石材料、石灰和水泥、水泥混凝土和砂浆、无机结合料稳定材料、沥青材料、沥青混合料、建筑钢材、高分子聚合物材料等内容。此外，为便于读者学习，还附有一些知识链接、特别提示和引例等。

本书内容可按照 56～86 学时安排，推荐学时分配：绪论用 2 学时，项目 1 用 6～10 学时，项目 2 用 10～14 学时，项目 3 用 14～18 学时，项目 4 用 4～8 学时，项目 5 用 8～12 学时，项目 6 用 8～12 学时，项目 7 用 2～6 学时，项目 8 用 2～4 学时。教师可根据不同专业灵活安排学时，课堂重点讲解每章主要知识模块，章节中的知识链接、特别提示、引例、应用案例和复习题等模块可安排学生课后阅读和练习。

本书突破了已有相关教材的知识框架，注重理论与实践相结合，采用全新体例编写，内容丰富，案例翔实，并附有多种类型的习题供读者练习。

结合社会快速发展的需求，为了使学生能够更方便地了解课程相关的知识和行业动态，我们结合"互联网＋"技术，通过二维码链接了多种形式的学习资源，包括各种材料的实物图片、施工现场图、施工视频、行业规范、习题答案等。读者可以通过手机的"扫一扫"功能，快速查看与知识点相关的学习内容，为读者节约了大量的搜集整理时间，也使学生可以随时随地、更加方便快捷地学习。

本书由广州城市职业学院李继伟、广州石门国家森林公园管理处崔杰、华南理工大学土木与交通学院郑伟担任主编，广州城市职业学院雷华和刘文芳、华南理工大学土木与交通学院章治和王子硕担任副主编，广州城市职业学院徐炳进、陈健、章文菁、龚巧艳和黎永坚参编。全书由李继伟负责统稿。本书具体编写分工为：章文菁、龚巧艳和黎永坚共同编写绪论，

【资源索引】

李继伟编写项目 1、项目 2、项目 3 和项目 5，刘文芳、雷华和徐炳进共同编写项目 4，徐炳进、陈健和崔杰共同编写项目 6，郑伟编写项目 7，章治和王子硕共同编写项目 8。暨南大学力学与建筑工程学院罗旭对本书进行了审读，并提出了很多宝贵意见，中铁十二局集团有限公司胡权周为本书的编写提供了大量的工程实例，广东创粤建设有限公司杨粤对本书的编写工作也提供了很大的帮助，在此一并表示感谢！

　　本书在编写过程中，参考和引用了国内外大量文献资料，在此谨向相关作者表示衷心的感谢。由于编者水平有限，本书难免存在不足和疏漏之处，敬请各位读者批评指正。

编　者

2018 年 1 月

本书课程思政元素

教师可结合下表中的内容导引，针对相关的知识点或案例，引导学生进行思考或展开研讨。详细的课程思政设计内容可联系出版社索取。

页码	内容导引	思考问题	课程思政元素
1	道路与桥梁发展历史	你知道中国古代的道路与桥梁建设情况是什么样的吗？ 材料是工程的物质基础，请举例你了解的中国古代道路与桥梁所采用的是何种材料	祖国发展 职业自豪感 文化自信
2	南京长江大桥案例分析	南京长江大桥建设背景、材料和特点是什么？ 对此谈一谈感受	科学发展 科学精神
3	凤凰县"8.13"大桥坍塌事故	为什么会发生这样的事故？ 如何处理并避免同类事故的发生	责任与使命 专业水准 职业精神 依法行政
35	水泥发展历史	你知道水泥最早是怎么被发明的吗？ 水泥发展至今经历了哪些过程，取得了哪些应用成果	科学精神 时代精神 产业报国
35	石灰的应用	路基处理时，为什么要把石灰与松散的黏土混合在一起铺筑在路基上呢	专业能力 专业知识
50	掺合料有大用	你知道粉煤灰、高炉矿渣、火山灰等添加到水泥中有什么作用吗	科学精神 工匠精神 创新意识
64	金字塔应用的胶结材料分析	你知道古代金字塔、长城等宏伟建筑是怎么建成的吗？主要应用了哪些胶结材料	科技发展 世界文化
76	水泥混凝土的技术特性	你知道水泥混凝土为什么会从稠状变化成坚硬的建筑结构吗	自主学习 专业能力
112	混凝土外加剂	你知道寒冷的地方施工，怎么防止水泥混凝土提前凝结硬化吗？ 如果工期紧张，怎么在保障水泥混凝土强度情况下，缩短凝结时间	科学精神 专业能力
159	沥青分类及来源	你知道沥青是怎么来的吗？ 你知道沥青能用在哪些地方吗	自然瑰宝 专业与社会

续表

页码	内容导引	思考问题	课程思政元素
161	沥青应用的发展历史	你知道最早的沥青是用来做什么的吗？你知道沥青从被发现，到大规模作为建筑材料，历经了怎样的过程吗	科技发展 世界文化 能源意识
162	沥青性能、技术指标	你知道如何评价沥青的材料性能吗？你知道用什么理论和方法可以研究沥青使用性能	专业能力 创新意识 逻辑思维
162	沥青路面开裂	你知道冬天沥青路面为何会经常开裂吗？你知道夏天沥青路面为何进场会出现车辙吗	逻辑思维 工匠精神 专业与社会
178	沥青坑洞	你知道为什么沥青路面上经常会产生坑洞吗？尤其是雨季来临的时候	专业与社会 工匠精神
178	沥青也会老化	你知道为什么城市里使用时间较长的沥青路面裂缝很多且路面材料松散严重	专业与社会 工匠精神
187	乳化沥青用途	道路施工时，基层施工完毕、面层施工之前，有像洒水车一样的车辆在基层上喷洒棕褐色的液体，你知道这是什么吗？为什么要洒布这种材料	专业与社会 专业知识
192	沥青面层组成	你知道沥青面层的组成及各层的作用吗	专业知识
193	改性沥青的应用	城市道路沥青路面横向裂缝较多，后来铺设应力吸收层，裂缝就没有了，你知道这种应力吸收层是用什么材料做成的吗	行业发展 创新意识 产业报国
200	沥青路面应用	你知道为什么现在高速公路及中大桥桥面铺装已基本全部采用沥青路面吗	洋为中用 现代化 产业报国
269	钢材性能	某寒冷地区一间钢结构厂房，于某日突然发生倒塌，当时气温为－22℃。你能从钢材的性质方面来分析事故发生的可能原因吗	专业与社会 责任与使命
281	钢材保护	在生活中，我们常能观察到一些铁制品、钢制品发生锈蚀现象，如何采取有效的技术对策及技术标准，防止混凝土结构过早出现钢筋锈蚀破坏呢	专业与社会 环保意识
285	高分子聚合物发展	你知道人类什么时候开始利用天然聚合物吗	现代化 可持续发展

目　录

绪　　论

思维导图

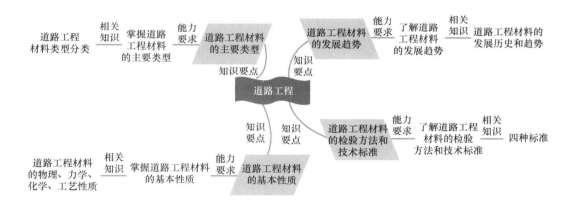

　　道路工程材料是道路、桥梁等交通基础设施建设和养护的物质基础，其性质和品质对道路工程的使用性能、服务寿命和结构形式有很大的影响，甚至起着决定性作用。道路工程材料体量非常大，材料的费用达到工程的 30%～70%，使用合理的、性能适宜的材料往往会使工程质量的费用减少，寿命增加，性能提高，因此道路工程材料属于基础设施建设中的重要研究对象。科学合理地选择、设计和应用道路工程材料成为保障和提高路桥工程的使用质量、建设和养护技术水平的基础和关键。

1. 我国道路与桥梁的历史和道桥工程材料发展的趋势

　　人类的历史就是道路与桥梁发展的历史。约在公元前 2000 年，我们的祖先就已修建可供牛车、马车行驶的道路，西周时期道路建设已初具规模，唐代是我国古代道路建设的鼎盛时期，清代我国对道路已进行了明确的等级划分。中华人民共和国成立至 20 世纪 80 年代是中国现代道路发展的普及时期，20 世纪 90 年代至今是中国道路发展的高速发展时期。道路材料由古代的土路面、石路面发展到近现代的砂石路面、水泥混凝土路面、沥青路面、高分子聚合物材料改性沥青混合料路面等。桥梁工程材料也由古代的木桥和石桥发展到近现代的钢桥、混凝土桥、预应力混凝土桥、纤维增强塑料桥等。我国古代劳动人民用他们勤劳的双手和丰富的智慧对世界道路和桥梁工程的发展做出了卓越的贡献。

2. 道路工程材料的主要类型

1）按照化学组成分类

（1）无机材料。无机材料包括金属材料和非金属材料。

金属材料包括铁、碳素钢、合金钢、铝、铜及其合金等。非金属材料包括天然石材、胶凝材料（水泥、石灰、石膏等）、烧结制品、玻璃及其熔融制品等。

（2）有机材料。有机材料包括植物质材料、高分子材料和沥青材料。

植物质材料包括木材、竹材、植物纤维及其制品等。高分子材料包括塑料、橡胶、有机涂料、黏结剂等。沥青材料包括石油沥青、煤沥青及其制品等。

（3）复合材料。复合材料包括金属-非金属材料和无机非金属-有机材料。

金属-非金属材料包括钢筋混凝土、钢纤维混凝土等。无机非金属-有机材料包括玻纤塑料、聚合物混凝土、沥青混凝土等。

2）按照道路桥梁工程结构对材料的要求分类

（1）道路工程结构用材料。

在道路工程的使用环境中，行车荷载和自然因素对道路路面结构的影响程度随着深度的增加而逐渐减弱，对材料的强度、承载能力和稳定性的要求也随深度的变化而不同。采用不同的材料将路面结构由下而上铺成有垫层、基层和面层等层状结构的多层体系。道路垫层常用材料有碎石或砾石混合料、结合料稳定类混合料等。基层常用材料有结合料稳定类混合料、碎石和砾石混合料、天然砂砾、碾压式混凝土和贫混凝土、沥青稳定粒料等。面层结构常用材料主要是沥青混合料、水泥混凝土、粒料和块料等。

（2）桥梁工程结构用材料。

桥梁的墩、桩结构应具有足够的强度、承载能力，以支撑桥梁上部结构及其传递的荷载，并要求具备良好的抗渗透性、抗冻性和抗腐蚀能力来抵抗环境介质对桥梁的侵蚀作用。桥梁的上部结构将直接承受车辆荷载、自然环境因素的作用，应具有足够的强度、抗冲击性、耐久性等。用于桥梁结构的主要材料有钢材、水泥混凝土、钢筋混凝土、用于桥面铺装层的沥青混合料及各种防水材料等。

3. 道路工程材料的基本性质

1）物理性质

常用的物理性质为物理常数（密度、孔隙率、空隙率）和与水、温度有关的性质，这些物理常数是材料内部组成结构的反映，并与力学性质之间存在一定的相依性，可以用于推断力学性质。

2）力学性质

力学性质是材料抵抗车辆荷载复杂力系综合作用的性能，主要是指各种强度，如抗压强度、抗拉强度、抗弯强度、抗剪强度等，或者某些特殊设计的经验指标，如磨耗度、冲击韧性等。

3）化学性质

化学性质是材料抵抗各种周围环境对其化学作用的性能。道路与桥梁用建筑材料除了受到周围介质（如桥墩在工业污水中）或者其他侵蚀外，通常还受到大气因素（如气温的交替变化、日光中的紫外线、空气中的氧气及水等）的综合作用，引起材料的老化，特别是各种有机材料（如沥青材料等）更为显著。

4）工艺性质

工艺性质是材料适于按照一定工艺流程加工的性能。例如，水泥混凝土在成型以前要求有一定的流动性，以便制作成一定形状的构件，但是加工工艺不同，要求的流动性也不同。

4. 道路工程材料的性能检验与技术标准

土木工程材料质量实行标准化管理，我国现行标准有以下几类。

（1）国家标准（第一类）。

① 国家强制性标准，代号为 GB，如"《硅酸盐水泥、普通硅酸盐水泥》（GB 175—1999）"。

② 国家推荐性标准，代号为 GB/T，如"《建筑用砂》（GB/T 14684—2001）"。

③ 国家工程建设标准，代号为 GBJ，如"《道路工程术语标准》（GBJ 124—1988）"。

④ 中国工程建设标准化协会标准，代号为 CECS，如"《拔出法检测混凝土强度技术规程》（CECS 69—2011）"。

（2）行业标准（第二类）。

（3）地方标准 DB（第三类）。

（4）企业标准 QB（第四类）。

（5）其他标准。

国际上比较有影响的技术标准有国际标准 ISO、美国国家标准 ANS、美国材料与实验学会标准 ASTM、德国标准 DIN、日本工业标准 JIS、法国标准 NF、英国标准 BS。

项目 **1** 砂石材料

思维导图

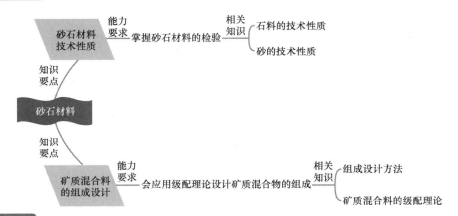

砂石材料技术性质 —— 能力要求 掌握砂石材料的检验 —— 相关知识 —— 石料的技术性质

砂的技术性质

知识要点

砂石材料

知识要点

矿质混合料的组成设计 —— 能力要求 会应用级配理论设计矿质混合物的组成 —— 相关知识 —— 组成设计方法

矿质混合料的级配理论

项目导读

　　砂石材料是道路与桥梁建筑中用量最大的一种建筑材料，按照用途不同，砂石材料可以分为石料、集料和矿质混合料。不同砂石结构差异较大，有的颗粒粗细均匀，有的大小不一；有的砂石中碎屑磨圆度很好，有的砂石中碎屑棱角鲜明。砂石属松散物，但其颗粒一般硬度较大，且在地表环境下，化学性质稳定。对于砂岩来说，其抗风化能力一般较强，特别是经过硅化的石英砂岩，其硬度超过花岗石。图 1.1 和图 1.2 分别是机制砂和碎石的实物图片。

图 1.1　机制砂

图 1.2　碎石

知识链接

"十二五"发展期间，我国经济发展处于大有作为的重要战略机遇期。以内需为主体的市场需求格局没有变化，工业化、信息化、城市化、市场化、国际化的"五化"发展目标为建材砂石工业的未来发展提供了巨大的市场空间，我国经济在"十二五"期间保持持续平稳较快增长。

"十二五"期间，国家加大了基础设施建设的投入力度，建设需求强劲，主要建材产品的市场需求总量继续保持增长。建材工业今后发展的预测：全行业增长速度适中，产业结构进一步优化，经济效益由2012年触底回升，预计建材工业年增长在15%左右。建材行业这些新的发展特征既为砂石工业发展提供了新的机遇，同时也要面对行业结构转型带来的严峻挑战。

砂石集料的市场需求随着国家基础设施的投入会逐步增长，预计到2020年砂石产品国内需求量为160亿t，工业增加值和利润总额年均增长在10%以上。砂石的产品质量必须合格，应先试验后使用，要有出厂质量合格证和试验单。使用前应按照品种、规格、产地、批量的不同进行抽样试验。砂的必试项目有筛分析、含泥量、泥块含量。碎石的必试项目有筛分析、含泥量、泥块含量、针片状颗粒含量、压碎指标。对于用来配制有特殊要求的混凝土的砂石，还需做相应的项目试验。

有下列情况之一者，如进口砂石、无出厂证明的砂石、对砂石质量有怀疑的、用于承重结构的砂石，必须进行复试，混凝土应重新试配。不合格的砂石不得使用。对于需要采取一定技术处理措施后再使用的，应首先满足技术方面的要求，并须经过有关技术负责人签字批准后，才可使用。砂石产品的出厂合格证由其生产厂家的质量检验部门提供给使用单位，用以证明其产品质量已达到各项规定指标。其主要内容包括出厂日期、检验部门印章、合格证的编号、品种、规格、数量、颗粒级配、密度、含泥量等数据和结论。

1.1 砂石材料的技术性质

引例

砂石材料在我们的日常生活中随处可见，但是你是否关注过砂石材料分为哪几种？是不是所有的岩石都可以用作建筑材料？江河湖海里有那么多的沙粒，为什么还要将石子碾碎成机制砂？

砂石材料包括天然石料、人工轧制的集料及工业冶金矿渣集料等，本节将对这些材料的技术性质进行论述。

1.1.1 石料的技术性质

石料的技术性质主要包括物理性质、力学性质和化学性质三个方面。

1. 物理性质

石料的物理性质包括物理常数（如真实密度、毛体积密度和孔隙率等）、吸水性（如吸水率、饱和吸水率等）和抗冻性等。

1）物理常数

石料的物理常数反映石料矿物的组成结构状态，它与石料的技术性质有紧密的联系。石料的内部结构主要由矿物实体和孔隙（包括与外界连通的开口孔隙和不与外界连通的闭口孔隙）组成。图 1.3 所示为岩石组成结构外观示意。图 1.4 所示为岩石结构的质量与体积的关系示意。

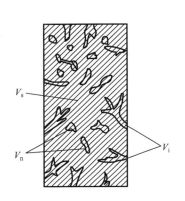

图 1.3 岩石组成结构外观示意

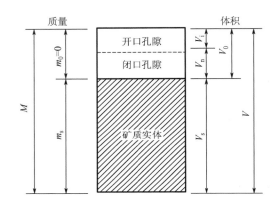

图 1.4 岩石结构的质量与体积关系示意

在工程中，通常采用一些物理常数来表征石料的组成结构及其与物理和力学性质间的关系。在道桥工程用块状石料中，最常用的物理常数主要是真实密度、毛体积密度和孔隙率。这些物理常数可以间接预测石料的有关物理性质和力学性质。

（1）真实密度。

石料的真实密度是指石料在规定条件（105℃±5℃烘干至恒重，温度20℃±2℃）下，烘干石料矿质单位体积（不包括开口与闭口孔隙体积）的质量。真实密度用 ρ_t 表示，石料真实密度可表示为

$$\rho_t = \frac{m_s}{V_s} \tag{1-1}$$

式中：ρ_t——石料的真实密度，g/cm^3；

m_s——石料矿质实体的质量，g；

V_s——石料矿质实体的体积，cm^3。

石料真实密度的测定方法按我国现行《公路工程岩石试验规程》（JTG E41—2005）的规定采用李氏比重瓶法。要得到矿质实体的体积，必须将石料粉碎磨细，通过试验测定出来。

（2）毛体积密度。

石料的毛体积密度是在规定条件下，烘干石料（包括孔隙在内）单位体积的质量。根

据石料的含水状态，毛体积密度又可以细分为干密度、饱和密度和天然密度。毛体积密度用 ρ_d 表示，体积与质量的关系可表示为

$$\rho_d = \frac{m_s}{V_s + V_n + V_i} \qquad (1-2a)$$

式中：ρ_d——石料的毛体积密度，g/cm^3；

V_i、V_n——石料开口孔隙和闭口孔隙的体积，cm^3。

由于 $M = m_s$，石料的矿质实体体积和孔隙体积之和即是石料的毛体积，故式（1-2a）可写为

$$\rho_d = \frac{M}{V} \qquad (1-2b)$$

【《公路工程岩石试验规程》（JTG E41—2005）】

式中：M——石料的质量，g；

V——石料的毛体积，cm^3。

石料毛体积密度的测定方法按我国现行《公路工程岩石试验规程》（JTG E41—2005）的规定，采用量积法、水中称量法和蜡封法。

（3）孔隙率。

孔隙率是石料的孔隙体积占石料总体积（包括孔隙在内）的百分率，石料孔隙率可表示为

$$n = \frac{V_0}{V} \times 100\% \qquad (1-3)$$

式中：n——石料的孔隙率，%；

V_0——石料孔隙（包括开口孔隙和闭口孔隙）的体积，cm^3；

V——石料的总体积，cm^3。

石料的孔隙率也可以根据密度和毛体积密度计算，由式（1-4）计算得

$$n = \left(1 - \frac{\rho_d}{\rho_t}\right) \times 100\% \qquad (1-4)$$

式中：n——石料的孔隙率，%；

ρ_t——石料的真实密度，g/cm^3；

ρ_d——石料的毛体积密度，g/cm^3。

特别提示

石料的物理性质（真实密度、毛体积密度和孔隙率）不仅能反映石料的内部组成结构状态，还能间接地反映石料的力学性质，如相同矿物组成的石料，孔隙率越小，其强度越高。

2）吸水性

吸水性是石料在规定的条件下所具有的吸水能力。石料与水接触后，水很快就会湿润石料的表面并填充石料中的孔隙，因此水对石料破坏作用的大小，主要取决于石料的造岩矿物性质及其组成结构状态（即孔隙分布情况和孔隙率大小）。我国现行《公路工程岩石试验规程》（JTG E41—2005）要求采用吸水率和饱和吸水率两项指标表示石料的吸水性。

（1）吸水率。

吸水率是在规定条件下，石料试件最大的吸水质量与烘干石料试件质量之比，以百分率表示。我国现行《公路工程岩石试验规程》（JTG E41—2005）规定采用自由吸水法测定，按式(1-5)计算。

$$W_a = \frac{m_1 - m}{m} \times 100\%$$ (1-5)

【集料吸水率试验】

式中：W_a——石料吸水率，%；

m——烘至恒重时的试件质量，g；

m_1——吸水至恒重时的试件质量，g。

（2）饱和吸水率。

石料的饱和吸水率是指强制条件下，石料试件最大的吸水质量与烘干石料试件质量之比，以百分率表示。我国现行《公路工程岩石试验规程》（JTG E41—2005）规定采用煮沸法或真空抽气法测定石料饱和吸水率，按式(1-6)计算。

$$W_{sa} = \frac{m_2 - m}{m} \times 100\%$$ (1-6)

式中：W_{sa}——石料饱和吸水率，%；

m——烘至恒重时的试件质量，g；

m_2——试件经强制饱和后的质量，g。

吸水率、饱和吸水率能有效地反映岩石裂缝的发育程度，可用来判断岩石的抗冻性和抗风化等性能。吸水率、饱和吸水率的大小主要取决于石料本身矿物成分、组织构造、孔隙特征及其孔隙率的大小，石料吸水率、饱和吸水率的大小直接影响石料的耐水性及其抗冻性。

3）抗冻性

石料抗冻性是指石料在饱和水状态下，抵抗反复冻结和融化而不发生显著破坏，同时强度不严重降低的性质。

石料抗冻性对于不同的工程环境气候有不同的要求，冻融次数规定：在严寒地区（最冷月的平均气温低于−15℃）为25次；在寒冷地区（最冷月的平均气温为−15～−5℃）为15次。要求在寒冷地区的重要工程，石料吸水率大于0.5%时，都需要对石料进行抗冻性试验（因石料本身毛细孔中的水，在此温度下才结冰）。

我国现行抗冻性试验方法是直接冻融法。该方法是在饱和状态下，在−15℃时冻结4h为冻融循环一次，如此反复冻融至规定次数为止。经历规定的冻融循环次数（15次、25次等）后，详细检查各试件有无剥落、裂缝、分层及掉角等现象，并记录检查情况，将冻融试验后的试件烘干至恒重，称其质量，然后测定其抗压强度，并计算石料的冻融质量损失率和冻融系数。质量损失率用式(1-7)计算。

$$L = \frac{m_s - m_f}{m_s} \times 100\%$$ (1-7)

式中：L——冻融后的质量损失率，%；

m_s——试验前烘干试件的质量，g；

m_f——试验后烘干试件的质量，g。

此外，抗冻性也可以用经若干次冻融试验后的试件饱和抗压强度与未经过冻融试验试件饱和抗压强度的比值（称为冻融系数）表示。冻融系数按式（1-8）计算。

$$K_f = \frac{R_f}{R_s} \tag{1-8}$$

式中：K_f——冻融系数；

R_f——经若干次冻融循环试验后的石料试件饱和抗压强度，MPa；

R_s——未经冻融循环试验的石料试件饱和抗压强度，MPa。

石料的冻融抗冻性主要取决于其中大开口孔隙的发育情况、亲水性、可溶性矿物的含量及矿物颗粒间的连接力。大开口孔隙越少，亲水性和可溶矿物含量越低，石料的抗冻性越高；反之，抗冻性越低。

 特别提示

如无条件进行冻融试验，也可以采用坚固性简易性快速测定法，这种方法是石料通过饱和硫酸钠溶液进行多次浸泡与烘干循环后才进行测定。

2. 力学性质

道路与桥梁工程中所用石料不仅受到上述物理性质的影响，而且还受到外力的作用，因此石料应具备一定的力学性质。除了一般材料力学中的抗压强度、抗拉强度、抗剪强度、抗弯强度等纯粹力学性质外，还有一些满足路用性能特殊设计要求的力学指标，如抗磨光性能、抗冲击性能和抗磨耗性能等。在石料的力学性质中，主要介绍石料的单轴抗压强度和磨耗度。

1）单轴抗压强度

按我国现行《公路工程岩石试验规程》（JTG E41—2005）的规定，将石料制备成标准试件（建筑地基用石料制备成 50mm±2mm、高径比为 2：1 的圆柱体试件，桥梁工程用石料制备成 70mm±2mm 的圆柱体试件），经吸水饱和后，在规定的单轴受压情况下加载，达到极限破坏时单位承压面积的荷载即为单轴抗压强度，按式（1-9）计算。

$$R = \frac{P}{A} \tag{1-9}$$

式中：R——石料抗压强度，MPa；

P——试件的破坏荷载，N；

A——试件的截面面积，m^2。

 特别提示

石料的单轴抗压强度是石料力学性质中最重要的一项指标，它是石料强度分级和岩性描述的主要依据。石料的抗压强度取决于石料的组成结构，如矿物的组成、岩石的结构、裂缝的分布等；除此之外，还与试验的条件有关，如试件的大小和形状、力的加载速度、试验状态等。

2）磨耗度

磨耗度是石料抵抗撞击、摩擦和边缘剪力等共同作用的性质。《公路工程岩石试验规程》（JTG E41—2005）规定石料的磨耗试验方法与粗集料的磨耗试验方法相同，采用洛杉矶式磨耗试验。试验机由一个直径为 710mm±5mm，内侧长为 510mm±5mm 的圆鼓和鼓中搁板组成。试验用的试样是按一定规格组成的级配石料。在试样加入磨耗鼓的同时，加入直径为 46.8mm 的钢球，以 30～33r/min 的转速转动至要求的次数停止，取出试样，用 1.7mm 方孔筛筛去试样中的细屑，用水洗净留在筛上的试样，烘至恒重并称其质量。石料磨耗度按式（1-10）计算，精确至 0.1%。

$$Q = \frac{m_1 - m_2}{m_1} \times 100\% \qquad (1-10)$$

【洛杉矶式磨耗法】

式中：Q——石料磨耗度，%；

m_1——试验前烘干石料试样的质量，g；

m_2——试验后烘干石料试样的质量，g。

特别提示

测量石料的磨耗度除了洛杉矶式磨耗试验方法之外，还可以采取狄法尔式磨耗试验。如有兴趣还请读者自己查阅相关资料。

3. 化学性质

在道路与桥梁工程建筑中，各种石料是与结合料（水泥或沥青）组成混合料应用于结构物中的。随着近代物理-力学研究的发展，普遍认为石料在混合料中对于结合料结构起着复杂的物理-化学作用，石料的化学性质在一定程度上影响着混合料的物理-力学性质。石料按照 SiO_2 的含量多少可将其划分为酸性、碱性及中性。石料化学组成中 SiO_2 含量大于 65% 的石料称为酸性石料，SiO_2 含量为 52%～65% 的石料称为中性石料，SiO_2 含量小于 52% 的石料称为碱性石料。为保证沥青混合料的强度，在选择石料时应优先考虑采用碱性石料，当缺乏碱性石料而必须采用酸性石料时，可以通过添加抗剥落剂以提高沥青与石料的黏附性。

1.1.2 集料的技术性质

集料是指结合料中起骨架或填充作用的粒料，包括岩石天然风化而成的砾石（卵石）和砂及石料经人工轧制的各种尺寸的碎石和石屑等。

工程上一般将集料分为粗集料和细集料两类：在水泥混凝土中，粗集料是指粒径大于 4.75mm 的碎石、砾石和破碎砾石等，粒径小于 4.75mm（方孔筛）的称为细集料；在沥青混合料中，粗集料是指粒径大于 2.36mm 的碎石、砾石、破碎砾石、筛选砾石和矿渣等，粒径小于 2.36mm（方孔筛）的称为细集料。

1. 粗集料的技术性质

粗集料包括人工轧制的碎石和天然风化而成的卵石。本节仅对粗集料的一般技术性质进行阐述。

1）物理性质

（1）物理常数。

在计算粗集料的物理常数时，不仅要考虑粗集料颗粒中的孔隙（开口孔隙或闭口孔隙），还要考虑颗粒间的空隙、粗集料的体积与质量的关系，如图1.5所示。

【密度测定试验】

① 表观密度。粗集料的表观密度是在规定条件（105℃±5℃烘干至恒重）下，单位表观体积（包括集料矿质实体和闭口孔隙的体积）的质量。粗集料的表观密度、体积与质量的关系，可表示为

$$\rho_a = \frac{m_s}{V_s + V_n} \qquad (1-11)$$

式中：ρ_a——粗集料的表观密度，g/cm^3；

m_s——矿质粗集料的烘干质量，g；

V_s——矿质实体的体积，cm^3；

V_n——矿质实体体积中闭口孔隙的体积，cm^3。

粗集料表观密度测定方法参见《公路工程岩石试验规程》（JTG E41—2005）的相关规定。

② 毛体积密度。粗集料的毛体积密度是在规定条件下，单位毛体积（包括矿质实体、闭口孔隙和开口孔隙）的质量。

③ 堆积密度。粗集料的堆积密度是单位体积（包括矿质实体、闭口孔隙和开口孔隙及颗粒间空隙）的质量，可按式（1-12）确定。

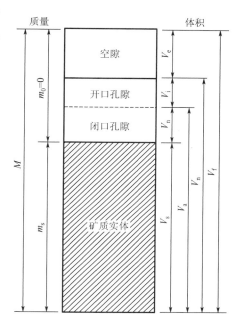

图 1.5　粗集料的体积与质量关系

$$\rho = \frac{M}{V_f} \qquad (1-12)$$

式中：ρ——粗集料的堆积密度，g/cm^3；

M——粗集料的质量，g；

V_f——堆积体积，cm^3。

粗集料的堆积密度由于颗粒排列的密集程度不同，又可分为自然堆积状态、振实状态和捣实状态下的堆积密度。

④ 空隙率。粗集料空隙率是集料试样在自然堆积（或振实紧密堆积）时空隙体积占总体积的百分率。粗集料空隙率可按式（1-13）计算。

$$n = \left(1 - \frac{\rho}{\rho_a}\right) \times 100\% \qquad (1-13)$$

式中：n——粗集料的空隙率，%；

ρ_a——粗集料的表观密度，g/cm^3；

ρ——粗集料的自然（或紧实）堆积密度，g/cm^3。

（2）级配。粗集料中各组颗粒的分级和搭配称为级配，级配是通过筛分试验确定的。对水泥混凝土粗集料可采用干筛法筛分试验，对沥青混合料及基层用粗集料必须采用水洗法筛分试验，其标准筛孔孔径为2.36mm、4.75mm、9.5mm、13.2mm、16mm、19mm、

26.5mm、31.5mm、37.5mm、53mm、63mm、70mm。测定出存留在各个筛上的集料质量，根据集料试样的质量与存留在各筛上的集料质量，就可求得一系列与集料级配有关的参数，包括分级筛余百分率、累计筛余百分率和通过百分率。粗集料的这些参数计算方法与细集料相同，详见"细集料的技术性质"，通过计算可判断级配是否符合要求。粗集料的级配可分为连续级配和间断级配两种。

① 连续级配的石子粒级呈连续性，即颗粒由小到大，每种粒径的石子都占有适当比例。用其配制的混凝土和易性良好，不易发生分层、离析现象，是目前最常用的一种级配。采石场按供应方式，也将石子分为连续粒级和单粒级两种。单粒级石子由于粒径差别较小，可避免连续粒级中较大粒径石子在堆放及装卸过程中的颗粒离析现象。用单粒级石子可组合成所要求级配的连续粒级，也可与连续粒级石子混合使用，以改善其级配或配成较大粒度的连续粒级，工程中一般不宜采用单一的单粒级石子配制混凝土，因为它的空隙率较大，耗用水泥多。

② 间断级配是指人为地剔除一级或几级中间粒径颗粒，使石子粒径不连续，造成颗粒级配间断，这种级配方法可获得更小的空隙率，密实性更好，从而可节约水泥。但由于间断级配中石子颗粒粒径相差较大，容易使混凝土拌合物分层离析，增加施工困难，故在工程中应用较少。

（3）坚固性。对已轧制成的碎石或天然卵石采用规定级配的各粒级集料，按现行《公路工程集料试验规程》（JTG E42—2015）选取规定数量，分别装在金属网篮中，浸入饱和硫酸钠溶液中进行干湿循环试验。经过 5 次循环后，观察其表面破坏情况，并用质量损失百分率来计算其坚固性。

2）力学性质

粗集料的力学性质主要有压碎值和磨耗度，其次是抗滑表层用集料的三项试验，即磨光值、集料磨耗值和冲击值。洛杉矶式磨耗试验已在石料力学性质中讲过，现将粗集料压碎值、粗集料磨光值、粗集料冲击值和粗集料磨耗值分述如下。

【粗集料压碎值试验】

（1）粗集料压碎值（Q_a'）。粗集料压碎值是粗集料在连续增加的荷载下，抵抗压碎的能力。它作为衡量石料强度的一个指标，用以评价其在公路工程中的适用性。按现行《公路工程集料试验规程》（JTG E42—2015）规定，该方法是将粒径为 5～13.2mm 的粗集料试样 3kg 装入压碎值测定仪的钢质圆筒内，放在压力机上，在 10min 左右时间内匀速加载至 400kN，稳压 5s 后卸载，测定通过 2.36mm 筛孔（方孔筛）的筛余质量，按式（1-14）计算压碎值 Q_a'。

$$Q_a' = \frac{m_1}{m_0} \times 100\% \qquad (1-14)$$

式中：Q_a'——粗集料压碎值，%；

m_0——试验前试样质量，g；

m_1——试验后通过 2.36mm 筛孔的细集料质量，g。

（2）粗集料磨光值（PSV）。道路上车辆的行驶速度越来越快，对路面的抗滑性提出了更高的要求。对于铺筑在路面用的粗集料，在车辆轮胎的作用下，不仅要求具有较高的抗磨耗性，而且要求具有较高的抗磨光性。粗集料磨光值是利用加速磨光机磨光粗集料，再用摆式摩擦系数测定仪测得的粗集料经磨光后的摩擦系数,以 PSV 来表示。

粗集料磨光值越高,表示其抗滑性越好。$PSV \geqslant 42$ 的粗集料适用于高级公路、一级公路;$35 \leqslant PSV < 42$ 的粗集料适用于二级公路和低等级公路。

(3)粗集料冲击值(AIV)。将粗集料抵抗多次连续重复荷载冲击作用的性能称为抗冲韧性。按照现行试验规程规定,粗集料抗冲击能力用粗集料冲击值表示。粗集料冲击值的试验方法是选取粒径为 9.5~13.2mm(方孔筛)的粗集料试样,用金属量筒分三次捣实的方法确定试验用粗集料数量。将粗集料装于冲击值试验仪的盛样器中,用捣实杆捣实 25 次,使其初步压实。接着用质量为 13.75kg±0.05kg 的冲击锤,沿导杆自 380mm±5mm 处自由落下锤击粗集料,并连续锤击 15 次,每次锤击间隔时间不少于 1s。将试验后的粗集料在 2.36mm 的筛上筛分并称量。冲击值按式(1-15)计算。

$$AIV = \frac{m_1}{m} \times 100\%$$ (1-15)

式中:AIV——粗集料的冲击值,%;

　　　m_1——冲击破碎后通过 2.36mm 筛孔的试样质量,g;

　　　m——试样总质量,g。

冲击值越大,表明粗集料抗冲击性能越差。$AIV \leqslant 28$ 的粗集料适用于高级公路、一级公路;$28 < AIV \leqslant 30$ 的粗集料适用于二级公路和低等级公路。

(4)粗集料磨耗值(AAV)。粗集料磨耗值用于评定道路抗滑表层所用粗集料抵抗车轮撞击及磨耗的能力。按现行试验规程《公路工程集料试验规程》(JTG E42—2015)的规定,采用道瑞磨耗试验机来测定粗集料磨耗值。其方法是选取粒径为 9.5~13.2mm(方孔筛)的洗净粗集料试样,单层紧排于两个试模内(不少 24 粒),然后排砂并用环氧树脂砂浆填充密实。经 24h 养护后,拆模取出试件,刷清残砂,准确称出试样质量,然后将试件安装在试验机附带的托盘上。为保证试件受磨时的压力固定,应使试件、托盘和配重的总质量为 2000g±10g。将试件安装于道瑞磨耗试验机上,使道瑞磨耗试验机的磨盘以 28~30r/min 的转速旋转,工作 500r 后,取出试件,刷净残砂,准确称出试件质量。粗集料磨耗值按式(1-16)计算。

【集料磨耗值试验】

$$AAV = \frac{3(m_1 - m_2)}{\rho_s}$$ (1-16)

式中:AAV——粗集料磨耗值,g;

　　　m_1——磨耗前试件的质量,g;

　　　m_2——磨耗后试件的质量,g;

　　　ρ_s——粗集料表干密度,g/cm^3。

粗集料的磨耗值越大,表明粗集料的耐磨性越差。$AAV \leqslant 14$ 的粗集料适用于高级公路、一级公路;$14 < AAV \leqslant 16$ 的粗集料适用于二级公路和低等级公路。

2. 细集料的技术性质

细集料的技术性质主要包括物理性质、颗粒级配与粗度。细集料的技术指标见表 1.1(以水泥混凝土为例),砂的分类见表 1.2。

(1)物理性质。细集料的物理常数主要有表观密度、堆积密度和空隙率等,其含义与粗集料完全相同，具体数值可通过试验测定，计算方法与粗集料相同，详见粗集料技术性质。

（2）颗粒级配与粗度。根据《普通混凝土用砂、石质量及检验方法标准》（JGJ 52—2006）的规定，使用一套孔径分别为 4.75mm、2.36mm、1.18mm、0.6mm、0.3mm、0.15mm 的标准筛进行筛分，将 500g 干砂由粗到细依次过筛，称量各筛上的筛余量 m_i（g），计算各筛上的分计筛余率 a_i（%）（各筛上的筛余量占砂样总质量的百分率），再计算累计筛余率 A_i（%）（各个筛与比该筛粗的所有筛的分计筛余百分率之和）。a_i 和 A_i 的计算关系见式（1-17）。

$$A_i = a_1 + a_2 + \cdots + a_i \tag{1-17}$$

细度模数 M_x 根据式（1-18）计算（精确至 0.01）。

$$M_x = \frac{(A_2 + A_3 + A_4 + A_5 + A_6) - 5A_1}{100 - A_1} \tag{1-18}$$

式中：M_x——细度模数；

$A_1 \sim A_6$——分别为 4.75mm、2.36mm、1.18mm、0.6mm、0.3mm、0.15mm 筛的累计筛余百分率。

普通混凝土用砂的细度模数范围一般为 3.7~0.7。其中 3.7~3.1 为粗砂，3.0~2.3 为中砂，2.2~1.6 为细砂，1.5~0.7 为特细砂。

表 1.1　细集料的技术指标

项　目			技 术 要 求		
			Ⅰ类	Ⅱ类	Ⅲ类
有害物质含量	云母（按质量计，%）		≤1.0	≤2.0	≤2.0
	轻物质（按质量计，%）		≤1.0	≤1.0	≤1.0
	有机物（比色法）		合格	合格	合格
	硫化物及硫酸盐（按 SO_3 质量计，%）		≤1.0	≤1.0	≤1.0
	氯化物（按氯离子质量计，%）		<0.01	<0.02	<0.06
天然砂含泥量（按质量计，%）			≤2.0	≤3.0	≤5.0
泥块含量（按质量计，%）			≤0.5	≤1.0	≤2.0
人工砂的石粉含量（按质量计，%）	亚甲蓝试验	MB 值<1.4 或合格	≤5.0	≤7.0	≤10.0
		MB 值≥1.4 或不合格	≤2.0	≤3.0	≤5.0
坚固性	天然砂（硫酸钠溶液法经 5 次循环后的质量损失，%）		≤8	≤8	≤10
	人工砂单级最大压碎指标（%）		<20	<25	<30
表观密度（kg/m³）			>2500		
松散堆积密度（kg/m³）			>1350		
空隙率（%）			<47		

【细集料亚甲蓝试验】

项　　目	技术要求		
	Ⅰ类	Ⅱ类	Ⅲ类
碱-集料反应	经碱-集料反应试验后，由砂配制的试件无裂缝、酥裂、胶体外溢现象，在规定试验龄期的膨胀率应小于0.10%		

注：1. 砂按技术要求分为Ⅰ类、Ⅱ类、Ⅲ类。Ⅰ类宜用于强度等级大于C60的混凝土；Ⅱ类宜用于强度等级为C30～C60及有抗冻、抗渗或其他要求的混凝土；Ⅲ类宜用于强度等级小于C30的混凝土和砌筑砂浆。

2. 天然砂包括河砂、湖砂、山砂和淡化海砂，人工砂包括机制砂和混合砂。

3. 石粉含量系指粒径小于0.075mm的颗粒含量。

4. 砂中不应混有草根、树叶、树枝、塑料、煤块、炉渣等杂物。

5. 当对砂的坚固性有怀疑时，应做坚固性试验。

6. 当碱-集料反应不符合表中要求时，应采取抑制碱-集料反应的技术措施。

表1.2　砂的分类

砂　　组	粗　　砂	中　　砂	细　　砂
细度模数	3.7～3.1	3.0～2.3	2.2～1.6

注：细度模数主要反映全部颗粒的粗细程度，不完全反映颗粒的级配情况，混凝土配制时应同时考虑砂的细度模数和级配情况。

【例1-1】计算砂的细度模数。

某工程用砂，经烘干、称量、筛分析，测得各号筛上的筛余量列于表1.3。试计算该砂的粗细程度M_x。

表1.3　筛分试验结果

筛孔尺寸（mm）	4.75	2.36	1.18	0.6	0.3	0.15	底盘	合计
筛余量（g）	28.6	57.5	73.0	156.7	118.3	55.6	9.8	499.5

解：（1）分级筛余率和累计筛余率计算结果列于表1.4。

表1.4　分级筛余率和累计筛余率计算结果

分级筛余率（%）	a_1	a_2	a_3	a_4	a_5	a_6
	5.71	11.53	14.63	31.35	23.72	11.11
累计筛余率（%）	A_1	A_2	A_3	A_4	A_5	A_6
	5.71	17.24	31.87	63.22	86.94	98.05

（2）计算细度模数。

$$M_x = \frac{(A_2+A_3+A_4+A_5+A_6)-5A_1}{100-A_1}$$

$$= \frac{(17.24+31.87+63.22+86.94+98.05)-5\times5.71}{100-5.71} = 2.85$$

3．集料抽样方法及样品数量

1）抽样方法

（1）通过带式运输机（如采石场的生产线、沥青拌和楼的冷料输送带）的材料，如无机结合料稳定集料、级配碎石混合料等，应从带式运输机上采集样品。抽样时，可在带式运输机骤停的状态下取其中一截的全部材料，或在一定时间内，在带式运输机的端部连续采集样品，将间隔 3 次以上所取的试样组成一组试样，作为代表性试样。

（2）在材料场同批材料堆上抽样时，应先铲除堆脚等无代表性的部分，再在料堆的顶部、中部和底部，各由均匀分布的几个不同部位，取大致相等的若干份组成一组试样，务必使所取试样能代表该批材料的情况和品质。

（3）从火车、汽车、货船上抽样时，应从不同部位和深度处，抽取大致相等的试件若干份，组成一组试样。试样抽取的具体份数应视能够组成本批来料代表样的需要而定。

（4）从沥青拌和楼的热料仓抽样时，应在放料口的全断面上抽样。通常宜将一开始按正式生产的配比投料拌和的几锅（至少 5 锅以上）废弃，然后分别将每个热料仓放出至装载机上，倒在水泥地上，适当拌和，从 3 处以上的位置抽样，拌和均匀，取要求数量的试样。

2）重新抽样

若检验不合格，应重新抽样，对不合格项进行加倍复验，若仍有一个试样不能满足标准要求，则应按不合格处理。

3）样品数量

对于不同的试验项目，每组试样抽样数量宜不少于所规定的最少抽样量，见表 1.5。需做几项试验时，如能保证试样经一项试验后不致影响另一项试验的结果，也可用同一组样品进行几项不同的试验。每一项试验项目所需砂的最少抽样量见表 1.6。

表 1.5　各试验项目所需粗集料的最少抽样量

试验项目 ＼ 最大粒径（mm）最少抽样量（kg）	4.75	9.5	13.2	16	19	26.5	31.5	37.5	53	63	75
筛分析	8	10	12.5	15	20	20	30	40	50	60	80
表观密度	6	8	8	8	8	8	12	16	20	24	24
含水率	2	2	2	2	2	2	3	3	4	4	6
吸水率	2	2	2	2	4	4	4	6	6	6	8
堆积密度	40	40	40	40	40	40	80	80	100	120	120
含泥量	8	8	8	8	24	24	40	40	60	80	80
泥块含量	8	8	8	8	24	24	40	40	60	80	80
针片状含量	0.6	1.2	2.5	4	8	8	20	40	—	—	—
硫化物、硫酸盐含量	1.0										

表 1.6　每一试验项目所需砂的最少抽样量

试验项目	最少抽样量（g）	试验项目	最少抽样量（g）
筛分析	4400	泥块含量	1000
表观密度	2600	有机质含量	2000
吸水率	4000	云母含量	600
堆积密度	5000	轻物质含量	3200
含水率	1000	坚固性	分成 4 个粒级，各需 100
含泥量	4400	硫化物及硫酸盐含量	50

1.2　矿质混合料的组成设计

引例

　　按照前面所述，集料分为粗集料和细集料，为什么要对集料按照粒径进行划分？工程中的沥青混合物、水泥混合物（图 1.6）是按照什么样的原则混合在一起的？

图 1.6　路面结构层混合物

　　道路与桥梁工程中所用的砂石材料，大多数是以矿质混合料的形式和各种结合料（如水泥或沥青等）混合使用。因为不同粒径的集料主要作用不同，为保证混合料胶凝之后的使用性能，必须对矿质混合料进行组合设计。其任务包括级配类型的选择、级配理论的选择和矿质混合料的组成设计。

矿质混合料的级配类型和理论的选择

1. 级配类型的选择

各种不同粒径的集料按照一定的比例搭配起来，可达到较小的空隙率或较大的内摩阻力，以提供较高的密实度。根据集料颗粒在筛孔尺寸上的分布是否连续，可以选取连续级配和间断级配两种级配组成。

1）连续级配

连续级配是某一种矿质混合料在标准筛孔配成的套筛中进行筛分，得到一种混合料，其级配曲线平顺圆滑，具有连续性（不间断），相邻粒径的粒料之间有一定的比例关系（按质量计）。这种集料颗粒的尺寸由大到小连续分级，每一级集料都包含，且按一定比例互相搭配组成的矿质混合料称为连续级配矿质混合料。

2）间断级配

在矿质混合料中剔除其中一级或几级粒径的颗粒，形成一种不连续级配的混合料，称为间断级配矿质混合料。

连续级配和间断级配曲线如图 1.7 所示。

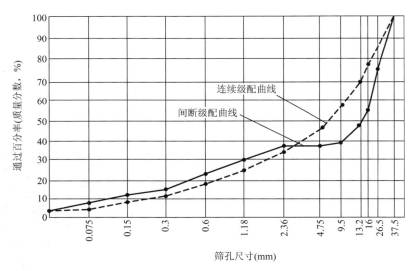

图 1.7　连续级配和间断级配曲线示意图

2. 级配理论的选择

1）富勒（W. B. Fuller）理论

富勒通过大量试验研究认为：固体颗粒按粒度大小有规律地组合，粗细搭配，可以得到堆积密度最大、空隙率最小的集料，并提出一种理想级配，即级配曲线越接近抛物线，其密度越大。因此，当级配曲线为抛物线时为最大曲线密度。图 1.8 所示为富勒理想级配曲线。最大堆积密度曲线可表示为式(1-19)。

$$P^2 = kd \tag{1-19}$$

式中：P——欲计算的某粒径 d 的矿料通过百分率，%；

k——统计参数；

d——欲计算的某级矿质混合料的粒径，mm。

当粒径 d 等于最大粒径 D 时，矿质混合料的通过率等于100%，即

$$k = 100^2 \cdot \frac{1}{D} \qquad (1-20)$$

式中：D——矿质混合料的最大粒径，mm。

将式(1-20)代入式(1-19)中得

$$P = 100\sqrt{\frac{d}{D}} \qquad (1-21)$$

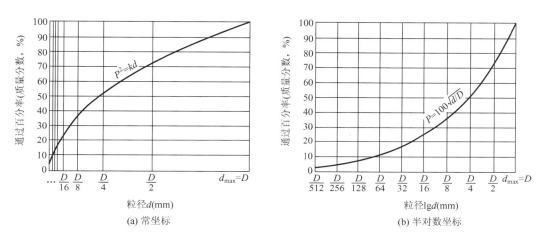

图 1.8　富勒理想级配曲线

2）泰波（A. N. Talbal）理论

泰波认为富勒曲线是一种理想曲线，实际矿料的级配应该允许在一定范围内波动。故将富勒最大堆积密度曲线改为 n 次幂的通式（泰波公式），即

$$P = 100\left(\frac{d}{D}\right)^n \qquad (1-22)$$

式中：n——试验指数；

其余意义同前。

从泰波公式可以看出，当 n 取 0.5 时，级配曲线为富勒曲线。在不同条件下，达到最佳密实度的试验指数 n 的取值并不相同，但目前尚没有完全一致的结论。有关研究认为：沥青混合料中，当 $n=0.45$ 时，密实度最大；水泥混凝土中，当 $n=0.25\sim0.45$ 时，施工和易性较好。因此通常使用的集料级配范围 $n=0.3\sim0.6$，此时矿质混合料具有较好的密实度。在理论上，可以将 n 分别为 0.3 和 0.6 时的级配曲线作为集料级配的上限和下限。

以通过百分率（或累计筛余）为纵坐标，以粒径（$\lg d$）为横坐标配制成的折线称为级配曲线。由于矿质混合料在轧制生产过程中的不均匀性及生产过程中各环节造成的误差等因素的影响，使所配制的集料的实际级配通常会发生一定的波动。在设计或施工中允许矿质混合料级配的波动范围，称为级配范围。泰波级配曲线范围如图 1.9 所示。

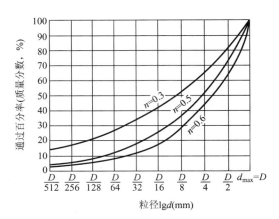

图 1.9 泰波级配曲线范围

1.2.2 矿质混合料的组成设计

天然或人工轧制的一种集料的级配往往很难完全符合某一种级配范围要求，因此必须采用两种或两种以上的集料配合起来才能符合级配范围的要求。矿质混合料设计的任务就是确定组成混合料各集料的比例。确定混合料配合比的方法很多，主要可分为数解法与图解法两大类。

1. 数解法

采用数解法确定矿质混合料组成的方法很多，最常用的是试算法和线性规划法（或正规方程法）。试算法适用于 3～4 种矿料组成，线性规划法可用于多种矿料组成设计，所得结果准确，但计算复杂且计算量较大，通常需要依靠电子计算机通过编写程序来实现。下面以试算法为例介绍混合料配合比的确定方法。

1）基本原理

在确定各组成集料的混合比例时，先假设混合集料中某一粒径的颗粒是由对该粒径占优势的集料所组成，而忽略其他集料所含的这种粒径的颗粒。这样根据各个主要粒径去试算各种集料的大致比例，如果比例不合适，则加以调整，最终达到符合混合集料的级配要求。

设有 A、B、C 三种集料，需配制成级配为 M 的矿质混合料（图 1.10），求 A、B、C 集料在混合集料中的配合百分比例，即混合料配合比。

按题意做以下假设。

（1）设 X、Y、Z 为 A、B、C 三种集料在混合料 M 中的配合百分比例，则

$$X+Y+Z=100 \tag{1-23}$$

（2）又设混合料 M 中某一粒径要求的含量为 $a_{M(i)}$，A、B、C 三种集料在该粒径含量为 $a_{A(i)}$、$a_{B(i)}$、$a_{C(i)}$，则

$$a_{A(i)}X+a_{B(i)}Y+a_{C(i)}Z=a_{M(i)} \tag{1-24}$$

2）计算步骤

基于上述两点假设的前提下，可以按以下步骤计算 A、B、C 三种集料在混合料 M 中的配合百分比例。

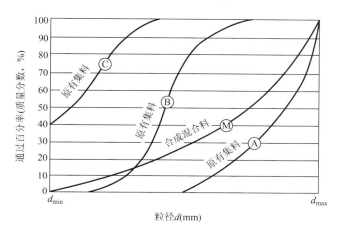

图 1.10　原有集料与合成混合料的级配图

（1）计算 A 集料在矿质混合料中的百分比。

在 A 集料中选取某一占优势的粒径（i），忽略其他集料在该粒径中的含量，则由式（1-24）可得

$$a_{A(i)} X = a_{M(i)}$$

则 A 集料在混合集料中的百分比为

$$X = \frac{a_{M(i)}}{a_{A(i)}} \times 100\% \qquad (1-25)$$

（2）计算 C 集料在矿质混合料中的百分比。

同前，在 C 集料中选取占优势的某一粒径（j），忽略其他集料在该粒径中的含量，则由式（1-24）可得

$$a_{C(j)} Z = a_{M(j)}$$

则 C 集料在混合集料中的百分比为

$$Z = \frac{a_{M(j)}}{a_{C(j)}} \times 100\% \qquad (1-26)$$

（3）计算 B 集料在混合集料中的百分比。

由式（1-25）和式（1-26）求得 A 集料和 C 集料的百分含量 X 和 Z 后，按下式可得 B 集料的百分比。

$$Y = 100 - (X + Z) \qquad (1-27)$$

如为四种集料配合时，C 集料和 D 集料仍可按试算法确定。

（4）校核调整。

按以上计算得到的混合比例必须进行校核，经校核如不在要求的级配范围内，应调整混合比例重新计算和复核，直到符合要求为止。如经计算确定不满足级配要求时，可掺加某些单粒级集料，或采用其他原始集料。

【例1-2】某一级公路沥青混凝土路面 AC-20 用矿质混合料，现拟用碎石、砂和矿粉三种集料组成，三种集料的分计筛余和混合料要求的级配范围见表 1.7，试求碎石、砂和矿粉三种集料在要求级配混合料中的用量比例。

【粗集料筛分试验】

表 1.7　三种集料的分级筛余和混合料要求的级配范围

原材料		筛孔尺寸（mm）												
		26.5	19	16	13.2	9.5	4.75	2.36	1.18	0.6	0.3	0.15	0.075	＜0.075
各种矿料分计筛余百分率（%）	碎石	0	2.7	8.9	13.2	15.6	24.2	14.9	8.7	5.2	3.5	1.7	0.9	0.5
	砂	—	—	—	—	0	11.3	22.6	12.7	16.3	17.4	16.5	2.1	1.1
	矿粉	—	—	—	—	—	—	—	0	6.2	5.9	4.6	3.5	79.8
标准级配范围通过百分率 P_a（%）		100	90～100	78～92	62～80	50～72	26～56	16～44	12～33	8～24	5～17	4～13	3～7	—

解：（1）将表 1.7 矿质混合料要求的标准级配范围通过率 P_i，换算为累计筛余百分率 A_i 级配范围累计筛余百分率中值要求的分计筛余百分率 $a_{M(i)}$，矿质混合料要求的级配范围见表 1.8。

表 1.8　矿质混合料要求的级配范围

原材料	筛孔尺寸（mm）												
	26.5	19	16	13.2	9.5	4.75	2.36	1.18	0.6	0.3	0.15	0.075	＜0.075
标准级配范围累计筛余百分率 $a_{M(i)}$（质量分数，%）	0	0～10	8～22	20～38	28～50	44～74	56～84	67～88	76～92	83～95	87～96	93～97	100
级配范围（筛余百分率）中值（质量分数，%）	0	5.0	15.0	29.0	39.0	59.0	70.0	77.5	84.0	89.0	91.5	95.0	100
要求的分计筛余百分率 $a_{M(i)}$（质量分数，%）	0	5.0	10.0	14.0	10.0	20.0	11.0	7.5	6.5	5.0	2.5	3.5	5.0

（2）由表 1.7 可知，碎石中 4.75mm 粒径的颗粒含量占优势，假设混合料中 4.75mm 粒径全部由碎石提供，其他集料均等于零，由式(1-25) 可得碎石在矿质混合料中的用量比例为

$$X=\frac{a_{M(4.75)}}{a_{碎石(4.75)}}\times100\%=\frac{20.0}{24.2}\times100\%=82.64\%$$

（3）同理，由表 1.7 可知，矿粉中小于 0.075mm 粒径的颗粒含量占优势，忽略碎石和砂中此粒径的含量，由式(1-26) 可得矿粉在矿质混合料中的用量比例为

$$Z=\frac{a_{M(<0.075)}}{a_{矿粉(<0.075)}}\times100\%=\frac{5.0}{79.8}\times100\%=6.27\%$$

（4）计算砂在矿质混合料中的用量比例为

$$Y=1-(X+Z)=[100-(82.64+6.27)]\%=11.09\%$$

（5）校核三种集料是否符合级配范围要求。根据以上计算，得到矿质混合料的组成配合比为：碎石 $X=82.64\%$，砂 $Y=11.09\%$，矿粉 $Z=6.27\%$。

按表1.9进行校核。由校核结果可知，按上述组成配合比，矿质混合料累计筛余百分率均在标准级配范围内，即符合规范中 $AC-20$ 的级配要求。

表1.9　矿质混合料配合组成计算校核表

原材料		筛孔尺寸（mm）												
		26.5	19	16	13.2	9.5	4.75	2.36	1.18	0.6	0.3	0.15	0.075	<0.075
各种矿料分计筛余百分率（%）	碎石	0	2.7	8.9	13.2	15.6	24.2	14.9	8.7	5.2	3.5	1.7	0.9	0.5
	砂	—	—	—	—	0	11.3	22.6	12.7	16.3	17.4	16.5	2.1	1.1
	矿粉	—	—	—	—	—	—	—	0	6.2	5.9	4.6	3.5	79.8
各矿料在混合料中的用量（%）	碎石占 82.64%	0	2.2	7.4	10.9	12.9	20.0	12.3	7.2	4.3	2.9	1.4	0.7	0.4
	砂占 11.09%	—	—	—	—	0	1.3	2.5	1.4	1.8	1.9	1.8	0.2	0.1
	矿粉占 6.27%	—	—	—	—	—	—	—	0	0.4	0.4	0.3	0.2	4.8
设计矿质混合料级配（%）	a_i	0	2.2	7.4	10.9	12.9	21.3	14.8	8.6	6.5	5.2	3.5	1.1	5.5
	A_i	0	2.2	9.6	20.5	33.4	54.7	69.5	78.1	84.6	89.8	93.3	94.5	100
标准级配范围通过百分率 P_a（%）		0	0~10	8~22	20~38	28~50	44~74	56~84	67~88	76~92	83~95	87~96	93~97	100
级配范围中值（%）		0	5.0	15.0	29.0	39.0	59.0	70.0	77.5	84.0	89.0	91.5	95.0	100

2. 图解法

用图解法进行集料的组成设计时，我国现行规范推荐采用修正平衡面积法。在对三种以上的多种集料进行组成设计时，采用此方法十分方便。

1）基本原理

（1）级配曲线坐标的选取。

通常的级配曲线是采用半对数坐标绘制，纵坐标通过百分率（P）为普通算术坐标，横坐标颗粒粒径（d）为对数坐标。因此，按最大堆积密度的理论曲线绘出的级配中值线为曲线。为便于图解法计算，应使级配中值线为直线；纵坐标通过百分率（P）采用普通算术坐标，横坐标颗粒粒径（d）为对数坐标，则级配曲线的中值线为直线。

（2）各种集料用量的确定。

将各种集料的级配曲线绘于坐标图上。为分析方便，假设各集料为单一粒级（即集料的级配曲线为直线），且相邻两级配曲线相接（即在同一筛孔上，前一集料的通过百分率为0，而后一集料的通过百分率为100%）。这时，各集料的级配曲线和设计的混合集料的级配中值线如图1.11所示。将 A、B、C、D 各集料级配曲线的首尾相连，得垂线 AA'、

BB'、CC'。各垂线与级配中值线 OO' 线相交于 R、M 和 N 点，由 R、M 和 N 点作水平线与纵坐标交于 S、P 和 Q 点，则 $O'P$、PQ、QS、ST 即为 A、B、C、D 四种集料在混合集料中的百分比（X、Y、Z、W）。

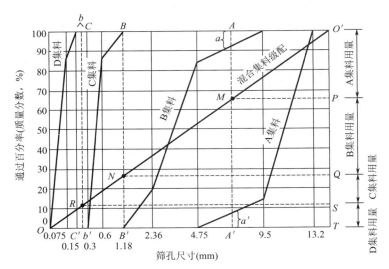

图 1.11　各集料的级配曲线和设计的混合集料的级配中值线

2）设计计算步骤

（1）绘制级配曲线图。

在设计说明上按规定尺寸绘制一个方形图框。通常纵坐标为通过百分率，长度取 10cm；横坐标为筛孔尺寸（或粒径），长度取 15cm。连接对角线 OO' 作为要求级配曲线中值。纵坐标按算术标尺标出通过百分率（0～100%）。根据要求级配中值（如表 1.10 的各筛孔通过百分率）标于纵坐标上，由纵坐标引平行线与对角线相交，再从交点作垂线与横坐标相交，其交点即为各相应筛孔尺寸，如图 1.12 所示。

表 1.10　粒式沥青混凝土 AC-13 矿料级配范围

筛孔尺寸（mm）	16.0	13.2	9.5	4.75	2.36	1.18	0.6	0.3	0.15	0.075
级配范围（%）	100	90～100	68～85	38～68	24～50	15～38	10～28	7～20	5～15	4～8
级配中值（%）	100	95.0	76.5	53.0	37.0	26.5	19.0	13.5	10.0	6.0

（2）确定各种集料的用量比例。

在级配曲线坐标图上绘出各种集料的通过量（图 1.12）。根据级配曲线中相邻级配曲线的重叠、相接或相离的情况，按下述方法确定各集料的用量。

① 两相邻级配曲线重叠。如集料 A 级配曲线的下部与集料 B 级配曲线的上部有重叠，在两级配曲线相重叠的部分引一条使 $a=a'$ 的垂线 AA'，再通过垂线 AA' 与对角线 OO' 的交点 M 作一水平线交纵坐标于 P 点，$O'P$ 即为集料 A 的用量百分比。

② 两相邻级配曲线相接。如集料 B 的最小粒径与集料 C 的最大粒径相同，即集料 B 的级配曲线末端与集料 C 的级配曲线首端正好在一条垂线上，则将前一集料曲线末端与后

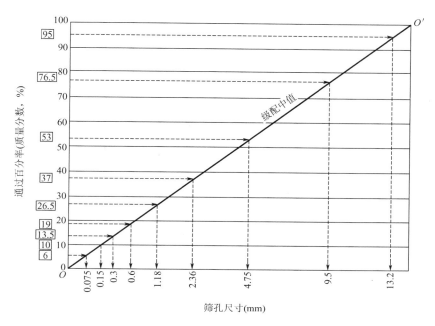

图 1.12　级配曲线坐标图

一集料曲线首端作垂线相连，垂线 BB' 与对角线 OO' 相交于 N 点，通过 N 点作一条水平线与纵坐标交于 Q 点，PQ 即为集料 B 的用量百分比。

③ 两相邻级配曲线相离。如集料 C 的级配曲线末端与集料 D 的级配曲线首端，在水平方向相离一定距离，作一条垂直线平分相离的距离（即 $b=b'$），再通过垂线 CC' 与对角线 OO' 的交点 R 作一水平线与纵坐标交于 S 点，QS 即为集料 C 的用量百分比。剩余部分 ST 即为集料 D 的用量百分比。

（3）校核。

按图解法所得的各种集料的用量百分比，校核计算混合级配是否符合要求，如超出级配范围要求，则应调整各集料的比例，直至符合要求为止。

【例 1-3】现有碎石、石屑、砂和矿粉四种矿料，筛析试验结果见表 1.11。

表 1.11　合成集料筛析试验结果

材 料 名 称	筛孔尺寸（mm）									
	16.0	13.2	9.5	4.75	2.36	1.18	0.6	0.3	0.15	0.075
	通过百分率（质量分数,%）									
碎石	100	93	17	0	—	—	—	—	—	—
石屑	100	100	100	84	14	8	4	0	—	—
砂	100	100	100	100	92	82	42	21	11	4
矿粉	100	100	100	100	100	100	100	100	96	89

要求将上述四种矿料（3种集料和1种填料）组配成符合《公路沥青路面施工技术规范》（JTG F40—2004）细粒式沥青混凝土混合料（AG-13）级配要求，要求的级配范围和计算得到的级配范围中值见表1.12，试确定各种集料的用量比例。

表1.12 要求的级配范围和计算得到的级配范围中值

混合料类型和级配		筛孔尺寸（mm）									
		16.0	13.2	9.5	4.75	2.36	1.18	0.6	0.3	0.15	0.075
		通过百分率（%）									
（AC-13）	级配范围	100	90～100	68～85	38～68	24～50	15～38	10～28	7～20	5～15	4～8
	级配中值	100	95.0	76.5	53.0	37.0	26.5	19.0	13.5	10.0	6.0

解：（1）按前述方法绘制材料级配和要求的混合料级配曲线，如图1.13所示，在纵坐标上按算术坐标绘出通过量百分率。

（2）连接对角线 OO'，表示规范要求的级配中值。在纵坐标上标出规范 JTG F40—2004 规定的细粒式沥青混凝土混合料（AG-13）各筛孔要求的通过百分率，作水平线与对角线 OO' 相交，再从各交点作垂直线交于横坐标上，以确定各筛孔在横坐标上的位置。

（3）将碎石、石屑、砂和矿粉的级配曲线绘于图1.13中。

（4）在碎石和石屑的级配曲线相重叠的部分作一条垂线 AA'，使垂线截取两级配曲线的纵坐标轴值相等（$a=a'$），自 AA' 与对角线 OO' 的交点 M 作一水平线交纵坐标于 P 点。$O'P$ 的长度 $X=35.9\%$，即为碎石用量比例。

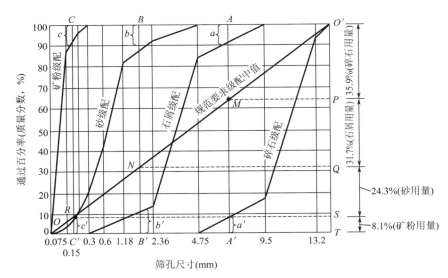

图1.13 材料级配和要求的混合料级配曲线

同理，求出石屑用量（质量分数）$Y=31.7\%$，砂的用量（质量分数）$Z=24.3\%$，则矿粉用量（质量分数）$W=8.1\%$。

（5）根据图解法求得的各集料用量列表进行校核计算，由表 1.13 可以看出，按碎石：石屑：砂：矿粉＝35.9%：31.7%：24.3%：8.1%的计算结果，合成级配中筛孔 9.5mm 的通过量偏低，筛孔 0.075mm 的通过量偏高。

（6）由于图解法的各种材料的用量比例是根据部分筛孔决定的，所以不能控制所有筛孔。通常需要调整修正，才能达到满意的结果。

通过试算，现采用增加石屑、砂用量和减少碎石、矿粉用量的方法来调整配合比。经调整后的配合比（质量比）为：碎石用量（质量分数）$X＝30.0\%$，石屑用量（质量分数）$Y＝36.0\%$，砂用量（质量分数）$Z＝28.0\%$，矿粉用量（质量分数）$W＝6\%$。按此配比计算的数值列于表 1.13 的括号内。

（7）从表 1.13 得到的合成级配通过百分率可以看出，合成级配完全在规范要求的级配范围之内并且接近中值。最后确定的矿质混合料配合比（质量比）为碎石：石屑：砂：矿粉＝30：36：28：6，完全符合要求。

表 1.13 混合料配合组成计算校核表

原材料		筛孔尺寸（mm）									
		16	13.2	9.5	4.75	2.36	1.18	0.6	0.3	0.15	0.075
		通过百分率（质量分数,%）									
各种矿料级配	碎石	100	93	17	0	—	—	—	—	—	—
	石屑	100	100	100	64	14	8	4	0	—	—
	砂	100	100	100	100	92	82	42	21	11	4
	矿粉	100	100	100	100	100	100	100	100	96	89
各矿质集料在混合料中的用量（质量分数,%）	碎石 35.9 (30.0)	35.9 (30.0)	33.4 (27.9)	6.1 (5.1)	0 (0)	—	—	—	—	—	—
	石屑 31.7 (36.0)	31.7 (36.0)	31.7 (36.0)	31.7 (36.0)	20.3 (20.3)	4.10 (5.0)	2.5 (2.9)	1.3 (1.4)	0 (0)	—	—
	砂 24.3 (28.0)	24.3 (28.0)	24.3 (28.0)	24.3 (28.0)	24.3 (28.0)	22.4 (25.8)	19.9 (23.0)	10.2 (11.8)	5.1 (5.9)	2.7 (3.1)	1.0 (1.1)
	矿粉 8.1 (6.0)	8.1 (6.0)	8.1 (6.0)	8.1 (6.0)	8.1 (6.0)	8.1 (6.0)	8.1 (6.0)	8.1 (6.0)	8.1 (6.0)	7.8 (5.8)	7.2 (5.2)
设计矿质混合料级配（%）		100 (100)	97.5 (97.9)	70.2 (75.1)	52.7 (57.0)	34.9 (36.8)	30.5 (31.9)	19.6 (19.2)	13.2 (11.9)	10.5 (8.9)	8.2 (6.3)
规范要求级配范围（%）		100	90～100	68～85	38～68	24～50	15～38	10～28	7～20	5～15	4～8

项目小结

　　砂石材料是道路与桥梁工程结构及其附属构造物中用量最大的一类材料，具有多种用途，可以直接用于砌筑构造物或道路铺面，或被轧制成集料直接用于道路基层或垫层，但更主要的是作为集料应用于水泥混凝土或沥青混凝土。

　　石料的主要力学性质有两种，即单轴抗压强度和磨耗度，这两种力学性质指标是评定石料的依据。集料的力学性质除了压碎值和磨耗度外，为了满足现代和未来高速交通的要求，对路面抗滑层用集料还要求磨光值、耐磨值和冲击值。

　　密度是单位体积的质量。由于计算密度时选用的体积不同，其可分为真实密度、表观密度、毛体积密度和堆积密度等。密度对计算沥青和水泥混凝土的组成结构是非常有用的参数。

　　集料的颗粒组成用级配表示，集料级配与集料的密实度和内部阻力有着直接的关系，也是进行矿质混合料组成设计的主要依据。矿质混合料是由两种或两种以上的集料按照一定比例组成的，确定这个比例关系的过程称为配合比设计，矿质混合料的配合比设计方法有数解法和图解法。

复 习 题

一、单选题

1. 通过采用集料表干质量计算得到的密度是（　　）。

A. 表观密度　　　　B. 毛体积密度　　　　C. 真实密度　　　　D. 堆积密度

2. 粗集料的压碎值较小，说明该粗集料有（　　）。

A. 较好的耐磨性　B. 较差的耐磨性　C. 较好的承载力　D. 较差的承载力

3. 石料在做冻融时，冰冻4h后，取出试件应放在（　　）的水中溶解4h。

A. 20℃±2℃　　　B. 25℃±2℃　　　C. 23℃±5℃　　　D. 20℃±5℃

4. 碎石或卵石吸水率测定时烘箱的温度控制在（　　）℃。

A. 100±5　　　　B. 105±5　　　　C. 110±5　　　　D. 120±5

5. 路面用石料进行抗压强度试验时，制备的立方体试件的边长为（　　）。

A. 50mm±2mm　B. 50mm±1mm　　C. 70mm±1mm　D. 70mm±2mm

6. 评定石料等级的主要依据是石料抗压强度和（　　）。

A. 磨耗值　　　　B. 磨耗度　　　　C. 压碎值　　　　D. 冲击值

7. 粗集料的公称粒径通常比最大粒径（　　）。

A. 小一个粒级　　B. 大一个粒级　　C. 相等　　　　D. 无法确定

8. 随着粗集料最大粒径的增大，集料的空隙率及总表面积（　　）。

A. 均减小　　　　B. 均增大　　　　C. 基本不变　　D. 前者减小，后者增大

9. 通过 37.5mm 筛、留在 31.5mm 筛上的粗集料，用于水泥混凝土时当其颗粒长度大于（　　）mm 的为针状颗粒。

A. 90　　　　　　B. 75.6　　　　　　C. 82.8　　　　　　D. 88.6

10. 不会影响砂石材料取样数量的因素是（　　）。

A. 公称最大粒径　　B. 试验项目　　　　C. 试验内容　　　　D. 试验时间

11. 细度模数的大小表示砂颗粒的粗细程度，是采用筛分中得到的（　　）计算出的。

A. 各筛上的筛余量　　　　　　　　B. 各筛的分计筛余

C. 累计筛余　　　　　　　　　　　D. 通过量

12. 石料的真实密度可用式 $\rho_t = M/V_s$ 计算，式中 V_s 为（　　）。

A. 石料实体体积　　　　　　　　　B. 石料表观体积

C. 石料毛体积　　　　　　　　　　D. 石料堆积体积

13. 进行细集料砂当量试验时，（　　）试剂必不可少。

A. 无水氯化钙　　B. 盐酸　　　　　　C. 甲醛　　　　　　D. EDTA

二、多选题

1. 限制集料中的含泥量是因为含泥量过高会影响（　　）。

A. 混凝土的凝结时间　　　　　　　B. 集料与水泥石的黏附

C. 混凝土的需水量　　　　　　　　D. 混凝土的强度

2. 石料的毛体积密度可采用（　　）测定。

A. 表干称重法　　B. 封蜡法　　　　C. 比重瓶法　　　　D. 李氏比重瓶法

3. 粗集料针片状颗粒含量（游标卡尺法）试验中按（　　）选取 1kg 左右的试样。

A. 分料器法　　　B. 四分法　　　　C. 三分法　　　　　D. 二分法

4. 砂的细度模数计算中不应包括的颗粒是（　　）。

A. 4.75mm 颗粒　　B. 0.075mm 颗粒　　C. 地盘上的颗粒　　D. 0.15mm 颗粒

5. 筛分试验计算的三个参数是分计筛余百分率、累计筛余百分率和通过百分率。用（　　）计算细度模数，用（　　）评价砂的粗细程度。

A. 分计筛余百分率　　　　　　　　B. 累计筛余百分率

C. 通过百分率　　　　　　　　　　D. 细度模数

6. 岩石的抗压强度值取决于（　　）。

A. 组成结构　　　B. 矿物组成　　　C. 试验条件　　　　D. 加载速度

7. 粗集料的力学性质有（　　）。

A. 压碎值　　　　B. 磨光值　　　　C. 冲击值　　　　　D. 磨耗值

E. 磨耗度

8. 用图解法确定沥青混合料的矿料配合比例时，必须具备的已知条件是（　　）。

A. 各矿料的相关密度　　　　　　　B. 各矿料的筛分结果

C. 混合料类型及级配要求　　　　　D. 粗集料公称最大粒径

9. 集料的表观密度是指单位表观体积集料的质量，表观体积包括（　　）。

A. 矿料实体体积　　B. 开口孔隙体积　　C. 闭口孔隙体积　　D. 毛体积

10. 沥青混合料用砂子细度模数计算中不应包括在内的颗粒是（　　）。

A. 4.75mm 的颗粒 　　　　　　B. 0.075mm 的颗粒

C. <0.075mm 的颗粒 　　　　　D. 底盘上存留的颗粒

11. 用于表层沥青混合料的粗集料应具备（　　）性质。

A. 较小的摩擦系数 　　　　　B. 良好的抗冲击性

C. 较小的磨耗值 　　　　　　D. 较低的压碎值

12. 岩石的抗压强度值取决于（　　）。

A. 组成结构　　　B. 矿物组成　　　C. 试验条件　　　D. 加载速度

三、判断题

1. 粗集料密度试验时的环境温度应在 10～25℃。　　　　　　　　　　（　　）

2. 粗集料压碎值试验，取 9.5～13.2mm 的试样 3 组，各 3000g 供试验用。（　　）

3. 细度模数的大小反映了砂中粗细颗粒的分布状况。　　　　　　　　（　　）

4. 坚固性试验是测定岩石抗冻性的一种简易方法。　　　　　　　　　（　　）

5. 集料的磨耗度越低，沥青路面的抗滑性越好。　　　　　　　　　　（　　）

6. 筛分法进行颗粒分析，计算小于某粒径的土质百分数时，试样总质量是试验前试样总重。　　　　　　　　　　　　　　　　　　　　　　　　　　　（　　）

7. 粗集料的磨耗损失（洛杉矶法）取两次平行试验结果的算术平均值为测定值，两次试验的差值应不大于 3%，否则须重做试验。　　　　　　　　　　　（　　）

8. 在通过量与筛孔尺寸为坐标的级配范围图上，级配线靠近范围图上线的砂相对较粗，靠近下线的砂则相对较细。　　　　　　　　　　　　　　　　　（　　）

9. 压碎值越小的石料，表示其强度越高。　　　　　　　　　　　　　（　　）

10. 石料的饱水率可用沸煮法测定。　　　　　　　　　　　　　　　　（　　）

11. 在水煮法测定石料的黏附性试验中，当沥青剥落面积小于 30% 时可将其黏附性等级评定为 4 级。　　　　　　　　　　　　　　　　　　　　　　　　（　　）

12. 根据通过量计算得到的砂的细度模数值越大，则砂的颗粒越粗。　（　　）

13. 粗集料的压碎值测试方法对于沥青混凝土和水泥混凝土是相同的。（　　）

14. 当用于沥青混合料的粗集料其某一方向的尺寸超过所属粒级的 2.4 倍时，即可判断该颗粒为针状颗粒。　　　　　　　　　　　　　　　　　　　　　（　　）

15. 粗集料的磨耗值越高，表示集料的耐磨性越差。　　　　　　　　（　　）

16. 采用累计筛余量对混凝土用砂进行分区，其目的是描述砂的级配状况。（　　）

17. 易于磨光的石料，其相应的磨耗值较大。　　　　　　　　　　　（　　）

18. 根据砂的累计筛余，将砂分为粗、中、细三种类型。　　　　　　（　　）

19. 石料的真实密度用真空法测定。　　　　　　　　　　　　　　　（　　）

20. 采用摇筛机进行砂的筛分试验，判断过筛是否彻底要通过增加摇筛时间来实现。　　　　　　　　　　　　　　　　　　　　　　　　　　　　　　　（　　）

21. 粗集料的冲击值越大，对沥青路面的使用越不利。　　　　　　　（　　）

22. 当集料的公称粒径是 10～30mm 时，则要求该规格的集料颗粒应 100% 大于 10mm、小于 30mm。　　　　　　　　　　　　　　　　　　　　　　　（　　）

23. 集料的磨光值越大，说明其抗磨耗性能越差。　　　　　　　　　（　　）

24. 细集料密度试验（容量瓶法）可以直接用自来水进行试验。 （　　）

25. 集料的吸水率就是含水率。 （　　）

26. 沥青混合料用集料筛分应用干筛法。 （　　）

四、简答题

1. 简述粗集料自然堆积密度的测定步骤。

2. 真实密度、毛体积密度、表观密度、堆积密度含义中的单位体积各指什么？

3. 简述计算压碎值操作步骤。

五、计算题

1. 计算表 1.14 所列砂的筛分和细度模数。

表 1.14　砂筛分试验的计算示例

筛孔尺寸（mm）	9.5	4.75	2.36	1.18	0.60	0.30	0.15	底盘
筛余质量 m_i（g）	0	15	63	99	105	115	75	28
分计筛余百分率 a_i（%）								
累计筛余百分率 A_i（%）								
通过百分率 P_i（%）								

2. 某沥青路面混合料用细集料的筛分试验结果见表 1.15，试计算该细集料的分计筛余百分率、累计筛余百分率和通过百分率，绘制该细集料的级配曲线图，并分析其级配是否符合设计级配范围的要求。计算该细集料的细度模数，判断其细度模数，并判断其粗度。

表 1.15　某细集料的筛分试验结果

筛孔尺寸（mm）	9.5	4.75	2.36	1.18	0.6	0.3	0.15	0.075	筛底
筛余质量（g）	0	13	160	100	75	50	39	25	38
设计级配范围（%）	100	95~100	55~75	35~55	20~40	12~28	7~18	5~10	—

3. 某工程用石灰岩石料试件为直径 50mm、高 50mm 的圆柱体，经饱水后进行抗压强度试验，平均极限荷载分别为 179kN、182kN、174kN、178kN、189kN 和 185kN，试计算该石料的抗压强度。

4. 某水泥混凝土用砂，共 500g，其筛分试验结果见表 1.16，求：①该砂样分计筛余百分率、累计筛余百分率和通过百分率；②计算该砂的细度模数，确定砂的类型。

表 1.16　某水泥混凝土用砂的筛分试验结果

筛孔尺寸（mm）	4.75	2.36	1.18	0.6	0.3	0.15	<0.15
筛余量（g）	25	35	90	140	115	70	25

5. 试用图解法设计细粒式沥青混凝土用矿质混合料配合比，该矿质混合料各组成集料的筛分试验结果见表 1.17。

表 1.17　矿质混合料各组成集料的筛分试验结果

材料名称	筛孔尺寸（mm）									
	16	13.2	9.5	4.75	2.36	1.18	0.6	0.3	0.15	0.075
	通过百分率（%）									
碎石	100	95	63	28	8	2	0	0	0	0
砂	100	100	100	100	100	90	60	35	10	0
矿粉	100	100	100	100	100	100	100	100	97	88
级配范围	100	95~100	70~88	48~68	36~53	24~41	18~30	12~22	8~16	4~8
中值	100	97.5	79	58	44.5	32.5	24	17	12	6

6. 从某工地取回水泥混凝土用砂，经烘干至恒重后，进行筛分试验，其筛分试验结果见表 1.18，求：

（1）该砂样的分计筛余、累计筛余和通过百分率。

（2）计算该砂的细度模数，并确定砂的类型。

表 1.18　某砂的筛分试验结果

筛孔尺寸（mm）	4.75	2.36	1.18	0.6	0.3	0.15	底盘
各筛筛余量（g）	15	30	80	160	125	65	25

7. 利用试算法求碎石、砂和矿粉三种集料在矿质混合料中的用量比例，条件见表 1.19。（要求将表中数字填全）

表 1.19　矿质混合料要求的级配范围

筛孔尺寸（mm）	碎石分计筛余（%）	砂分计筛余（%）	矿粉分计筛余（%）	要求级配范围通过率中值（%）	要求级配范围累计率中值（%）	要求级配范围分计筛余中值（%）
13.2	0.8	—		100	—	—
4.75	60.0	—	—	70.5	29.5	
2.36	23.5	10.5		51.5	48.5	
1.18	14.4	22.1	—	41.5	58.5	
0.6	1.3	19.4	4.0	33.5	66.5	
0.3	—	36.0	4.0	25.0	75.0	
0.15	—	7.0	5.5	21.0	79.0	
0.075	—	3.0	3.2	17.5	82.5	
<0.075		2.0	83.3	—	100	

项目 **2**  石灰和水泥

思维导图

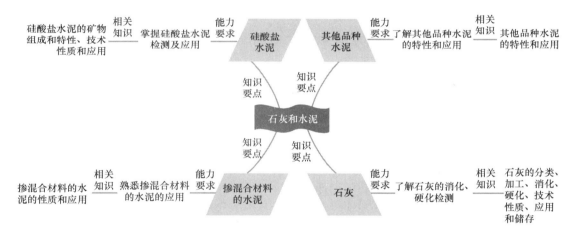

硅酸盐水泥的矿物组成和特性、技术性质和应用 — 相关知识 — 掌握硅酸盐水泥检测及应用 — 能力要求 — 硅酸盐水泥 — 其他品种水泥 — 能力要求 — 了解其他品种水泥的特性和应用 — 相关知识 — 其他品种水泥的特性和应用

知识要点 / 知识要点

石灰和水泥

知识要点 / 知识要点

掺混合材料的水泥的性质和应用 — 相关知识 — 熟悉掺混合材料的水泥的应用 — 能力要求 — 掺混合材料的水泥 — 石灰 — 能力要求 — 了解石灰的消化、硬化检测 — 相关知识 — 石灰的分类、加工、消化、硬化、技术性质、应用和储存

项目导读

1. 石灰

石灰是一种气硬性无机胶结材料，它是将碳酸钙（$CaCO_3$）为主要成分的天然岩石（如石灰石、白云石等），经过 $900 \sim 1300℃$ 的高温煅烧得到的以氧化钙（CaO）为主要成分的物质。

石灰根据化学成分的不同分为生石灰和熟石灰，生石灰的主要成分为 CaO，熟石灰的主要成分为 $Ca(OH)_2$。根据加工方法的不同，石灰可分为块状生石灰（由原料煅烧而成的原产品）、生石灰粉（由块状生石灰磨细而得到的细粉）、消石灰粉（将生石灰用适量的水消化而得到的粉末，也称熟石灰）、石灰浆［将生石灰加多量的水（约为石灰体积的 $3 \sim 4$ 倍）消化而得的可塑性浆体］等。如图 2.1～图 2.3 所示分别为块状生石灰、生石灰粉和石灰浆。

图 2.1　块状生石灰

图 2.2　生石灰粉

图 2.3　石灰浆

在工业生产过程中，石灰的主要原料是以碳酸钙为主要成分的天然岩石，如石灰石（图 2.4）、白垩（图 2.5）、白云石（图 2.6）、贝壳等。

图 2.4　石灰石

图 2.5　白垩

图 2.6　白云石

在道路工程中，随着半刚性基层的广泛应用，石灰稳定土、石灰粉煤灰稳定土及其稳定碎石大量应用于路面基层。在桥梁工程中，石灰砂浆、石灰水泥砂浆、石灰粉煤灰砂浆广泛应用于圬工砌体。

2. 水泥

水泥是一种水硬性胶凝材料，属于多组分的人造矿物粉料，与水拌和后成为塑性胶体，既能在空气中硬化，又能在水中硬化，并能将砂石等材料胶结成具有一定强度的整体，是建筑工程中用量最大的建筑材料之一。

在道路桥梁工程中通常使用的水泥有硅酸盐水泥、普通硅酸盐水泥、火山灰质硅酸盐水泥、粉煤灰硅酸盐水泥、矿渣硅酸盐水泥和复合硅酸盐水泥等品种。由于道路路面工程对于水泥的特殊性能要求，还可能使用高铝水泥、膨胀水泥、快硬水泥等。水泥的品种繁多，随着水泥材料的发展，还会有许多新品种的水泥涌现出来。但在工程建设中仍然以硅酸盐水泥和普通硅酸盐水泥为主，因此本项目主要对硅酸盐水泥（图 2.7）做较为详细的阐述，其他水泥仅做一般介绍。大型水泥生产设备如图 2.8 所示。

图 2.7　硅酸盐水泥

图 2.8　大型水泥生产设备

 **知识链接**

水泥的发展历史

水泥的历史最早可追溯到古罗马人在建筑中使用的石灰与火山灰的混合物，用它胶结碎石制成的混凝土，硬化后不但强度较高，而且还能抵抗淡水或含盐水的侵蚀。

1756年，英国工程师J. 斯米顿在研究某些石灰在水中硬化的特性时发现：采用含有黏土的石灰石烧制能够获得水硬性石灰，用于水下建筑的砌筑砂浆，最理想的成分是由水硬性石灰和火山灰配成。这个重要发现为近代水泥的研制和发展奠定了理论基础。

1796年，英国人J. 帕克用泥灰岩烧制出一种水泥，外观呈棕色，帕克称这种水泥为"罗马水泥"，并取得该水泥的专利权。

1824年，英国建筑工人约瑟夫·阿斯普丁首先取得了生产硅酸盐水泥的专利权。因为水泥凝结后的外观颜色与英国波特兰所产的一种常用于建筑的石灰石颜色相似，所以将产品命名为波特兰水泥，在针对波特兰水泥的后续研究中，确认其主要成分是硅酸盐类物质，故波特兰水泥也被称为硅酸盐水泥。

2.1 石灰

引例

在道路路基处理时，为什么要把石灰与松散的黏土混合在一起铺筑在路基上呢？石灰与黏土的混合料对路基起到了怎样的加固效果呢？如图2.9所示为石灰土路基处理。

图2.9 石灰土路基处理

2.1.1 石灰的生产工艺概述

工业上用于煅烧石灰的原料，主要以碳酸钙和碳酸镁的岩石（如石灰石、白云石、白垩等）为主。

煅烧过程中，碳酸钙和碳酸镁的分解需要吸收热量，通常需加热至900℃以上，其化学反应式可表示如下。

$$CaCO_3 \xrightarrow[178kJ/mol]{>900℃} CaO + CO_2 \uparrow \qquad (2-1)$$

1000g 碳酸钙分解时，失去 440g 二氧化碳，得到 560g 氧化钙，质量几乎失去一半，而煅烧前后的固体体积仅比原来石灰石 $CaCO_3$ 的体积减少 10%～15%，所以石灰是一种多孔结构的材料。

优质的石灰色泽洁白或略带灰色，质量较轻，块状石灰堆积密度为 800～1000kg/m³。在烧制过程中，往往由于石灰石原料尺寸过大、温度过低或者煅烧时间不够，石灰中会含有未烧透的内核，这种石灰即称为"欠火石灰"。欠火石灰的未消化残渣含量高，使生石灰的有效氧化钙和氧化镁含量降低，使用时缺乏黏结力。当温度正常、时间合理时，得到的石灰是多孔结构，内比表面积大，晶粒较小，这种石灰称为"正火石灰"。正火石灰与水接触时，化学反应能力较强。但当煅烧温度提高、时间延长时，石灰晶粒变粗，内比表面积缩小，内部多孔结构变得致密，这种石灰称为"过火石灰"。过火石灰与水反应的速度极为缓慢，在建筑结构物中仍能继续消化，以致引起成型的结构物体积膨胀，导致结构物表面产生鼓包、隆起、起皮、剥落或裂缝等病害现象，故危害极大。

2.1.2 石灰的消化和硬化反应

1. 石灰的消化

烧制成的生石灰为块状，在使用时必须加水使其"消化"成为粉末状的"消石灰"，这一过程也可称为"熟化"。在消化过程中，生石灰与水发生化学反应，放出大量的热，且体积膨胀，质纯且煅烧良好的石灰体积增加 1～2.5 倍，消解石灰的理论加水量仅为石灰质量的 32%，但是由于石灰消化是一个放热反应，实际加水量需达石灰质量的 70% 以上。其化学反应为

$$CaO + H_2O \longrightarrow Ca(OH)_2 + 64.9kJ/mol \qquad (2-2)$$

在石灰的消解时，应严格控制加水量和加水速度。对消解速度快、活性大的石灰，如加水过慢，水量不够，则已消化的石灰颗粒生成 $Ca(OH)_2$，包围于未消化颗粒的周围，使内部石灰不易消化，这种现象称为"过烧"现象。相反，对于消解速度慢、活性差的石灰，如加水过快，则发热量少，水温过低，增加了未消化颗粒，这种现象称为"过冷"现象。石灰消化时，为了消除"过火石灰"的危害，可在消化后"陈伏"半个月左右再使用。石灰浆在陈伏期间，在其表面应有一层水分，使之与空气隔绝，以防止碳化。

2. 石灰的硬化

石灰的硬化过程包括干燥硬化和碳化两部分。

1）石灰浆的干燥硬化

石灰浆在干燥过程中，游离水逐渐蒸发，或被周围砌体吸收，形成氢氧化钙饱和溶液，氢氧化钙逐渐从饱和溶液中结晶析出，产生网状孔隙。这时滞留在孔隙中的自由水由于表面张力的作用而产生毛细管压力，使石灰粒子更加密实，强度也随之提高。其反应式如下。

$$Ca(OH)_2 + nH_2O \xrightarrow{\text{晶化}} Ca(OH)_2 \cdot nH_2O \qquad (2-3)$$

2）硬化石灰浆的碳化

石灰浆体经碳化后获得的最终强度称为"碳化强度"。氢氧化钙与空气中的二氧化碳作用生成碳酸钙晶体，称为熟石灰的碳化作用。熟石灰的碳化作用在有水条件下才能进行，其反应式如下。

$$Ca(OH)_2 + CO_2 + nH_2O \xrightarrow{\text{碳化}} Ca(OH)_2 \cdot (n+1)H_2O \qquad (2-4)$$

该反应主要发生在与空气接触的表面，当浆体表面生成一层 $CaCO_3$ 薄膜后，碳化进程减慢，同时内部的水分不易蒸发，石灰的硬化速度随时间增长逐渐减慢。

石灰浆体的硬化包括上面两个同时进行的过程，即表层以碳化为主，内部则以干燥硬化为主。纯石灰浆硬化时发生收缩开裂，所以工程上常配制成石灰砂浆使用。

2.1.3 石灰的技术要求和技术标准

1. 石灰的技术要求

用于道路或桥梁工程的石灰应符合下列技术要求。

1）有效氧化钙和氧化镁含量

石灰中产生黏结性的有效成分是活性氧化钙和氧化镁，其含量是评价石灰质量的主要指标，其含量越多，活性越高，质量也越好。

按我国现行试验规程《公路工程无机结合料稳定材料试验规程》（JTG E51—2009）的规定，有效氧化钙含量用盐酸滴定法测定，氧化镁含量用络合滴定法测定。

2）生石灰产浆量和未消化残渣含量

产浆量是单位质量（1kg）的生石灰经消化后产生的石灰浆体的体积（L）。石灰产浆量越高，则表示其质量越好。未消化残渣含量是生石灰消化后，未能消化而存留在 5mm 圆孔筛上的残渣占试样的百分率。其含量越多，石灰质量越差，必须加以限制，测定方法按《建筑石灰试验方法　第 1 部分：物理试验方法》（JC/T 478.1—2013）和《建筑石灰试验方法　第 2 部分：化学分析方法》（JC/T 478.2—2013）执行。

3）二氧化碳含量

控制生石灰或生石灰粉中二氧化碳的含量是为了检测石灰石在煅烧时"欠火"造成产品中未分解完成的碳酸盐的含量。二氧化碳含量越高，即表示未分解完全的碳酸盐含量越高，则氧化钙和氧化镁的含量相对降低，导致石灰的胶结性能下降。

4）消石灰粉游离水含量

游离水含量指化学结合水以外的含水量。理论上，生石灰在消化过程中加入的水是理论需水量的 2～3 倍。多加的水残留于氢氧化钙（除结合水外）中，残余水分蒸发后，留下孔隙会加剧消石灰粉的碳化作用，以致影响石灰的质量。因此，对消石灰粉的游离水含量需加以限制。

5）细度

细度与石灰的质量有密切关系，现行标准《公路路面基层施工技术规范》（JTJ 034—2015）以 0.71mm 和 0.125mm 筛余百分率控制。0.125mm 筛余量包括消化过程中未消化的"过火"石灰颗粒；含有大量钙盐的石灰颗粒；"欠火"石灰颗粒或未燃尽的煤渣等。过量的筛余物影响石灰的黏结性。

【建筑生石灰标准】

2. 石灰的技术标准

按照现行标准《建筑生石灰》（JC/T 479—2013）和《建筑生石灰粉》（JC/T 480—2013）中的规定，按石灰中氧化镁的含量不同，建筑石灰分为钙质石灰和镁质石灰两类，其分类界限见表 2.1。

表 2.1　钙质石灰和镁质石灰中氧化镁含量界限

石灰种类	生石灰	生石灰粉	消石灰
钙质石灰	≤5%	≤5%	<4%
镁质石灰	>5%	>5%	≥4%

由于生石灰和消石灰粉的分类技术项目和指标不同，故分别提出不同要求。

石灰分为钙质石灰和镁质石灰，考虑有效氧化钙和氧化镁含量（%）、产浆量、未消化残渣及二氧化碳含量等指标，石灰又可分为优等品、一等品与合格品 3 个等级，见表 2.2 和表 2.3。

1）生石灰的技术指标

表 2.2　生石灰的技术指标

项　目	钙质生石灰			镁质生石灰		
	优等品	一等品	合格品	优等品	一等品	合格品
（CaO+MgO）含量（%）	≥90	≥85	≥80	≥85	≥80	≥75
未消化残余含量（5mm）圆孔筛筛余量（%）	≤5	≤10	≤15	≤5	≤10	≤15
CO_2（%）	≤5	≤7	≤9	≤6	≤8	≤10
产浆量（L/kg）	≥2.8	≥2.3	≥2.0	≥2.8	≥2.3	≥2.0

2）生石灰粉的技术指标

表 2.3　生石灰粉的技术指标

项　目		钙质生石灰粉			镁质生石灰粉		
		优等品	一等品	合格品	优等品	一等品	合格品
（CaO+MgO）含量（%）		≥85	≥80	≥75	≥80	≥75	≥70
CO_2（%）		≤7	≤9	≤11	≤8	≤10	≤12
细度	0.9mm 筛筛余量（%）	≤0.2	≤0.5	≤1.5	≤0.2	≤0.5	≤1.5
	0.125m 筛筛余量（%）	≤7.0	≤12.0	≤18.0	≤7.0	≤12.0	≤18.0

3）消石灰的技术指标

消石灰的技术指标应符表 2.4 的规定。

表 2.4　消石灰的技术指标

指标项目\类别		等　级					
		钙质消石灰			镁质消石灰		
		优等品	一等品	合格品	优等品	一等品	合格品
有效钙加氧化镁含量（%）		≥65	≥60	≥55	≥60	≥55	≥50
含水率（%）		≤4	≤4	≤4	≤4	≤4	≤4
细度	0.71mm 方孔筛筛余（%）	0	≤1	≤1	0	≤1	≤1
	0.125mm 方孔筛筛余（%）	≤13	≤20	—	≤13	≤20	—

2.1.4　石灰的应用和储存

1. 石灰的应用

（1）用于路面工程中的石灰稳定土、石灰水泥稳定土等结构层。

（2）利用生石灰的吸水膨胀作用用于软土地基的加固，如在软土地基上打入生石灰桩，生石灰吸水膨胀对桩周土起挤密作用，同时生石灰与黏土矿物颗粒产生胶凝反应使周围的土固结，从而起到提高地基承载力的目的。

（3）可以制作石灰砂浆，主要用于地面以上部分的砌筑工程，并且可以用于抹面等装饰工程。

（4）石灰与黏土、砂石、炉渣制成三合土，用于道路工程的垫层。

 **引例解答**

生石灰与黏土颗粒结合产生胶凝反应，使石灰土混合料固结变硬，大大提升了路基的承载能力，所以道路施工时，经常用石灰对路基进行加固处理。

2. 石灰的储存

（1）磨细的生石灰粉应储存于干燥仓库内，采取严格防水措施。

（2）需较长时间储存生石灰时，最好将其消解成石灰浆，并使其表面隔绝空气，以防碳化。

特别提示

生石灰不能较长时间放置在未经防水防潮处理的仓库内，这主要是由于生石灰长期暴露于大气中，会与空气中的水蒸气发生化学发热反应，导致生石灰吸水膨胀，有效氧化钙减少，导致质量不合格。

2.2 硅酸盐水泥

引例

如图 2.10 所示，修筑不久的城市道路或者等级公路的硅酸盐水泥混凝土路面发生开裂现象。是什么原因导致了硅酸盐水泥混凝土路面开裂？

图 2.10　硅酸盐水泥路面开裂

2.2.1 硅酸盐水泥的生产工艺概述

1. 硅酸盐水泥生产原料

生产硅酸盐水泥的原料主要分为石灰质原料和黏土质原料两类。石灰质原料主要提供氧化钙，黏土质原料主要提供二氧化硫、氧化铝和氧化铁，如果经测定，两种原料化学组成不能满足要求，还要加入少量校正原料，如黄铁矿渣进行调整。生产硅酸盐水泥原料的化学组成见表 2.5。

【硅酸盐水泥与普通硅酸盐水泥的不同】

表 2.5　生产硅酸盐水泥原料的化学组成

氧化物名称	化学式	常用缩写	大致含量（%）	氧化物名称	化学式	常用缩写	大致含量（%）
氧化钙	CaO	C	62～67	氧化铝	Al_2O_3	A	4～7
二氧化硅	SiO_2	S	19～24	氧化铁	Fe_2O_3	F	2～5

2. 硅酸盐水泥的生产原理和生产流程

1) 硅酸盐水泥的生产原理

生产工艺对硅酸盐水泥的质量有很大的影响，如原料的配制及磨细程度直接关系到熟料烧成及矿物组成，而熟料、石膏和混合材料的磨细又关系到水泥的活性、反应速度、强度增长等情况，在"两磨一烧"的生产过程中，煅烧是水泥生产最关键的环节。

（1）100～200℃：生料被加热，自由水逐渐蒸发而干燥。

（2）300～500℃：生料被预热。

（3）500～800℃：黏土质原料脱水并分解为无定形的氧化铝和二氧化硅，部分石灰质原料中的碳酸钙开始少量分解成氧化钙和二氧化碳，有机物燃尽。

（4）900～1100℃：碳酸钙大量分解，铝酸三钙和铁铝酸四钙开始形成。铝酸三钙和铁铝酸四钙大量生成，而且硅酸二钙生产量也达到最大。

（5）1300～1450℃：铝酸三钙和铁铝酸四钙烧至熔融状态，出现液相，将所剩的氧化钙和硅酸二钙溶解，硅酸二钙在液相中吸收氧化钙形成水泥的最主要矿物硅酸三钙。这一阶段是生产水泥的关键，温度不足会直接影响硅酸三钙的生成，游离氧化钙过剩进而影响水泥的质量。

2) 硅酸盐水泥的生产流程

硅酸盐水泥的生产概括起来为"两磨一烧"，主要包括以下三个阶段。

（1）生料的配制和磨细。

（2）将生料煅烧，使之部分熔融形成熟料。

（3）将熟料与适量石膏共同磨细成为硅酸盐水泥。

硅酸盐水泥的生产工艺流程如图 2.11 所示。

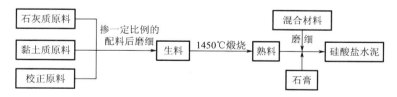

图 2.11　硅酸盐水泥的生产工艺流程

2.2.2　硅酸盐水泥的化学成分和矿物组成

1. 化学成分

硅酸盐水泥的化学成分主要有由石灰质原料分解出来的氧化钙，由黏土质原料分解出来的氧化铝、二氧化硅，以及黄铁矿渣提供的氧化铁。

2. 主要矿物组成

硅酸盐水泥熟料中的主要矿物名称和含量见表2.6。

表2.6　硅酸盐水泥熟料的主要矿物名称和含量

矿 物 名 称	化 学 式	简　式	含量（%）
硅酸三钙	$3CaO \cdot SiO_2$	C_3S	37～60
硅酸二钙	$2CaO \cdot SiO_2$	C_2S	15～37
铝酸三钙	$3CaO \cdot Al_2O_3$	C_3A	7～15
铁铝酸四钙	$4CaO \cdot Al_2O_3 \cdot Fe_2O_3$	C_4AF	10～18

3. 主要矿物组成的性质

1）硅酸三钙（C_3S）

硅酸三钙是硅酸盐水泥中最主要的矿物成分，它对水泥的技术性质有重要影响。硅酸三钙遇水迅速水化，产生大量热量，其水化产物早期强度高，且强度增进率较大，28d强度为一年强度的70%～80%。就28d或一年的强度来说，其在四种矿物中是最高的。

2）硅酸二钙（C_2S）

硅酸二钙也是硅酸盐水泥的主要矿物，它的水化速度及凝结硬化过程较为缓慢，水化热很低，它的水化产物对水泥的早期强度贡献较小，但对水泥后期强度起主要作用。当水泥中硅酸二钙含量较多时，水泥抗化学侵蚀性较高、干缩性较小。

3）铝酸三钙（C_3A）

在四种矿物中，铝酸三钙是遇水反应速度最快、水化热最高的矿物。其水化产物强度在3d内就能充分发挥出来，早期强度较高，但后期强度不再增加。铝酸三钙含量高的水泥浆体干缩变形严重，抗硫酸盐侵蚀性能差。

4）铁铝酸四钙（C_4AF）

铁铝酸四钙的水化速度介于铝酸三钙和硅酸三钙之间，其早期强度虽不如铝酸三钙，但水化较为迅速，在28d后强度还能继续增长，对后期强度有利。铁铝酸四钙对水泥抗折强度和抗冲击强度起着重要作用，其水化产物的耐化学侵蚀性好，干缩性小。

硅酸盐水泥熟料中四种矿物的技术特性比较见表2.7。

表2.7　硅酸盐水泥熟料中四种矿物的技术特性比较

矿 物 组 成		硅酸三钙（C_3S）	硅酸二钙（C_2S）	铝酸三钙（C_3A）	铁铝酸四钙（C_4AF）
水化反应速度		快	慢	快	中
水化热		高	低	高	中
水化物的强度	早期	高	低	中	低
	后期	高	高	低	中
干缩性		中	小	大	中
抗化学腐蚀性		中	中	差	好

2.2.3 硅酸盐水泥的水化和凝结硬化

1. 硅酸盐水泥的水化

水泥颗粒与水接触，水泥熟料矿物立即与水发生水化反应，产生水化产物，并释放一定的水化热量。其中，硅酸三钙水化很快，生产的水化硅酸钙几乎不溶于水，而立即以胶体颗粒析出，并逐渐形成凝胶，水化生成的氢氧化钙在溶液中很快达到饱和，呈六方晶体析出。相比之下，硅酸二钙的水化速度较慢，在饱和的氢氧化钙溶液中，硅酸二钙的水化速度显著降低。铝酸三钙与水发生剧烈的水化反应，生成水化铝酸钙六方晶体，能在氢氧化钙饱和溶液中与氢氧化钙进一步反应，生成六方晶体的水化铝酸四钙。

为了调节水泥的凝结硬化速度，在磨细的水泥熟料中掺入适量石膏，水化铝酸钙与石膏反应生成三硫型水化硫铝酸钙，又称钙矾石。

铁铝酸四钙水化与铝酸三钙相似，在有石膏存在时，生成三硫型水化铁铝酸钙和单硫型水化铁铝酸钙。

 知识链接

钙矾石属于钙铝硫酸盐矿物，是一种无色到黄色的矿物晶体，通常为无色柱状晶体，部分脱水会变白。其化学分子为 $3CaO \cdot Al_2O_3 \cdot 3CaSO_4 \cdot 31H_2O$，其中结晶水的数量与所处环境有关。

钙矾石具有以下特性。

（1）膨胀性。膨胀性是钙矾石最大的特性，水泥中 CaO、Al_2O_3 和 $CaSO_4$ 水化形成钙矾石，能使固相体积增大约 120%。

（2）稳定性。混凝土中钙矾石的稳定性取决于以下方面：①水泥水化过程中的离子成分及浓度；②温度。

从以上水化反应可以总结硅酸盐水泥水化产物的化学组成，见表 2.8。

表 2.8 硅酸盐水泥水化产物的化学组成

水化产物名称	化学组成	常用缩写
水化硅酸钙	$xCa \cdot SiO_2 \cdot yH_2O$	C-S-H
氢氧化钙	$Ca(OH)_2$	CH
三硫型水化硫铝酸钙（钙矾石）	$3CaO \cdot Al_2O_3 \cdot 3CaSO_4 \cdot 31H_2O$	AF_t
单硫型水化硫铝酸钙（单硫盐）	$3CaO \cdot Al_2O_3 \cdot CaSO_4 \cdot 12H_2O$	AF_m
三硫型水化铁铝酸钙	$3CaO(Al_2O_3, Fe_2O_3) \cdot 3CaSO_4 \cdot 31H_2O$	$3CSH_{31}$
单硫型水化铁铝酸钙	$3CaO(Al_2O_3, Fe_2O_3) \cdot CaSO_4 \cdot 12H_2O$	CSH_{12}

2. 硅酸盐水泥的凝结硬化

水泥与水拌和均匀即成为水泥浆，水泥浆凝结硬化过程通常分为四个阶段：初始期、诱导期、加速期（凝结期）、后加速期（硬化期）。图 2.12 所示为水泥浆凝结硬化过程示意。各阶段的主要化学过程、物理过程特点如下。

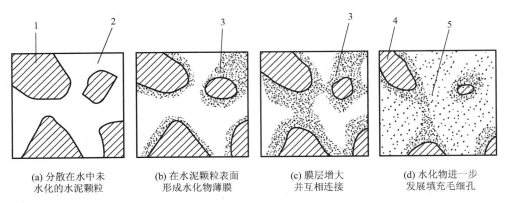

(a) 分散在水中未水化的水泥颗粒　　(b) 在水泥颗粒表面形成水化物薄膜　　(c) 膜层增大并互相连接　　(d) 水化物进一步发展填充毛细孔

图 2.12　水泥浆凝结硬化过程示意

1—水泥颗粒；2—水分；3—凝胶；4—水泥颗粒的未水化内核；5—毛细孔

1）初始期

水泥与水接触后即迅速发生一系列的水化反应，铝酸钙反应非常迅速，放热量大，并且释放出钙离子和铝离子到溶液中，铁铝酸钙释放的铁离子很少进入溶液，而可能是以水化氧化物的形式包裹在铁铝酸钙的表面。溶液中的高铝浓度持续时间不长，在很短的时间内会在水泥颗粒上产生钙矾石沉淀。熟料中的游离石灰也会迅速溶解、放热并使溶液中的氢氧化钙达到过饱和，一些活性较高的硅酸三钙颗粒也会向溶液中迅速释放氢氧化钙。由于水泥的比表面积较大，所以其在最初的极短时间内即可迅速生成水化产物，并出现一个放热峰，这一阶段称为初始期。

2）诱导期

短时间生成的水化产物在水泥颗粒表面形成覆盖层，阻碍了水与水泥颗粒的接触，使得水泥矿物颗粒的溶解速度变缓，表现为水化放热较少，这一阶段被称为诱导期。

3）加速期（凝结期）

随着水化产物向充水空间的扩散并且产生稳定相的成核，水泥颗粒表面的保护层被消耗，水化反应重新加速进行，水化放热速率加快，生成的水化产物在空间开始形成相互交织的网状结构，这一阶段称为加速期。随着水化产物的不断增加，空间网状结构开始形成并且致密度逐渐提高，水化产物间的作用力由最初的范德华力向由水化产物粒子间交叉和晶核连生的化学键力和次化学键力转化，孔隙减少，浆体开始失去流动性并向刚性状态转变，即开始初凝和终凝。

4）后加速期（硬化期）

凝结期以后，水泥矿物的水化由以前的化学控制转为由扩散控制，水化产物逐渐填充于各种孔隙中并且可能会包裹未水化水泥颗粒，放热速率降低。在有水供给时水化在较长的时间持续，因而水泥浆自身强度及在混凝土中对集料的黏结强度会持续增加，水泥石及混凝土的强度也随着水泥水化的进行而逐渐形成并增长。

水泥熟料在凝结硬化四个阶段的抗压强度和放热量如图 2.13 和图 2.14 所示。

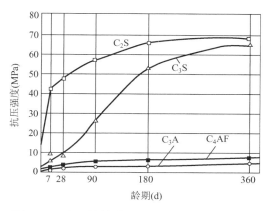

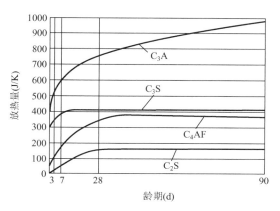

图 2.13 水泥熟料矿物在不同龄期的抗压强度   图 2.14 水泥熟料矿物在不同龄期的放热量

2.2.4 硅酸盐水泥的技术性质和技术标准

1. 技术性质

1）化学性质

硅酸盐水泥的化学性质主要是控制水泥中有害化学成分的含量，若有害成分超过最大允许限值，即意味着对水泥的使用性能与质量可能产生有害或潜在的影响。

（1）氧化镁含量。在水泥熟料中，常含有少量未与其他矿物结合的游离氧化镁，这种多余的氧化镁是高温时形成的方镁石，它水化为氢氧化镁的速度很慢，常在水泥硬化后才开始水化，产生体积膨胀，可导致水泥石结构产生裂缝甚至破坏，因此它是引起水泥安定性不良的原因之一。

【水泥安定性试验】

（2）三氧化硫含量。水泥中的三氧化硫主要是在生产时为调节凝结时间加入石膏而产生的。适量石膏虽能改善水泥性能，但超过一定限量后，水泥性能会变差，甚至引起硬化后水泥石体积膨胀，导致结构物破坏。因此水泥中三氧化硫的最大允许含量必须加以限制。

（3）烧失量。水泥煅烧不佳或受潮后，均会导致烧失量增加。烧失量测定是以水泥试样在 $950 \sim 1000℃$ 下灼烧 $15 \sim 20min$，冷却至室温称量。如此反复灼烧，直至恒重，计算灼烧前后质量损失百分率。

（4）不溶物。水泥中的不溶物是用盐酸溶解滤去不溶残渣，经碳酸钠处理再用盐酸中和，高温下灼烧至恒重后称量质量。灼烧后不溶物质量占试样总质量的比例为不溶物含量。

2）物理性质

（1）细度。细度是指水泥颗粒的粗细程度。它对水泥的硬化速度、需水量、和易性、放热速率及强度都有影响。细度越大，其总表面积越大，与水反应时接触的面积也越大，水化反应速度就越快。所以，相同矿物组成的水泥，细度越大，凝结硬化速度越快，早期强度越高，析水量越少。

《〈通用硅酸盐水泥〉国家标准第 1 号修改单》（GB 175—2007/XG1—2009）规定：硅

酸盐水泥和普通硅酸盐水泥以比表面积表示，不小于 $300m^2/kg$；矿渣硅酸盐水泥、火山灰质硅酸盐水泥、粉煤灰硅酸盐水泥和复合硅酸盐水泥以筛余表示，$80\mu m$ 方孔筛筛余不大于 10% 或 $45\mu m$ 方孔筛筛余不大于 30%。

（2）标准稠度用水量。在测定水泥的凝结时间和安定性时，为使其测定结果具有可比性，必须采用标准稠度的水泥净浆进行测定。《水泥标准稠度用水量、凝结时间、安定性检验方法》（GB/T 1346—2011）规定，测定水泥标准稠度用水量的方法有标准法和代用法。

（3）凝结时间。凝结时间是指从加水泥时至水泥浆失去可塑性所需的时间。凝结时间分初凝时间和终凝时间。初凝时间是从加水泥至水泥浆开始失去可塑性所经历的时间；终凝时间是从加水泥至水泥浆完全失去可塑性所经历的时间。测定水泥标准稠度和凝结时间的仪器如图 2.15 所示。水泥浆体凝结时间与水泥浆体状态的关系示意如图 2.16 所示。

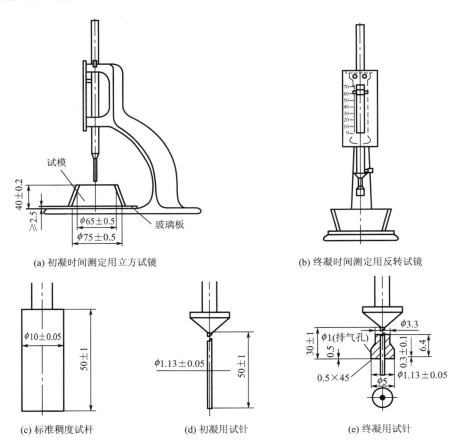

图 2.15　测定水泥标准稠度和凝结时间的仪器

水泥的凝结时间对水泥混凝土的施工有着重要影响。初凝时间太短，将影响混凝土拌合料的运输和浇筑；终凝时间太长，则影响混凝土工程的施工进度。

（4）强度。强度是水泥技术要求中最基本的指标，它直接反映了水泥的质量水平和使

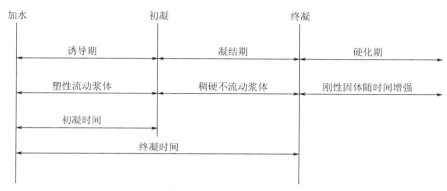

图 2.16　水泥浆体凝结时间与水泥浆体状态的关系示意

用价值，也是水泥混凝土和砂浆配合比设计的重要计算参数。水泥的强度越高，其胶结能力也越大。硅酸盐水泥的强度主要取决于熟料的矿物组成和水泥的细度，此外，还与水灰比、试验方法、试验条件、养护龄期等因素有关。

引例解答

修筑不久的城市道路或等级公路水泥混凝土路面开裂主要原因是水泥混凝土早期强度不足，加上路基不均匀沉降，使路面出现裂缝。

（1）水泥强度等级按规定龄期测定的抗压强度和抗折强度来划分，在规定各龄期的抗压强度和抗折强度均符合某一强度等级的最低强度值要求时，以 28d 抗压强度（MPa）作为强度等级。硅酸盐水泥强度等级分为 42.5、42.5R、52.5、52.5R、62.5、62.5R 六个强度等级。

（2）水泥型号根据 3d 强度分为普通型和早强型（或称 R 型）两种。早强型水泥早期强度发展较快，3d 强度可达到 28d 强度的 50%，并较同等级的普通型水泥 3d 强度提高 10% 以上。

（5）安定性。安定性是表征水泥硬化后体积变化的均匀性的物理性能指标。水泥与水拌制成的水泥浆体，在凝结硬化过程中，一般会发生体积变化。如果这种体积变化是发生在凝结硬化过程中，则对建筑物的质量并没有太大影响。但是如果混凝土硬化后，由于水泥中某些有害成分的作用，在水泥石内部产生剧烈的不均匀体积变化，将会在建筑物内部产生破坏应力，导致建筑物的强度降低。

① 雷氏法是将标准稠度的水泥净浆按规定方法装入雷氏夹的环形试模中，湿养 24h 后测定指针尖端距离，接着将其放入沸煮箱内，加热（30±5）min 至水沸腾，然后恒沸 3h±5min，待试件冷却后再测定指针尖端的距离，若沸煮前后指针尖端增加的距离不超过 5.0mm，则认为水泥的体积安定性合格。图 2.17 所示为雷氏夹膨胀测定仪。

② 试饼法是用标准稠度的水泥净浆，按规定方法制成直径 70～80mm、中心厚约 10mm 的试饼，在湿气养护箱中养护 24h，然后在沸煮箱中加热（30±5）min 至沸腾，然后恒沸 3h±5min，最后根据试饼有无弯曲、裂缝等外观变化，判断其安定性。

2. 技术标准

硅酸盐水泥的技术标准按《通用硅酸盐水泥》（GB 175—2007）中的有关规定执行，硅酸盐水泥的化学指标见表 2.9。

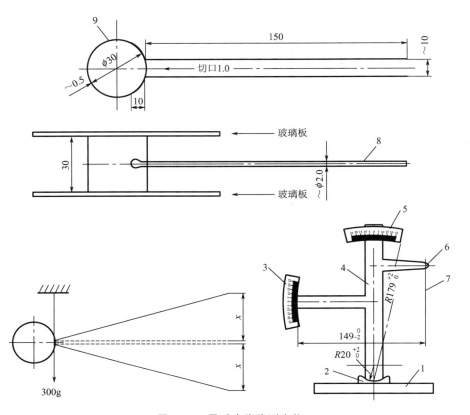

图 2.17　雷氏夹膨胀测定仪

1—底座；2—模子座；3—测弹性标尺；4—立柱；5—测膨胀值标尺；

6—悬臂；7—悬丝；8—指针；9—环模

表 2.9　硅酸盐水泥的化学指标

品　　种	代号	不溶物 （质量分数）	烧失量 （质量分数）	三氧化硫 （质量分数）	氧化镁 （质量分数）	氯离子 （质量分数）
硅酸盐水泥	P·Ⅰ	≤0.75	≤3.0	≤3.5	≤5.0①	≤0.06③
	P·Ⅱ	≤1.50	≤3.5			
普通硅酸盐水泥	P·O	—	≤5.0			
矿渣硅酸盐水泥	P·S·A	—	—	≤4.0	≤6.0②	
	P·S·B	—	—		—	
火山灰质硅酸盐水泥	P·P	—	—	≤3.5	≤6.0②	
粉煤灰硅酸盐水泥	P·F	—	—			
复合硅酸盐水泥	P·C					

① 如果水泥压蒸试验合格，则水泥中氧化镁的含量（质量分数）允许放宽至 6.0%。

② 如果水泥中氧化镁的含量（质量分数）大于 6.0%，需进行水泥压蒸安定性试验并合格。

③ 当有更低要求时，该指标由买卖双方协商确定。

《通用硅酸盐水泥》（GB 175—2007）针对不同品种不同强度的通用硅酸盐水泥，其不同龄期的强度限值应符合表 2.10 的规定。

表 2.10　通用硅酸盐水泥不同龄期的强度限值

品　　种	强度等级	抗压强度（MPa）		抗折强度（MPa）	
		3d	28d	3d	28d
硅酸盐水泥	42.5	≥17.0	≥42.5	≥3.5	≥6.5
	42.5R	≥22.0		≥4.0	
	52.5	≥23.0	≥52.5	≥4.0	≥7.0
	52.5R	≥27.0		≥5.0	
	62.5	≥28.0	≥62.5	≥5.0	≥8.0
	62.5R	≥32.0		≥5.5	
普通硅酸盐水泥	42.5	≥17.0	≥42.5	≥3.5	≥6.5
	42.5R	≥22.0		≥4.0	
	52.5	≥23.0	≥52.5	≥4.0	≥7.0
	52.5R	≥27.0		≥5.0	
矿渣硅酸盐水泥 火山灰质硅酸盐水泥 粉煤灰硅酸盐水泥 复合硅酸盐水泥	32.5	≥10.0	≥32.5	≥2.5	≥5.5
	32.5R	≥15.0		≥3.5	
	42.5	≥15.0	≥42.5	≥3.5	≥6.5
	42.5R	≥19.0		≥4.0	
	52.5	≥21.0	≥52.5	≥4.0	≥7.0
	52.5R	≥23.0		≥4.5	

2.2.5　硅酸盐水泥的适用范围

由于硅酸盐水泥凝结硬化快，早期强度高，混凝土 3d、7d 龄期的抗压强度比同强度等级普通硅酸盐水泥混凝土高 3%～7%。强度等级高可满足配制高强度等级混凝土的需要，耐磨性、抗冻性、抗渗性都比普通水泥好，施工中掺外加剂时效果更好。耐软水侵蚀和耐硫酸盐等盐类侵蚀性能差。因此，硅酸盐水泥的适用范围如下。

（1）要求早期强度高、拆模快的工程，严寒地区遭受反复冰冻的工程和水下工程。

（2）预应力混凝土构件，悬臂浇筑的预应力桥，公路路面混凝土工程。

（3）各种地下工程和隧道的喷射衬砌。

（4）有抗渗要求的工程。

硅酸盐水泥不适于受流动的淡水和有水压作用的工程，也不适于受海水和矿物水作用的工程和有耐热要求的工程。其水化热高，也不适于大体积的混凝土工程。

2.3 掺混合材料水泥

引例

在工程中常会在水泥中掺加一些混合材料。水泥中为什么要加入掺合材料？掺合材料有哪些种类？怎样选用？

在水泥生产过程中加入的人工的或天然的矿物材料称为水泥混合材料。为了改善硅酸盐水泥的某些特性，同时达到增加产量和降低成本的目的，在硅酸盐水泥熟料中掺加适量的各种混合材料与石膏共同磨细制得的水硬性胶凝材料称为掺混合材料水泥。

2.3.1 混合材料的品种及性质

水泥中掺入的混合材料大体上分为两类，即活性混合材料和非活性混合材料。近年来也采用兼有活性和非活性的窑灰。

1. 活性混合材料

活性混合材料是一种矿物材料，磨细后与石灰（或石灰和石膏）拌和在一起加水后发生二次水化反应，生成水硬性胶凝产物，并能在水中硬化。常用的活性混合材料有粒化高炉矿渣、火山灰质混合材料和粉煤灰。

1）粒化高炉矿渣

粒化高炉矿渣是炼铁高炉的熔融物，经水淬急冷处理后得到的多孔、粒状的疏松颗粒。其主要化学成分是氧化钙、二氧化硫和氧化铝，它们的总含量在90%以上，另外还有少量氧化镁、氧化铁和一些硫化物。粒化高炉矿渣磨成细粉后，其中的活性氧化硅和活性的氧化铝可以与氢氧化钙化合，生成具有胶凝性的水化产物，因为含有硅酸二钙等成分，本身也具有微弱的水硬性。

2）火山灰质混合材料

火山灰、凝灰岩、浮石、硅藻石、烧黏土、煤渣、煤矸石渣等都属于火山灰质混合材料，是指天然的或人工的以二氧化硅和氧化铝为主要成分的矿物质原料。尽管这些火山灰质矿物材料的物理状态不同，但化学组成却很相似，均含有大量的二氧化硅和氧化铝，并含有少量的氧化钙、氧化镁和氧化铁。经磨细后，在氢氧化钙的碱性作用下，可在空气中硬化，而后在水中继续硬化增加强度。

3）粉煤灰

从化学组成的角度看，粉煤灰属于火山灰质混合材料。由于粉煤灰使用数量较大，且在颗粒形态和性能方面与其他火山灰质混合材料有所不同，因而单独列出。在火力发电厂，煤粉在炉膛中燃烧后大部分以灰的形式随烟气一起流动，通过静电收尘器收集的粉末为粉煤灰。粉煤灰中含有较多的二氧化硅和氧化铝，与氢氧化钙的化合能力较强，具有较高的活性。

2. 非活性混合材料

非活性混合材料，又称为填充性混合材料，是指经磨细后加入水泥不具有或只具有微弱的化学活性，在水泥水化中基本不参加化学反应，仅能起提高产量、调节水泥强度等级、节约水泥熟料作用的材料，如磨细的石灰石、石英砂、黏土等，以及不符合技术要求的粒化高炉矿渣、火山灰质混合材料及粉煤灰等。

2.3.2　普通硅酸盐水泥

凡由硅酸盐熟料、6%～15%混合材料、适量石膏磨细制成的水硬性胶凝材料称为普通硅酸盐水泥，简称普通水泥，代号 P·O。

掺活性混合材料时，最大掺量不得超过 15%，其中允许用不超过水泥质量 5%的窑灰或不超过水泥质量 10%的非活性混合材料来代替。

掺非活性混合材料时最大掺量不得超过水泥质量的 10%。

2.3.3　掺混合材料的硅酸盐水泥

1. 掺混合材料的水泥品种

1）矿渣硅酸盐水泥

凡由硅酸盐水泥、粒化高炉矿渣和适量石膏共同磨细制成的水硬性胶凝材料称为矿渣硅酸盐水泥，简称矿渣水泥，代号 P·S。水泥中粒化高炉矿渣的掺量的质量百分比为20%～70%。允许用石灰石、窑灰、粉煤灰和火山灰质混合材料中的一种材料代替粒化高炉矿渣，代替数量不得超过水泥质量的 8%，代替后水泥中粒化高炉矿渣含量不得少于 20%。

矿渣水泥的水化，首先是水泥熟料矿物的水化，然后矿渣才能参与反应。一般矿渣掺入量越多，早期强度越低，但后期强度的增长率越大。矿渣水泥需要较长时间的潮湿养护，外界温度对硬化速度的影响也比硅酸盐水泥敏感。矿渣水泥的干缩性较大，如养护不当，在未充分水化之前干燥就容易产生裂缝。矿渣水泥具有较好的化学稳定性，对硫酸盐和氯盐溶液有较强的抵抗能力。此外，对于淡水引起的溶出性侵蚀也具有较好的抗侵蚀能力。

2）火山灰质硅酸盐水泥

凡由硅酸盐水泥熟料和火山灰质混合材料、适量石膏共同磨细制成的水硬性胶凝材料称为火山灰质硅酸盐水泥，简称火山灰水泥，代号 P·P。水泥中火山灰质混合材料掺量的质量百分比为 20%～50%。

火山灰水泥在硬化过程中所处的环境，对其强度的发展有显著的影响。在干燥环境中，不但强度停止增长，而且容易产生干缩裂缝。火山灰水泥对养护温度也很敏感。低温时，凝结和硬化普遍变慢，用蒸汽养护等湿热处理的方法，可以大大加快硬化速度，效果较普通水泥为佳。火山灰水泥由于所生成的水化硅酸钙凝胶较多，水泥石的致密程度也较高，从而提高了抗渗性、耐水性和抗硫酸盐性。

3）粉煤灰硅酸盐水泥

凡由硅酸盐水泥熟料和粉煤灰、适量石膏共同磨细制成的水硬性胶凝材料称为粉煤灰硅酸盐水泥,简称粉煤灰水泥,代号 P·F。水泥中粉煤灰掺量的质量百分比为20%~40%。

与前两种水泥相比,粉煤灰硅酸盐水泥不仅结构较细密、内比表面积小,而且对水的吸附能力小、需水量小,所以粉煤灰水泥的干缩性小,抗裂性好。此外,与其他掺活性混合材料的水泥相似,具有水化热低、抗蚀性较好等特性。注意粉煤灰水泥混凝土的泌水较快,易引起失水裂缝,因此在混凝土凝结期间应适当增加抹面次数,在硬化早期还应加强养护。

 **引例解答**

为了改善硅酸盐水泥的某些特性,同时达到增加产量和降低成本的目的,人们往往在硅酸盐熟料中掺加一些混合材料,这些混合材料有矿渣、火山灰、粉煤灰等。

2. 掺混合材料水泥的技术指标

掺混合材料水泥的技术指标与硅酸盐水泥基本相同。

我国现行国家标准《〈通用硅酸盐水泥〉国家标准第 1 号修改单》(GB 175—2007/XG1—2009),对矿渣硅酸盐水泥、火山灰质硅酸盐水泥和粉煤灰硅酸盐水泥的技术性质要求见表 2.11 和表 2.12。

表 2.11　矿渣硅酸盐水泥、火山灰质硅酸盐水泥及粉煤灰硅酸盐水泥的性质指标

水 泥 品 种	SO₂含量(%)	MgO 含量(%)	细度(80μm 方孔筛)筛余量(%)	凝结时间(min)初凝	凝结时间(min)终凝	安定性(沸煮法)	碱含量(%)
矿渣硅酸盐水泥	≤4.0	≤5.0	≤10	≥45	≤600	必须合格	供需双方商定
火山灰质硅酸盐水泥	≤3.5						
粉煤灰硅酸盐水泥							

注:如果水泥经压蒸安定性合格,则水泥中 MgO 含量允许放宽到 6.0%。

表 2.12　矿渣硅酸盐水泥、火山灰质硅酸盐水泥及粉煤灰硅酸盐水泥的强度指标

强 度 等 级	抗压强度(MPa) 3d	抗压强度(MPa) 28d	抗压强度(MPa) 3d	抗压强度(MPa) 28d
32.5	10.0	32.5	2.5	5.5
32.5R	15.0	32.5	3.5	5.5
42.5	15.0	42.5	3.5	6.5
42.5R	19.0	42.5	4.0	6.5
52.5	21.0	52.5	4.0	7.0
52.5R	23.0	52.5	4.5	7.0

3. 掺混合材料水泥的应用

硅酸盐水泥、普通硅酸盐水泥、矿渣硅酸盐水泥、火山灰质硅酸盐水泥、粉煤灰硅酸盐水泥和复合硅酸盐水泥统称六大品种水泥，是目前土建工程中应用最广的品种。在工程中，应根据工程所处的具体环境及施工特点，结合水泥的特征，选择合适的水泥品种。常用硅酸盐水泥的特征和工程应用分别见表 2.13 和表 2.14。

表 2.13　常用硅酸盐水泥的特征

水泥品种	硅酸盐水泥	普通硅酸盐水泥	矿渣硅酸盐水泥	火山灰质硅酸盐水泥	粉煤灰硅酸盐水泥	复合硅酸盐水泥
水泥特性	1.早期、后期强度高； 2.水化热大； 3.耐腐蚀性差； 4.抗冻性好； 5.耐磨性好； 6.耐热性差	1.早期强度稍低，后期强度高； 2.耐腐蚀性稍好； 3.水化热较高； 4.抗冻性好； 5.耐磨性较好； 6.耐热性稍好； 7.抗渗性好	1.早期强度低，后期强度高； 2.对温度、湿度敏感； 3.耐腐蚀性好； 4.水化热小； 5.抗冻性较差； 6.耐热性好； 7.泌水性大，抗渗性差	1.早期强度低，后期强度高； 2.对温度、湿度敏感； 3.耐腐蚀性好； 4.水化热小	1.早期强度低，后期强度高； 2.对温度、湿度敏感； 3.耐腐蚀性好； 4.水化热小； 5.干缩小、抗裂性好； 6.抗渗性好	1.早期强度低，后期强度高； 2.水化热较小； 3.抗冻性差； 4.耐腐蚀性较好； 5.其他性能与所掺入的两种或两种以上混合材料的种类、掺量有关

表 2.14　常用硅酸盐水泥的工程应用

水泥品种		硅酸盐水泥	普通硅酸盐水泥	矿渣硅酸盐水泥	火山灰质硅酸盐水泥	粉煤灰硅酸盐水泥	复合硅酸盐水泥
工程特点	大体积混凝土	不宜采用	可以采用	优先选用	优先选用	优先选用	优先选用
	早强要求	优先选用	可以采用	不宜采用	不宜采用	不宜采用	不宜采用
	抗渗混凝土	优先选用	优先选用	不宜采用	可以采用	优先选用	可以采用
环境特点	普通气候环境	可以采用	优先选用	可以采用	可以采用	可以采用	可以采用
	干燥环境	优先选用	可以采用	不宜采用	不宜采用	不宜采用	可以采用

注：在实际工程中选择水泥品种时，应根据工程具体环境条件和施工要求，综合考虑水泥的技术性能特点，必要时应通过试验验证选择确定。

 **知识链接**

水泥使用八忌

（1）忌受潮结硬。

受潮结硬的水泥会降低甚至丧失原有强度，有关规范规定，出厂超过 3 个月的水泥应进行复查试验，按试验结果使用。

（2）忌暴晒速干。

混凝土或抹灰如操作后便遭暴晒，随着水分的迅速蒸发，其强度会有所降低，甚至完全丧失。

（3）忌负温受冻。

混凝土或砂浆拌成后，如果受冻，其水泥不能进行水化，兼之水分结冰膨胀，则混凝土或砂浆就会遭到由表及里逐渐加深的粉酥破坏。

（4）忌高温酷热。

凝固后的砂浆层或混凝土构件，如经常处于高温酷热条件下，会有强度损失，这是由于高温条件下，水泥石中的氢氧化钙会分解；另外，某些集料在高温条件下也会分解或体积膨胀。

（5）忌基层脏软。

水泥能与坚硬、洁净的基层牢固地黏结或握裹在一起，但其黏结握裹强度与基层面部的光洁程度有关。在光滑的基层上施工，必须预先凿毛砸麻刷净，方能使水泥与基层牢固黏结。

（6）忌集料不纯。

作为混凝土或水泥砂浆集料的砂石，如果有尘土、黏土或其他有机杂质，都会影响水泥与砂、石之间的黏结握裹强度，因而最终会降低抗压强度。所以，如果杂质含量超过标准规定，必须经过清洗后方可使用。

（7）忌水多灰稠。

人们常常忽视用水量对混凝土强度的影响，施工中为便于浇捣，有时会不认真执行配合比，而把混凝土拌得很稀。由于水化所需要的水分仅为水泥质量的20%左右，多余的水分蒸发后便会在混凝土中留下很多孔隙，这些孔隙会使混凝土强度降低。因此在保障浇筑密实的前提下，应最大限度地减少拌和用水。

许多人认为抹灰所用的水泥，其用量越多抹灰层就越坚固。其实，水泥用量越多，砂浆越稠，抹灰层体积的收缩量就越大，从而产生的裂缝就越多。一般情况下，抹灰时应先用1∶（3～5）的粗砂浆抹找平层，再用1∶（1.5～2.5）的水泥砂浆抹很薄的面层，切忌使用过多的水泥。

（8）忌受酸腐蚀。

酸性物质与水泥中的氢氧化钙会发生中和反应，生成物体积松散、膨胀，遇水后极易水解粉化，致使混凝土或抹灰层逐渐被腐蚀解体，所以水泥忌受酸腐蚀。

2.4　其他品种水泥

引例

除了常用的硅酸盐水泥和掺混合材料的硅酸盐水泥外，工程应用中还有哪些种类的水泥？

2.4.1 道路硅酸盐水泥

随着我国高等级道路的发展，水泥混凝土路面已成为主要路面类型之一。对专供公路、城市道路和机场道面的道路水泥，我国已制定了国家标准。根据《道路硅酸盐水泥》（GB 13693—2005），道路硅酸盐水泥的相关规定如下。

1. 定义

道路硅酸盐水泥是指由道路硅酸盐水泥熟料加入适量石膏，再加入规范规定的混合材料，磨细制成的水硬性胶凝材料，简称道路硅酸盐水泥，代号 P·R。道路硅酸盐水泥熟料是指以适当成分的生料烧至部分熔融所得的以硅酸钙为主要成分和较多量的铁铝酸钙的硅酸盐水泥熟料。

2. 强度等级

道路硅酸盐水泥分 32.5 级、42.5 级和 52.5 级三个等级。

3. 技术要求

1）化学组成

（1）氧化镁。道路水泥中氧化镁含量不大于 5.0%。

（2）三氧化硫。道路水泥中三氧化硫含量不大于 3.5%。

（3）烧失量。道路水泥中烧失量含量不大于 3.0%。

（4）比表面积。比表面积为 $300 \sim 480 \mathrm{m}^2/\mathrm{kg}$。

（5）凝结时间。初凝应不小于 1.5h，终凝不得迟于 10h。

（6）安定性。用沸煮法检验必须合格。

（7）干缩率。28d 干缩率应不大于 0.10%。

（8）耐磨性。28d 磨耗量应不大于 $3.00 \mathrm{kg/m}^2$。

（9）强度。水泥的强度等级按规定龄期的抗压强度和抗折强度划分，各龄期的抗压强度和抗折强度应不低于表 2.15 所列数据。

（10）碱含量。碱含量由供需双方确定。若使用活性集料，用户要求提供低碱水泥时，水泥中碱含量应不超过 0.5%。碱含量按 $w(\mathrm{Na}_2\mathrm{O}) + 0.658w(\mathrm{K}_2\mathrm{O})$ 计算值表示。

2）物理力学性质

（1）细度。按照国标《水泥细度检验方法 筛析法》（GB/T 1345—2005），80μm 筛的筛余量不得大于 10%。

（2）凝结时间。按照国标《水泥标准用水量、凝结时间、安定性检验方法》（GB/T 1346—2011）的试验方法，初凝时间不得早于 1h，终凝时间不得迟于 10h。

【水泥细度检测试验】

（3）安定性。按国标《水泥标准用水量、凝结时间、安定性检验方法》（GB/T 1346—2011）的试验方法，安定性用沸煮法检验必须合格。

（4）耐磨性。按行业标准《水泥胶砂耐磨性试验方法》（JC/T 421—2004），磨损率不得大于 $3.6 \mathrm{kg/m}^2$。

（5）干缩性。按国标《水泥胶砂干缩试验方法》（JC/T 603—2004），28d 干缩率不得大于 0.10%。

（6）强度。道路水泥分为 32.5 级、42.5 级和 52.5 级三个等级，各等级水泥的 3d 和 28d 强度不得低于表 2.15 所规定的数值。

表 2.15　水泥的等级与各龄期强度　　　　　单位：MPa

强 度 等 级	抗 折 强 度		抗 压 强 度	
	3d	28d	3d	28d
32.5	3.5	6.5	16.0	32.5
42.5	4.0	7.0	21.0	42.5
52.5	5.0	7.5	26.0	52.5

2.4.2　快硬硅酸盐水泥

凡以硅酸盐水泥熟料和适量石膏磨细制成，以 3d 抗压强度表示强度等级的水硬性胶凝材料称为快硬硅酸盐水泥（简称快硬水泥）。

快硬硅酸盐水泥中的主要矿物成分为硅酸三钙、铝酸三钙。通常硅酸三钙含量为 50%～60%，铝酸三钙含量为 8%～14%，二者的总含量不应少于 60%。为加快硬化速度，可适量增加石膏的掺量和提高水泥的磨细程度。

【筛析法】

1. 技术要求

1）化学性质

（1）氧化镁含量。熟料中氧化镁含量不得超过 5.0%。如水泥经压蒸安定性试验合格，熟料中氧化镁的含量允许放宽到 6.0%。

（2）三氧化硫含量。水泥中三氧化硫含量不得超过 4.0%。

2）物理、力学性质

（1）细度。采用筛析法，80μm 方孔筛筛余量不得大于 10%。

（2）凝结时间。初凝时间不早于 45min，终凝时间不得迟于 10h。

（3）安定性。沸煮法检验必须合格。

（4）强度。以 3d 强度表示强度等级，各龄期强度不得低于规定数值，见表 2.16。

表 2.16　快硬硅酸盐水泥的强度指标　　　　　单位：MPa

强 度 等 级	抗 折 强 度			抗 压 强 度		
	1d	3d	28d	1d	3d	28d
32.5	3.5	5.0	7.2	15.0	32.5	52.5
37.5	4.0	6.0	7.6	17.0	37.5	57.5
42.5	4.5	6.4	8.0	19.0	42.5	62.5

2. 特性与应用

快硬硅酸盐水泥凝结硬化快，早期强度高，其抗冻性及抗渗性强，水化放热量大，3d

抗压强度可达到强度等级，后期强度仍有一定增长率，耐腐蚀性差，适用于紧急抢修工程、冬季施工的混凝土工程，不宜应用于大体积混凝土工程和耐腐蚀要求高的工程。另外，快硬水泥干缩率较大，容易吸湿降低强度，储存期超过一个月时，需重新检验其技术性质。

2.4.3 膨胀水泥

膨胀水泥是硬化过程中不产生收缩，而具有一定膨胀性能的水泥。

一般水泥在凝结硬化过程中都会产生一定收缩，使水泥混凝土出现裂纹，影响混凝土的强度及其他性能。膨胀水泥则克服了这一弱点，在硬化过程中能够产生一定的膨胀，增加水泥石的密实度，消除由收缩带来的不利影响。

膨胀水泥主要是比一般水泥多了一种膨胀组分，在凝结硬化过程中，膨胀组分使水泥产生一定量的膨胀值。常用的膨胀组分是在水化后能形成膨胀性产物水化硫铝酸钙的材料。按膨胀值的大小，膨胀水泥可分为补偿收缩水泥和自应力水泥两大类。补偿收缩水泥膨胀率较小，大致可补偿水泥在凝结硬化过程中产生的收缩，因此又称为无收缩水泥，这种水泥可防止混凝土产生收缩裂缝；自应力水泥的膨胀值较大，在限制膨胀的条件下（如有配筋时），由于水泥石的膨胀作用，混凝土产生压应力，从而达到预应力的目的。这种靠水泥自身水化产生膨胀来张拉钢筋达到的预应力称为自应力。混凝土中所产生的压应力数值即为自应力值。

在道路和桥梁工程中，膨胀水泥常用于水泥混凝土路面、机场道面或桥梁结构中的修补工程；此外，还用于在越江或山区隧道中配制防水混凝土及接缝、堵漏等。

引例解答

除了硅酸盐水泥和掺混合材料的硅酸盐水泥外，还有道路硅酸盐水泥、快硬硅酸盐水泥、膨胀水泥及自应力水泥。

【例 2-1】 现有甲、乙两厂生产的硅酸盐水泥熟料，其矿物成分见表 2.17，试比较这两个工厂所生产的硅酸盐水泥的性能有何差异。

表 2.17　甲乙两厂硅酸盐水泥熟料矿物成分表

生产厂家	熟料矿物成分（%）			
	硅酸三钙（C_3S）	硅酸二钙（C_2S）	铝酸三钙（C_3A）	铁铝酸四钙（C_4AF）
甲厂	56	17	12	15
乙厂	42	35	7	16

解： 由表 2.18 水泥熟料主要矿物组成的性质比较可以看出，甲厂生产的硅酸盐水泥熟料配制的硅酸盐水泥的强度发展速度、水化热、28d 时的强度均高于由乙厂生产的硅酸盐水泥熟料配制的硅酸盐水泥，但耐腐蚀性则低于由乙厂生产的硅酸盐水泥熟料配制的硅酸盐水泥。

表 2.18 水泥熟料主要矿物组成的性质比较

名　　称		C_3S	C_2S	C_3A	C_4AF
水化反应速度		快	慢	最快	快
凝结硬化速度		快	慢	最快	快
28d 水化热		大	小	最大	中
强度	早期	高	低	低	低
	后期		高		
干缩性		中	小	大	小
耐化学侵蚀性		中	良	差	优

甲厂生产的硅酸盐水泥熟料中的硅酸三钙（C_3S）、铝酸三钙（C_3A）的含量均高于乙厂生产的硅酸盐水泥熟料，而乙厂生产的硅酸盐水泥熟料中硅酸二钙（C_2S）含量高于甲厂生产的硅酸盐水泥熟料。熟料矿物成分含量的不同是造成上述差异的主要原因。

【例 2-2】某大体积的混凝土工程浇筑两周后拆模，发现挡土墙上有多道贯穿型的纵向裂缝，该工程使用某水泥厂生产的 42.5R 型硅酸盐水泥，其熟料组成见表 2.19，试分析原因。

表 2.19 某水泥厂生产的 42.5R 型硅酸盐水泥熟料组成

矿物组成	硅酸三钙（C_3S）	硅酸二钙（C_2S）	铝酸三钙（C_3A）	铁铝酸四钙（C_4AF）
含量（%）	61	14	14	11

解：由于该工程使用的水泥硅酸三钙（C_3S）和铝酸三钙（C_3A）含量较高，导致该水泥的水化热高，所以在浇筑混凝土时，大体积混凝土整体温度高；随着环境温度下降，混凝土内部出现冷缩，最后会出现混凝土的贯穿型纵向裂缝。

 **知识链接**

路面工程中水泥的质量管理要求

路面工程中水泥的质量管理要求如下。

（1）必须是由国家批准的生产厂家生产，且生产厂家具有资质证明。

（2）每批供应的水泥必须具有出厂合格证。合格证上的内容应齐全清楚，具有材料名称、品种、规格、型号、出厂日期、批量、主要化学成分和强度值，并加盖生产厂家公章。合格证包含 3d 和 28d 强度报告。

（3）进入施工现场的每一批水泥，应在建设单位代表或监理工程师的见证下，按袋装水泥每一批量不超过 200t（散装水泥每一批量不超过 500t）进行见证取样，封样送检复试，主要是检测水泥的安定性、强度和凝结时间等是否满足规范规定。进口的水泥还要做化学成分分析检测，合格后方可使用。

（4）进入施工现场的每一批水泥，应标示品种、规格、数量、生产厂家和日期、检验状态和使用部位，并码放整齐。凡是进口的水泥，必须有商检报告。

项目小结

　　本项目学习了道路与桥梁工程中常用的两种胶凝材料：石灰和水泥。石灰是修筑现代半刚性路面基层的重要材料。水泥是水泥混凝土路面和桥梁的主要胶结材料。

　　石灰是一种气硬性胶结材料，它的强度主要来源于氢氧化钙的碳化（形成碳酸钙）和氢氧化钙的晶化。但氢氧化钙的溶解度较高，在潮湿的环境中，石灰会溶解溃散，强度会降低。因此，石灰不宜在长期潮湿的环境中使用。

　　硅酸盐水泥是一种水硬性胶凝材料，其基本成分为硅酸盐熟料，是水泥混凝土路面和桥梁的主要胶凝材料，由硅酸三钙、硅酸二钙、铝酸三钙和铁铝酸四钙等几种矿物成分所组成。其中，硅酸三钙和硅酸二钙对水泥的强度起主要作用；硅酸三钙和铝酸三钙对水泥的水化热贡献较大；铁铝酸四钙有助于提高水泥的抗折强度，改善矿物组成比例，可以显著影响水泥的技术性质，以满足不同的使用要求。

　　水泥的技术性质，主要为细度、凝结时间、安定性和强度。强度是评价水泥等级的依据。为提高水泥早期强度，我国水泥型号分为普通型和早强型。

　　为了改善水泥的某些特性、增加水泥产量、降低成本，人们在硅酸盐熟料中掺加适量的各种混合材料与石膏共同磨细制成各种掺混合料的水泥，如矿渣水泥、火山灰水泥、粉煤灰水泥和复合水泥。

　　目前工程中通常使用的水泥有硅酸盐水泥、普通硅酸盐水泥、矿渣硅酸盐水泥、火山灰质硅酸盐水泥、粉煤灰硅酸盐水泥和复合硅酸盐水泥六种。

　　在道路和桥梁工程中经常使用的其他水泥有道路硅酸盐水泥、快硬硅酸盐水泥、膨胀水泥和自应力水泥等。

复习题

一、单选题

1. 水泥的物理力学性质技术要求包括细度、凝结时间、安定性和（　　　）。

A. 烧失量　　　　　　B. 强度　　　　　　C. 碱含量　　　　　　D. 三氧化硫含量

2. 安定性试验的沸煮法主要是检验水泥中是否含有过量的（　　　）。

A. Na_2O　　　　　　B. SO_3　　　　　　C. 游离 MgO　　　　　　D. 游离 CaO

3. 硅酸盐类水泥不适宜用作（　　　）。

A. 道路混凝土　　　　　　　　　　　B. 大体积混凝土

C. 早强混凝土　　　　　　　　　　　D. 耐久性要求高的混凝土

4. 消石灰的主要成分是（　　　）。

A. CaO　　　　　　B. MgO　　　　　　C. $Ca(OH)_2$　　　　　　D. $Ca(OH)_2$ 和水

5. 水泥胶砂强度检验方法（ISO 法）检测成型水泥胶砂试件时所需材料有：①水泥；②标准砂；③水。正确的加料顺序是（　　　）。

A. ①③②　　　　　　B. ③②①　　　　　　C. ③①②　　　　　　D. ②①③

6. 用负压筛法检测水泥细度的正确步骤是（　　）。①称取代表性的试样25g；②将负压筛压力调准至4000～6000Pa；③开动负压筛，持续筛析2min；④倒在负压筛上，扣上筛盖并放到筛座上；⑤称取筛余物；⑥计算。

    A. ①②③④⑤⑥　　　B. ⑤④③①②⑥　　C. ②①④③⑤⑥　　D. ②⑤④③①⑥

7. 水泥强度低于商品标识强度的指标，应（　　）。

    A. 按实测强度使用　　　　　　　　　B. 视为废品

    C. 降低等级使用　　　　　　　　　　D. 视为不合格产品

8. 三块水泥胶砂试块进行抗折强度试验，测得的极限荷载分别是3.85kN、3.60kN、3.15kN，则最后的试验结果为（　　）。

    A. 作废　　　　　　B. 8.44MPa　　　　C. 7.91MPa　　　　D. 8.73MPa

二、判断题

1. 储存期超过3个月的水泥，使用时应重新测定其强度。　　　　　　　　（　　）

2. 水泥熟料矿物中，水化反应最快的是C_2S。　　　　　　　　　　　（　　）

3. 水泥标准稠度用水量是国家标准规定的。　　　　　　　　　　　　　（　　）

4. 安定性不合格的水泥应降级使用。　　　　　　　　　　　　　　　　（　　）

5. 水泥技术性质中，凡氧化镁、三氧化硫、终凝时间、体积安定性中的任意一项不符合国家标准规定均为废品水泥。　　　　　　　　　　　　　　　　　　（　　）

6. 水泥的初凝不能过早，终凝不能过迟。　　　　　　　　　　　　　　（　　）

7. 生产水泥时掺入适量石膏的主要目的是提高强度。　　　　　　　　　（　　）

8. 采用比表面积法比筛析法能够更好地反映水泥颗粒的粗细程度。　　　（　　）

9. 水泥颗粒越细，水化速度越快，早期强度越高。　　　　　　　　　　（　　）

10. 国家标准规定，以标准维卡仪的试杆沉入水泥净浆距底板6mm±1mm时的净浆稠度为标准稠度。　　　　　　　　　　　　　　　　　　　　　　　　　（　　）

11. 在沸煮法测定水泥安定性时，当试饼法测试结果与雷氏法有争议时，以雷氏法为准。　　　　　　　　　　　　　　　　　　　　　　　　　　　　　　（　　）

12. 水泥试验初凝时间不符合标准要求，此水泥可在不重要的桥梁构件中使用。　　　　　　　　　　　　　　　　　　　　　　　　　　　　　　　　（　　）

13. 水泥标准稠度用水量试验中，所用标准维卡仪滑动部分的总质量为300g±1g。　　　　　　　　　　　　　　　　　　　　　　　　　　　　　　　（　　）

14. 水泥从加水拌和时的塑性状态到开始失去塑性所需的时间称为水泥的初凝时间；从开始失去塑性到完全失去塑性所需的时间称为终凝时间。　　　　　　　（　　）

15. 新的水泥试验规范中要求水泥标准稠度用水量的确定只能采用维卡仪法。（　　）

16. 水泥胶砂抗压强度试验的结果不能采用去掉一个最大值和一个最小值，然后平均的方法进行结果计算。　　　　　　　　　　　　　　　　　　　　　　（　　）

17. 筛析法测得的水泥细度，能够真实反映水泥颗粒的实际细度。　　　　（　　）

18. 水泥胶砂抗弯拉强度试验应采用跨中三分点双荷载加载方式进行试验。（　　）

19. 水泥细度属于水泥的物理指标而不是化学指标。　　　　　　　　　　（　　）

三、简答题

1. 试说明石灰的煅烧、消化和硬化的化学反应过程，并解释其强度形成的原理。

2. 什么是有效氧化钙？简述测定石灰有效氧化钙和氧化镁的意义和方法要点。

3. 什么是生石灰和消石灰？石灰质量评价的主要指标是什么？

4. 生石灰在使用前为什么要先进行"陈伏"？

5. 石灰不宜在潮湿环境里存放，试解释由石灰配制的灰土或三合土可以用于基础垫层的原因。

6. 解释石灰浆塑性好、硬化慢、硬化后强度低但不耐水的原因。

7. 硅酸盐水泥熟料是由哪些矿物组成的？它们对水泥的技术性能（如强度、水化反应速度和水化热等）有何影响？

8. 试说明下列符号分别表示什么品种的水泥：P·O、P·S、P·P和P·F。

9. 什么是水泥混合材料？掺加混合材料的硅酸盐水泥应具有什么技术特性？为什么？

10. 道路硅酸盐水泥在矿物组成上有什么特点？在技术性质方面有什么特殊要求？

11. 评价水泥性能的主要技术指标有哪几项？各自反映水泥的什么性质？

12. 硅酸盐水泥的强度等级是如何确定的？

13. 为什么同等强度等级的水泥要分为普通型和早强型（R型）两种型号？道路路面选用水泥时，应先选用哪种型号的水泥？为什么？

14. 如何控制大体积混凝土施工过程中不产生裂缝？

15. 硅酸盐水泥熟料是由哪些矿物组成的？他们对水泥的技术性能（如强度、水化反应速度和水化热等）有何影响？

16. 什么是水泥混合材料？掺加混合材料的硅酸盐水泥具有什么技术特性？

17. 道路硅酸盐水泥在矿物组成上有什么特点？在技术性质方面有什么特殊要求？

18. 评价水泥性能的主要技术指标有哪几项？各自反映水泥的什么性质？

19. 简述铝酸盐水泥在矿物质组成和技术特性上与硅酸盐水泥的主要差异。

20. 简述石灰的消化和硬化机理。

21. 为什么石灰不适宜单独使用于长期受潮的结构中？

四、计算题

1. 表2.20为硝酸盐水泥强度测试结果，试问该硝酸盐水泥的强度等级。

表2.20 硝酸盐水泥强度测试结果

序　号	抗折强度（MPa）		抗压强度（MPa）			
	3d	28d	3d		28d	
1	3.8	7.4	24.5	25.2	55.7	56.2
2	3.9	8.0	25.6	24.7	56.1	55.2
3	3.8	8.6	24.7	24.1	54.8	54.1

2. 某工地新购入一批42.5级普通硅酸盐水泥，取样送实验室检测，其检测结果见表2.21。

表2.21 42.5级普通硅酸盐水泥检测结果

龄　期	抗折破坏荷载（kN）			抗压破坏荷载（kN）					
3d	1.45	1.80	1.70	25	31	31	30	28	29
28d	3.20	3.35	3.05	80	76	75	73	74	75

该水泥强度是否达到规定的强度等级？该水泥存放 6 个月后，是否还可以凭上述试验结果判定该水泥的强度？为什么？

3. 一组水泥试件 28d 抗折强度分别为 7.2MPa、7.5MPa、8.9MPa，求该组试件的抗折强度。

4. 一组水泥试件的 28d 抗压强度分别为 45.6MPa、46.3MPa、46.1MPa、44.2MPa、47.8MPa、48.4MPa，求该组试件的 28d 抗压强度。

5. 一组水泥试件的 28d 抗压强度分别为 40.1MPa、46.3MPa、46.1MPa、44.2MPa、47.8MPa、48.4MPa，求该组试件的 28d 抗压强度。

6. 某工地要使用 42.5 级普通水泥，实验室取样对该水泥进行了检测，其检测结果见表 2.22。42.5 级普通水泥的强度标准为：3d 的抗折强度不得小于 3.5MPa，抗压强度不得小于 17.0MPa；28d 的抗折强度不得小于 6.5MPa，抗压强度不得小于 42.5MPa。试分析该水泥强度是否合格。

表 2.22　42.5 级普通水泥检测结果

抗折强度（MPa）		抗压强度破坏荷载（kN）	
3d	28d	3d	28d
4.4	7.0	23.2	71.2
		28.9	75.5
3.8	6.5	29.0	70.3
		28.4	67.6
3.6	6.8	26.5	69.4
		26.5	68.8

思维导图

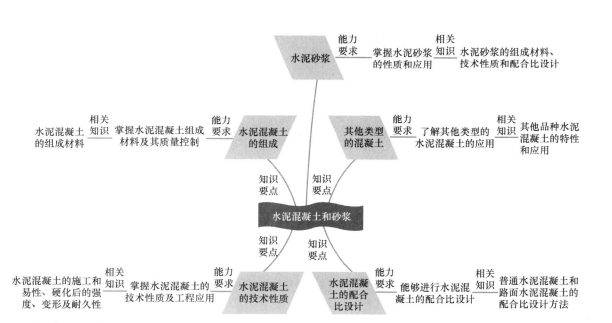

　　水泥混凝土在道路、桥梁的工程建设中应用最为广泛，随着现在高等级公路的发展，水泥混凝土也成为高等级路面的主要建筑材料。

　　水泥混凝土中的水泥起胶凝和填充的作用，集料起骨架和密实的作用。水泥混凝土可按其组成、特性和功能等从不同角度进行分类。

1. 水泥混凝土的分类

1）按表观密度分类

（1）普通混凝土。普通混凝土是表观密度为 1950～2500kg/m³ 的混凝土，2400kg/m³ 左右的混凝土是道路路面和桥梁结构中最常用的混凝土。本项目主要讲述这类混凝土。

（2）轻混凝土。轻混凝土是表观密度小于 1950kg/m³ 的混凝土。现代大跨径钢筋混凝土桥梁为减轻结构自重，往往采用各种轻集料配制成轻混凝土，可达到轻质高强，增大桥梁的跨度的目的。

（3）重混凝土。重混凝土是表观密度大于 2600kg/m³ 的混凝土，采用重晶石、铁矿石或钢屑等作集料制成，对 X 射线、γ 射线有较高的屏蔽能力，又称防辐射混凝土，广泛用于核工业屏蔽结构。

2）按强度等级分类

（1）低强度混凝土。抗压强度小于 30MPa。

（2）中强度混凝土。抗压强度为 30～60MPa。

（3）高强度混凝土。抗压强度大于或等于 60MPa。

（4）超高强混凝土。其抗压强度在 100MPa 以上。

2. 水泥混凝土的特点

1）水泥混凝土的优点

水泥混凝土具有较高的抗压强度和较好的耐久性，可以浇筑成任意形状、不同强度、不同性能的建筑物，原料丰富、价格低廉。因此，它已经成为道桥工程用量最大、用途最广泛的建筑材料。

2）水泥混凝土的特点

（1）自重大、比强度小。导致建筑物的抗震性能差，工程成本提高。

（2）抗拉强度小、易开裂。混凝土的抗拉强度只是其抗压强度的 1/10 左右，导致受拉区的混凝土过早开裂。

（3）体积不稳定。随着温度、环境介质的变化，容易引发体积变化，产生裂纹等缺陷，直接影响混凝土的耐久性。

（4）导热系数大、保温隔热性能差。

（5）水泥混凝土硬化并形成较大强度的速度慢，生产周期较长。

（6）混凝土的质量难以精确控制。

但随着混凝土技术的不断发展，混凝土的不足正在不断被克服，如在混凝土中掺入少量碳纤维和掺合料，明显提高混凝土的强度和耐久性；加入早强剂，缩短混凝土的硬化周期。

 **知识链接**

水泥混凝土的发展

公元前 3000～公元前 2000 年，人类就开始使用石膏和石灰砂浆作为胶结材料，例如在古埃及金字塔等宏伟建筑中就曾使用过这种胶结材料。

公元初，古希腊人和古罗马人发现在石灰中掺加火山灰可以大幅度提高石灰砂浆的强度和耐久性。

1796 年，罗马水泥问世。

1824 年，英国的泥瓦工约瑟夫·阿斯普丁首先取得了生产波特兰水泥的专利权，从此进入了人工配制水硬性胶结材料的新时代。

1909 年，美国密歇根州铺筑了第一条水泥道路。

自硅酸盐水泥问世后，其应用日益广泛。到 20 世纪初，各种不同类型的水泥，如快硬水泥、抗硫酸盐水泥等相继出现。近几十年来，各种通用水泥、专用水泥和特性水泥的品种也层出不穷。

3.1 水泥混凝土的组成材料

引例

某钢筋混凝土基础，混凝土设计强度等级为 C30，混凝土配合比为 1∶1.23∶3.03∶0.45，混凝土所用材料为当地水泥厂的 32.5 级普通水泥、本地砂石、自来水及 NF 减水剂，现场混凝土施工为普通搅拌机搅拌、小车运输、振捣棒振捣，施工时温度为 23℃。混凝土浇灌后，第二天发现混凝土没有完全硬化，部分结块，部分呈疏松状，混凝土强度显然没有达到设计要求，工程被暂停。

监理人员进行调查分析，经检测，砂中含泥量为 6.5%，细度模数为 1.81。

什么是砂的含泥量？什么是细度模数？混凝土的强度等级如何划分？砂的含泥量和细度模数对混凝土的强度有什么影响？实例中的混凝土的配合比是怎么得出的？

水泥混凝土是由水泥、水、粗集料、细集料，必要时加入适量外加剂和掺合料，按照适当的比例配制，经搅拌均匀后形成混凝土拌合物，再由水泥的水化和硬化反应将粗、细集料等胶结成为一体，形成的一种坚硬的人造石材，也可简称为混凝土。硬化后的混凝土结构如图 3.1 所示。

在混凝土中，水泥与水结合形成水泥浆黏附在集料的表面，作为集料之间的润滑材料，使混合物具有一定的流动性，并且能够填充集料之间的空隙，通过水泥的水化和硬化反应将集料胶结成坚硬的整体。混合料中的粗集料主要起骨架作用，能够大幅度提升混凝土的抗压强度。细集料与水泥浆充分混合成为水泥砂浆，可以填充空隙，并形成凝胶结构。

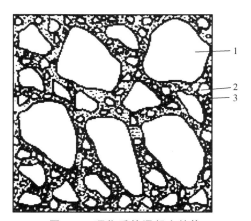

图 3.1 硬化后的混凝土结构

1—粗集料；2—细集料；3—水泥浆

混凝土的质量受到多种因素的影响，包括原材料的性质、相对含量、施工的工艺等。其中原材料的性质和相对含量在很大程度上决定了混凝土的品质。因此，正确选用原材料至关重要。

3.1.1　水泥

水泥是影响混凝土施工性质、强度和耐久性的重要材料，在选择混凝土组成材料时，必须合理选择水泥强度和品种。配制混凝土所用的水泥应符合国家现行标准的相关规定。

一般来说，配制混凝土多采用硅酸盐水泥、普通硅酸盐水泥、矿渣硅酸盐水泥、火山灰质硅酸盐水泥、粉煤灰硅酸盐水泥和复合硅酸盐水泥等通用水泥。由于不同混凝土工程性质、所处的环境和施工条件有所差异，所以应根据具体的情况进行选择。配制混凝土一般选择硅酸盐水泥，必要时也可以选择其他水泥。在满足工程要求的前提下，应选用价格较低的水泥品种，以降低工程造价。

应当正确选择水泥的强度，使用水泥的强度等级应当与所配制的混凝土强度等级相匹配。根据"水灰比定则"所反映的关系，如果用高强度的水泥配制低强度等级的混凝土，只需要较少的水泥用量，但这会影响混凝土的施工和易性、密实度和耐久性，此时可以考虑掺加一定量的掺合料；如果采用低强度等级的水泥配制高强度等级的混凝土，不仅会使水泥用量增加，不经济，还会影响混凝土的其他技术性能。

水泥路面用水泥的强度等级，应当根据路面交通等级所要求的设计抗压强度、抗折强度来进行选择，可以参考表 3.1 确定。

表 3.1　各交通等级路面水泥各龄期的抗压强度、抗折强度

交 通 等 级	特　　重		重		中、轻	
龄期（d）	3	28	3	28	3	28
抗压强度（MPa）	≥25.5	≥57.5	≥22.0	≥52.5	≥16.0	≥42.5
抗折强度（MPa）	≥4.5	≥7.5	≥4.0	≥7.0	≥3.5	≥6.5

3.1.2　集料

混凝土所用的粗集料（包括碎石和卵石），粒径大于 4.75mm，常称为石子；细集料粒径小于 4.75mm，应采用级配良好、质地坚硬、洁净的河砂或者海砂，也可使用符合要求的山砂或者机制砂。

集料的总体积一般占混凝土体积的 60%～80%，集料的质量直接影响混凝土的各项性能。所以，在国家技术标准《建设用砂》（GB/T 14684—2011）和国家标准《建设用卵石、碎石》（GB/T 14685—2011）中，对细集料、粗集料提出了明确的技术质量要求。

1. 细集料

按《普通混凝土用砂、石质量及检验方法标准》（JGJ 52—2006）混凝土用砂可分为天然砂、人工砂，其种类及特性见表 3.2。

表 3.2 混凝土用砂的种类及特性

分类	定 义	组成	特 点
天然砂	由自然风化、水流搬运和分选堆积形成的粒径小于 4.75mm 的岩石颗粒	河砂海砂湖砂	长期受水流的冲刷作用，颗粒表面比较光滑，且产源较广，与水泥黏结性差，用它拌制的混凝土流动性好，但强度低。海砂中含有贝壳碎片及可溶性盐等有害杂质，不利于混凝土结构
		山砂	表面粗糙、棱角多，与水泥黏结性好，但含泥量和有机质含量多
人工砂	岩石经除土开采、机械破碎、筛分而成的粒径小于 4.75mm 的岩石颗粒	机制砂	颗粒富有棱角，比较洁净，但砂中片状颗粒及细粉含量较多，且成本较高
		混合砂	由机制砂、天然砂混合制成的砂。当仅靠天然砂不能满足用量需求时，可采用混合砂

《普通混凝土用砂、石质量及检验方法标准》（JGJ 52—2006）中对于混凝土用砂的下列指标进行了规定。

1）颗粒级配与细度模数

细集料的颗粒级配和细度模数（粗细程度）应当能够满足所需配制的混凝土的强度等级，并能够达到提高混凝土密实度和节约水泥的目的。

细集料的颗粒级配范围应当符合表 3.3 的规定，其中Ⅱ区由中砂和部分偏粗的细砂组成，是配制混凝土时优先选用的级配类型；Ⅰ区属于粗砂的范围，当采用Ⅰ区砂配制混凝土时，应当相较于Ⅱ区砂提高砂率，并要保证足够的水泥用量，否则新拌混凝土的内摩阻力较大、保水性差、不易捣实成型；Ⅲ区砂是由细砂和部分偏细的中砂组成，当采用Ⅲ区砂配制混凝土时，应当相较Ⅱ区砂适当降低砂率，保证混凝土的强度。

表 3.3 细集料的颗粒级配范围

级 配 分 区		在下列筛孔（mm）上的累计筛余（%）						
		0.15	0.30	0.60	1.18	2.36	4.75	9.5
粗砂	Ⅰ区	90～100（85～100）	85～95	71～85	35～65	5～35	0～10	0
中砂	Ⅱ区	90～100（80～100）	70～92	41～70	10～50	0～25	0～10	0
细砂	Ⅲ区	90～100（75～100）	55～85	16～40	0～25	0～15	0～10	0

注：1. 0.15mm 中括号内的数据为人工砂可以放宽的范围。

2. 砂的实际颗粒级配除了在 4.75mm 和 0.60mm 筛档外，其余各档可以略有超出表中所列数据，但超出总量应小于 5%。

如果砂的自然级配不满足要求，可以通过将粗、细砂按照适当的比例进行掺配，或者过筛后剔除适量过粗或过细的砂。

特别提示

（1）细度模数越大，表示砂越粗。普通混凝土用砂的细度模数一般为 3.7～1.6，即粗砂。

（2）砂的细度模数并不能反映其级配的优劣，细度模数相同的砂，级配可以大不相同。所以，配制混凝土时必须同时考虑砂的颗粒级配和细度模数。

2）含泥量和泥块含量

含泥量为天然砂中粒径小于 0.075mm 的尘屑、淤泥和黏土的总质量百分数；泥块含量指砂中原来粒径大于 1.18mm 但经水浸洗、手捏后粒径小于 0.6mm 的颗粒的含量。

【细集料含泥量试验】

泥会覆盖在细集料颗粒的表面，使水泥浆和砂的黏结性不良，从而使混凝土的强度降低。另外，泥的含量太多会降低新拌混凝土的流动性，需要增加水和水泥的用量，进而导致混凝土的强度和耐久性降低。天然砂的含泥量和泥块含量应符合表 3.4 的规定。

表 3.4　天然砂的含泥量和泥块含量

项目	指标		
	Ⅰ类	Ⅱ类	Ⅲ类
含泥量（按质量计,%）	≤1.0	≤3.0	≤5.0
泥块含量（按质量计,%）	≤0.5	≤1.0	≤2.0

注：砂按技术要求分为Ⅰ类、Ⅱ类、Ⅲ类。Ⅰ类用于强度等级＞C60 的混凝土；Ⅱ类用于强度等级为 C30～C60 及抗冻、抗渗或其他要求的混凝土；Ⅲ类宜用于强度等级＜C30 的混凝土和砂浆。

人工砂的石粉含量和泥块含量应符合表 3.5 的规定。

表 3.5　人工砂的石粉含量和泥块含量

	项目		指标		
			Ⅰ类	Ⅱ类	Ⅲ类
1	亚甲蓝试验	MB 值＜1.4 或合格	石粉含量（按质量计,%）	＜3.0	＜5.0	＜7.0
2			泥块含量（按质量计,%）	0	＜1.0	＜2.0
3		MB 值≥1.4 或不合格	石粉含量（按质量计,%）	＜1.0	＜3.0	＜5.0
4			泥块含量（按质量计,%）	0	＜1.0	＜2.0

3）有害物质含量

细集料中的有害杂质主要为黏土、淤泥、硫化物及硫酸盐、有机质等。这些杂质黏附在集料表面会妨碍水泥与集料的黏结，降低混凝土的抗渗性和抗冻性，也可能会对水泥有腐蚀作用。《建设用砂》（GB/T 14684—2011）对混凝土用砂的有害物质含量限值规定见表 3.6。

表 3.6　混凝土用砂的有害物质含量限值

项　　目	指　　标		
	Ⅰ类	Ⅱ类	Ⅲ类
云母（按质量计,%）	<1.0	<2.0	<2.0
轻物质（按质量计,%）	<1.0	<1.0	<1.0
有机物（比色法）	合格	合格	合格
硫化物计硫酸盐（按 SO_3 质量计,%）	<0.5	<0.5	<0.5
氯化物（以氯离子质量计,%）	<0.01	<0.02	<0.06

4）坚固性

为保证混凝土的强度，混凝土中的砂也应当具备一定的强度和坚固性。天然砂的坚固性采用硫酸钠溶液法进行试验检测，砂样经 5 次循环后其质量损失应符合表 3.7 的规定；人工砂采用压碎指标法进行试验检测，压碎指标值应符合表 3.8 的规定。

表 3.7　天然砂质量损失指标

项　　目	指　　标		
	Ⅰ类	Ⅱ类	Ⅲ类
循环后质量损失（%）	≤8	≤8	≤10

表 3.8　人工砂压碎指标

项　　目	指　　标		
	Ⅰ类	Ⅱ类	Ⅲ类
单级最大压碎指标（%）	<20	<25	<30

5）表观密度、堆积密度、空隙率

砂的表观密度、堆积密度、空隙率是砂的三项重要指标，应符合如下规定：表观密度大于 $2500kg/m^3$；松散堆积密度大于 $1350kg/m^3$；空隙率小于 47%。

6）碱-集料反应

碱-集料反应是混凝土中的集料颗粒与水泥、外加剂、水中的碱性物质发生活性成分反应，在浇筑混凝土成型若干年后逐渐反应，反应生成的物质会吸水膨胀，导致混凝土膨胀开裂。

根据规定，碱-集料反应试验后，砂试件应当无裂缝、酥裂、胶体外溢等现象，在规定的试验龄期内膨胀率应小于 0.10%。

特别提示

根据以上介绍，本项目引例分析了影响混凝土强度的因素可从砂的含泥量和细度模数两个方面考虑。

（1）当混凝土强度在 C30 以上时，砂的含泥量需小于或等于 3.0%，现场用砂的含泥量已达 6.4%，超过了标准一倍以上。含泥量的增多导致泥粒总面积大大增加，需要更多的水泥浆包裹它们。同时，泥颗粒本身强度低，降低了混凝土的强度。

（2）另一个原因是砂偏细，现场砂的细度模数是 1.82，属细砂。细砂颗粒小，在质量相同的情况下，表面积大大增加，要包裹它们需要的水泥量应大大增加，否则部分砂表面没有水泥浆，这会大大降低混凝土的强度。

2. 粗集料

混凝土中采用的粗集料主要是碎石和卵石，是混凝土的主要组成材料，也是影响混凝土强度的重要因素之一。混凝土强度等级与碎石、卵石技术等级的关系见表 3.9。

表 3.9　混凝土强度等级与碎石、卵石技术等级的关系

碎石、卵石的技术等级	Ⅰ级	Ⅱ级	Ⅲ级
混凝土的强度等级	≥C60	C30～C60	<C30

根据《普通混凝土用砂、石质量及检验方法标准》（JGJ 52—2006）的规定，对粗集料的技术要求如下。

1）最大公称粒径及颗粒级配与形状

（1）最大公称粒径。

为了保证混凝土的施工质量，保证混凝土构件的完整性和密实度，粗集料的最大公称粒径不宜过大。根据《混凝土结构工程施工及验收规范》（GB 50204—2015）的要求，混凝土粗集料的最大粒径不得超过结构截面最小尺寸的 1/4，且不得大于钢筋间最小净距的 3/4；对于混凝土实心板，集料的最大粒径不宜超过板厚的 1/3，且不得超过 40mm。

（2）颗粒级配与形状。

粗集料在混凝土中起到骨架的作用，对混凝土的强度影响非常大。良好的粗集料，对于提高混凝土的强度、耐久性等都是非常有利的。混凝土用的粗集料的颗粒级配范围，可以参考 JGJ 52—2006 的规定，见表 3.10。一般情况下，粗集料的颗粒级配可以采用连续粒级和单粒级配合使用。

表 3.10　粗集料的颗粒级配

级配情况	公称粒径（mm）	筛孔尺寸（方孔筛，mm）											
		2.36	4.75	9.5	16	19	26.5	31.5	37.5	53	63	75	90
		累计筛余百分率（按质量分数计,%）											
连续粒级	5～10	95～100	80～100	0～15	0	—	—	—	—	—	—	—	—
	5～16	95～100	85～100	30～60	0～10	0	—	—	—	—	—	—	—
	5～20	95～100	90～100	40～80	—	0～10	0	—	—	—	—	—	—
	5～25	95～100	90～100	—	30～70	—	0～5	0	—	—	—	—	—
	5～31.5	95～100	90～100	70～90	—	15～45	—	0～5	0	—	—	—	—
	5～40	—	95～100	70～90	—	30～65	—	—	0～5	0	—	—	—

级配情况	公称粒径 (mm)	筛孔尺寸（方孔筛，mm）											
		2.36	4.75	9.5	16	19	26.5	31.5	37.5	53	63	75	90
		累计筛余百分率（按质量分数计，%）											
单粒级	10~20	—	95~100	85~100	—	0~15	0	—	—	—	—	—	—
	16~31.5	—	95~100	—	85~100	—	—	0~10	0	—	—	—	—
	20~40	—	—	95~100	—	80~100	—	—	0~10	0	—	—	—
	31.5~63	—	—	—	95~100	—	—	75~100	45~75	—	0~10	0	—
	40~80	—	—	—	—	95~100	—	—	70~100	—	30~60	0~10	0

　　粗集料中针片状颗粒的强度不高，如果配制混凝土的粗集料中的针片状颗粒含量较多将会影响混凝土的强度，因此其含量应当加以控制。粗集料中针片状颗粒含量的控制要求见表 3.11。

【粗集料针片状含量试验】

表 3.11　粗集料中针片状颗粒含量控制要求

项 目	指 标		
	Ⅰ类	Ⅱ类	Ⅲ类
针片状颗粒（按质量计，%）	<20	<25	<30

　　2）泥、泥块及有害物质的含量

　　粗集料中含有的泥、泥块和有害物质与细集料中的相同，但是由于粗集料的粒径较大，因而造成的缺陷和危害可能会更大。粗集料的含泥量是指粒径小于 0.075mm 的颗粒含量；泥块含量是指粗集料中原来粒径大于 4.75mm 的颗粒，经过水浸洗、手捏后变成粒径小于 2.36mm 的颗粒的含量。粗集料中的含泥量和泥块含量应符合表 3.12 的规定。

【粗集料碎石含泥量试验】

　　碎石或卵石中的硫化物和硫酸盐含量及卵石中有机物等有害物质含量，应符合表 3.13 中的规定。

表 3.12　粗集料中的含泥量和泥块含量

项 目	指 标		
	Ⅰ类	Ⅱ类	Ⅲ类
含泥量（按质量计，%）	≤0.5	≤1.0	≤1.5
泥块含量（按质量计，%）	0	≤0.5	≤0.7

　　注：1. Ⅰ类宜用于强度等级>C60 的混凝土；Ⅱ类宜用于强度等级为 C30~C60 及抗冻、抗渗或其他要求的混凝土；Ⅲ类宜用于强度等级<C30 混凝土。

　　　　2. 对于有抗冻、抗渗或其他特殊要求的混凝土，其所用碎石或卵石中含泥量不应大于 1.0%。当碎石或卵石的含泥是非黏土质的石粉时，其含泥量可分别提高到 1.0%、1.5%、3.0%。

　　　　3. 对于有抗冻、抗渗或其他特殊要求的强度等级小于 C30 的混凝土，其所用碎石或卵石中泥块含量不应大于 0.5%。

表 3.13　碎石或卵石中的有害物质含量

项　目	质量要求
硫化物及硫酸盐含量（折算成 SO_3，按质量计，%）	≤1.0
卵石中有机物含量（用比色法试验）	颜色不深于标准色，当颜色深于标准色时，应配制混凝土进行强度对比试验，抗压强度应不低于 0.95MPa

3）强度

粗集料具有足够的强度才能保证混凝土具有足够的强度。粗集料的强度指标有岩石抗压强度和压碎值。

（1）岩石立方体抗压强度。

岩石立方体抗压强度是将母岩制成 50mm×50mm×50mm 的立方体试件或直径为 50mm 的圆柱体试件，在水中浸泡 48h 以后，取出擦干表面水分，测得其在饱水状态下的抗压强度值。《普通混凝土用砂、石质量及检验方法标准》（JGJ 52—2006）中规定岩石的抗压强度应比所配制的混凝土强度至少高 20%。当混凝土强度等级大于或等于 C60 时，应进行岩石抗压强度检验。

（2）压碎值。

压碎值用于衡量石料在逐渐增加的荷载下抵抗压碎的能力，是石料强度的相对指标，可用以鉴定石料品质，压碎指标值应符合表 3.14 的规定。

压碎指标值是将 3000g 气干状态下的 10.0～20.0mm 的颗粒装入压碎值测定仪内，在标准条件下进行加荷。卸荷后，用孔径 2.36mm 的筛筛除被压碎的细粒，称出留在筛上的试样质量，按式（3-1）计算压碎指标值。

$$Q_e = \frac{G_1 - G_2}{G_1} \times 100\% \tag{3-1}$$

式中：Q_e——压碎指标值，%；

G_1——试样的质量，g；

G_2——压碎试验后筛余的试样质量，g。

表 3.14　压碎指标值

项　目	指　标		
	Ⅰ类	Ⅱ类	Ⅲ类
碎石压碎指标（%）	<10	<20	<30
卵石压碎指标（%）	<12	<16	<16

使用岩石立方体强度表示粗集料的强度更加直观，但是试件加工相对困难，而且受力状态也与粗集料颗粒的受力状态有所不同，所以生产中常采用压碎指标值对粗集料的强度进行评价。

4）坚固性

坚固性能够保证集料颗粒在气候、环境和其他物理因素的作用下抵抗碎裂的能力。为保证混凝土的耐久性，粗集料应具有足够的坚固性以抵抗冻融和自然因素的风化作用。对粗集料坚固性的要求及检验方法与细集料基本相同，一般采用硫酸钠溶液法进行试验，碎石和卵石经 5 次循环后，其质量损失应符合表 3.15 的规定。

表 3.15 碎石和卵石质量损失指标

混凝土所处的环境条件及性能要求	5 次循环后的质量损失（%）
在严寒及寒冷地区室外使用，并经常处于潮湿或干湿交替状态下的混凝土；有腐蚀性介质作用或经常处于水位变化区的地下结构或有抗疲劳、耐磨、抗冲击等要求的混凝土	≤8
在其他条件下使用的混凝土	≤12

5）表观密度、堆积密度、空隙率

表观密度、堆积密度、空隙率应符合如下规定：表观密度大于 $2500kg/m^3$；松散堆积密度大于 $1350kg/m^3$；空隙率小于 47%。

6）碱-集料反应

与细集料的碱-集料反应相同，水泥中的碱性氧化物水解后产生的氢氧化物与集料中的活性二氧化硅发生化学反应，在集料表面生成复杂的碱-硅酸凝胶，这种物质吸水之后体积膨胀，会使集料与水泥石界面之间胀裂，引起混凝土结构的破坏。因此，应当采用含碱量小于 0.6% 的水泥，不宜采用含有活性二氧化硅的石料。

 工程案例 3-1

【案例概况】

试分析石子最大粒径、针片状颗粒含量超标的危害。

【案例解析】

石子粒径过大，用在钢筋间距较小的结构中，会产生石子被钢筋卡住，浇灌不到位，混凝土产生蜂窝、孔洞等质量问题，导致硬化混凝土强度降低；针片状颗粒含量超过一定界限时，会使集料空隙增加，不仅会使混凝土拌合物和易性变差，而且会使混凝土的强度降低。

3.1.3　混凝土用水

在拌制混凝土用水中，不得含有影响混凝土正常凝结和硬化的有害杂质，如油脂、糖类等。《混凝土用水标准》（JGJ 63—2006）对混凝土拌和用水的技术要求如下。

（1）混凝土拌和用水水质要求应符合表 3.16 的规定。对于设计使用年限为 100 年的结构混凝土，氯离子含量不得超过 500mg/L；对使用钢丝或经热处理的钢筋的预应力混凝土，氯离子含量不得超过 350mg/L。

（2）地表水、地下水、再生水的放射性应符合现行《生活饮用水卫生标准》（GB 5749—2006）的规定。

表 3.16　混凝土拌和用水水质要求

项　目	预应力混凝土	钢筋混凝土	素混凝土
pH	≥5.0	≥4.5	≥4.5
不溶物含量（mg/L）	≤2000	≤2000	≤5000
可溶物含量（mg/L）	≤2000	≤5000	≤10000
氯化物含量（以 CL^- 计）（mg/L）	≤500	≤1000	≤3500
硫酸盐含量（以 SO_4^{2-} 计）（mg/L）	≤600	≤2000	≤2700
碱含量（mg/L）	≤1500	≤1500	≤1500

注：碱含量按 $Na_2O + 0.658K_2O$ 的计算值来表示。采用非碱活性集料时，可不检验碱含量。

（3）被检验水样应与饮用水样进行水泥凝结时间对比试验。对比试验的水泥初凝时间差及终凝时间差均不应大于 30min；同时，初凝和终凝时间应符合现行国家标准《〈通用硅酸盐水泥〉国家标准第 1 号修改单》（GB 175—2007/XG1—2009）的规定。

（4）被检验水样应与饮用水样进行水泥胶砂强度对比试验，被检验水样配制的水泥胶砂 3d 和 28d 强度不应低于饮用水配制的水泥胶砂 3d 和 28d 强度的 90%。

（5）混凝土拌和用水不应有漂浮明显的油脂和泡沫，不应有明显的颜色和异味。

（6）混凝土企业设备洗刷水不宜用于预应力混凝土、装饰混凝土、加气混凝土和暴露于腐蚀环境的混凝土；不得用于使用碱活性或潜在碱活性集料的混凝土。

（7）未经处理的海水严禁用于钢筋混凝土和预应力混凝土。

（8）在无法获得水源的情况下，海水可用于素混凝土，但不宜用于装饰混凝土。

 工程案例 3-2

【案例概况】

某制糖厂新建厂房，用自来水拌制混凝土，浇筑后用曾装食糖的编织袋覆盖于混凝土表面，再淋水养护。后发现该混凝土两天仍未凝结，而水泥经检验无质量问题，请分析此异常现象的原因。

【案例解析】

由于养护水淋于曾装食糖的麻袋，养护水已成糖水，而含糖分的水对水泥的凝结有抑制作用，故使混凝土凝结异常。

3.1.4　外加剂

外加剂，又称为化学外加剂，主要用于改善新拌混凝土和硬化混凝土性能。掺量一般不超过水泥用量的 5%。在混凝土中，使用外加剂的工程技术经济效益显著，受到国内外工程的普遍重视。近几十年来，外加剂的发展飞速，品种越来越多，已经成为除混凝土四种基本材料以外的第五种组分。

掺入外加剂的目的主要有：减少混凝土浇筑施工的费用，更加有效地获得所需要的混凝土性能；保证混凝土在不利的施工条件下仍然拥有所需要的施工质量，满足混凝土在施工过程中的一些特殊要求。

有关外加剂的内容将在后续项目中进行详细介绍。

3.1.5 掺合料

掺合料的主要作用是改善混凝土的性能、节约水泥、调节混凝土强度，主要是矿物材料或工业废料，掺量一般大于水泥用量的 5%。

矿物掺合料的常用类型有粉煤灰、沸石粉、硅粉、粒化高炉矿渣粉、磨细自然煤矸石粉及其他工业废渣。其中粉煤灰是目前用量最大、使用范围最广的一种掺合料。

1. 粉煤灰

粉煤灰是从煤粉炉烟道气体中收集到的粉末。粉煤灰中含有大量的硅铝氧化物，可以和水泥中的氢氧化钙和高碱性水化硅酸钙发生二次反应，生成强度较高的硅酸钙凝胶，有利于提高混凝土的强度。粉煤灰可以减少混凝土用水量，还可以分散水泥颗粒，使水泥水化更充分，提高水泥浆的密实度，使得混凝土中的水泥石与集料界面强度提高，对于混凝土的抗拉强度和抗弯强度提高明显，有利于提高混凝土的抗裂性能。

2. 沸石粉

沸石粉是沸石岩磨细而成的一种矿物掺合料。这是一种火山灰质材料，含有一定量的二氧化硅和三氧化铝，能够与水泥生成的氢氧化物发生反应，生成凝胶物质，有利于提高混凝土的强度。沸石粉还可以用于改善混凝土的和易性，提高混凝土的强度，抑制碱-集料反应。沸石粉主要用于配制流态混凝土、高强混凝土和泵送混凝土。

3. 硅粉

硅粉是在冶炼铁合金或工业硅时，由烟道排出的硅蒸气经收尘装置收集而得的粉尘。硅粉的比表面积非常大，并且二氧化硅的含量很高，掺入少量的硅粉，就可以使混凝土更加密实、耐磨性更好、耐久性增强。因为硅粉的比表面积约为 $2000 \text{m}^2/\text{kg}$，因而用水量很大，作为掺合料使用时必须使用减水剂才能保证混凝土的施工和易性。

 工程案例 3-3

【案例概况】

某工程使用等量的 42.5 级普通硅酸盐水泥粉煤灰配制 C25 混凝土，工地现场搅拌，为赶进度搅拌时间较短，拆模后检测，发现所浇筑的混凝土强度波动大，部分低于所要求的混凝土的强度指标，请分析原因。

【案例解析】

该混凝土强度等级较低，而选用的水泥强度等级较高，故使用了较多的粉煤灰作掺合料。由于搅拌时间较短，粉煤灰与水泥搅拌不够均匀，导致混凝土强度波动大，以致部分混凝土强度未达要求。

3.2 混凝土的技术性质

引例

某混凝土搅拌站原混凝土配方均可生产出性能良好的泵送混凝土。后因供应的问题加入了一批针片状含量较高的碎石。当班技术人员未引起重视，仍按原配方配制混凝土，后发现混凝土坍落度明显下降，难以泵送，临时现场加水泵送。

什么是混凝土的坍落度？从工程的角度看，出现坍落度下降的原因有哪些？坍落度的数值对混凝土的配制有什么重要意义？如何改善？

混凝土的主要技术性质包括：新拌混凝土的施工和易性，硬化混凝土的强度特性、混凝土的变形性能和耐久性。

3.2.1 新拌混凝土的施工和易性

新拌混凝土是指在施工过程中使用的尚未凝结硬化的混凝土，是混凝土生产过程中的一种过渡状态。新拌混凝土的性质既影响浇筑施工质量，又影响混凝土的性能发展。

1. 施工和易性的概念

新拌混凝土的施工和易性，也称为工作性，是指新拌混凝土易于施工操作（搅拌、运输、浇筑、捣实等），并能获得质量均匀、成型密实的性能。新拌混凝土的施工和易性是一项综合的技术性质，包括流动性、捣实性、黏聚性和保水性等方面。

（1）流动性是指新拌混凝土在自重或机械振捣的作用下，能产生流动，并均匀密实地填满模板的性能。

（2）捣实性是指新拌混凝土易于振捣密实、排除所有被挟带空气的性质。在相同条件下，经过充分捣实、成型密实的混凝土强度较高。

（3）黏聚性是指混凝土拌合物在施工过程中其组成材料之间有一定的黏聚力，不致产生分层离析的现象。离析容易致使混凝土的组成不再均匀，粗集料会发生沉降作用，导致浆体和集料分离。

（4）保水性是指新拌混凝土在施工过程中具有一定的保水能力。若保水性差则会发生泌水现象，泌水会在混凝土内部形成泌水通道，使混凝土密实性变差，降低混凝土的质量。

2. 施工和易性的测定方法

各国混凝土工作者对于新拌混凝土的和易性测定方法进行了大量的研究，仍然没有一种能够全面表征新拌混凝土工作性的测定方法，按照《公路工程水泥及混凝土试验规程》（JTG E30—2005）的规定，混凝土拌合物的稠度试验方法有坍落度试验和维勃稠度试验。坍落度试验适用于集料最大粒径不大于 40mm，坍落度值不小于 10mm 的混凝土拌合物的稠度测定；

【新拌水泥混凝土维勃稠度试验】

维勃稠度法适用于集料最大粒径不大于 40mm，维勃稠度值在 5～30s 之间的混凝土拌合物的稠度测定。

1）坍落度试验

将新拌混凝土按一定方法装入标准无底的圆锥形坍落度筒内，按照规定方法插捣、刮平后，垂直平稳提起坍落度筒，新拌混凝土因自重而向下坍落。坍落后的高度差称为坍落度（mm），作为流动性指标。坍落度越大表示流动性越大。为减小表面的摩擦作用，测定前需要将锥体内部及放置的地面都加水进行润湿。

【坍落度试验】

标准坍落度筒为钢皮制成，上口直径 $d = 100$mm，下底直径 $D = 200$mm，高 $H = 300$mm。标准的操作方法为，将新拌混凝土试样分三层装入标准坍落度筒内，每层装料为筒体积的 1/3。每层用弹头棒均匀地插捣 25 次。

为了同时评定新拌混凝土的黏聚性和保水性，在进行坍落度测试后，用捣棒在已坍落的混凝土锥体侧面轻轻敲击，此时如果锥体保持整体均匀，逐渐下沉，则表示黏聚性良好，若锥体突然倒塌，部分崩裂或出现离析现象，则表示黏聚性不良，如图 3.2 所示。保水性以新拌混凝土中水泥浆析出的程度表示，如果有较多的水泥稀浆从底部析出，失浆试体中的集料也因此外露，则表明此拌合物保水性能不良；如坍落度筒提起后无稀浆或仅有少量稀浆自底部析出，则表示此混凝土拌合物保水性良好。

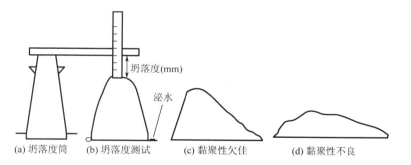

(a) 坍落度筒　(b) 坍落度测试　(c) 黏聚性欠佳　(d) 黏聚性不良

图 3.2　混凝土拌合物和易性的测定

【维勃稠度试验】

2）维勃稠度试验

对于坍落度小于 10mm 的干硬性混凝土，采用维勃稠度法测定其流动性。维勃稠度仪如图 3.3 所示。

维勃稠度法首先按照坍落度试验方法将新拌混凝土装入维勃稠度试验仪的容器中，在拌合物试体顶面放一个透明圆盘，开启振动台并计时。当透明圆盘的底面完全被水泥浆所布满时，瞬间停止计时，关闭振动台。此时所读秒数，称为维勃稠度。维勃稠度越大，新拌混凝土的流动性越小。该法适用于维勃稠度在 5～30s 之间的新拌混凝土的测定。

根据我国现行标准《公路工程水泥及混凝土试验规程》（JTG E30—2005）规定的路面混凝土稠度分级见表 3.17。

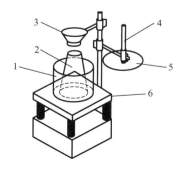

图 3.3　维勃稠度仪示意图

1—圆柱形容器；2—坍落度筒；

3—漏斗；4—测杆；

5—透明圆盘；6—振动台

表 3.17　路面混凝土的稠度分级

级　别	坍落度（mm）	维勃稠度（s）	级　别	坍落度（mm）	维勃稠度（s）
特干硬	—	≥31	低塑	50～90	105
很干稠	—	3021	塑性	100～150	≤4
干稠	10～40	2011	流态	＞160	—

特别提示

　　在实际施工时，混凝土拌合物的坍落度要根据构件截面尺寸大小、钢筋疏密和捣实方法来确定。当构件截面尺寸较小，或钢筋较密，或采用人工捣实时，坍落度可选择大一些。反之，若构件截面尺寸较大，或钢筋较疏，或采用机械振捣，则坍落度可选择小一些。表 3.18 所示为《混凝土结构工程施工质量验收规范》（GB 50204—2015）关于混凝土浇筑时的坍落度的规定。

表 3.18　混凝土浇筑时的坍落度

结　构　种　类	坍落度（mm）
基础或地面等的垫层、无配筋的大体积结构（挡土墙、基础等）或配筋稀疏的结构	10～30
板、梁和大型及中型截面的柱子等	30～50
配筋密列的结构（薄壁、斗仓、筒仓、细柱等）	50～70
配筋特密的结构	70～90

　　注：1. 本表系采用机械振捣时的坍落度，当采用人工振捣时可适当增大。
　　　　2. 轻集料混凝土拌合物，坍落度宜较表中数值减少 10～20mm。
　　　　3. 当需要配置大坍落度混凝土时，应掺用外加剂。
　　　　4. 曲面或斜面结构混凝土的坍落度应根据实际需要另行选定。
　　　　5. 泵送混凝土的坍落度宜为 80～180mm。

3. 影响新拌混凝土施工和易性的主要因素

　　影响新拌混凝土施工和易性的因素有很多，主要是混凝土的组成材料和施工环境因素。

　　1）组成材料质量及其用量的影响

　　水泥浆的数量和稠度对新拌混凝土的和易性有显著影响。

　　（1）单位用水量。

　　单位用水量决定了混凝土拌合物中水泥浆的数量。在组成材料确定的情况下，混凝土拌合物的流动性随着单位用水量的增加而增大。

　　在水灰比一定的条件下，若单位用水量较小，则水泥浆越少，混凝土拌合物的黏聚性较差，容易发生离析和崩坍，并且不易成型密实；但如果水泥浆过多，则流动性增加，黏聚性和保水性恶化，水泥浆过多容易出现泌水、分层或者流浆现象，致使拌合物发生离析。单位用水量过多还会造成混凝土产生收缩裂缝，使混凝土强度和耐久性严重降低。所以，拌合物的单位用水量应以满足流动性为宜。

（2）水灰比。

水灰比是指水和水泥的质量比。在水泥和集料用量一定的情况下，水灰比的变化实际上是水泥浆稠度的变化。在水泥用量不变的情况下，水灰比越小，水泥浆就越稠，混凝土拌合物的流动性便越小。但水灰比过大，又会造成混凝土拌合物的黏聚性和保水性不良，易产生流浆、离析现象，并严重影响混凝土的强度和耐久性。当水灰比超过一定的限值时，新拌混凝土将产生严重的泌水、离析现象，导致混凝土的强度和耐久性降低。所以，水灰比的大小应根据混凝土强度和耐久性的要求合理确定。

（3）砂率。

砂率指细集料质量占全部集料总质量的百分率，可用式（3-2）来表示。

$$\beta_s = \frac{m_s}{m_s + m_g} \times 100\% \qquad (3-2)$$

式中：β_s——砂率，%；

m_s——砂的质量，kg；

m_g——石子的质量，kg。

在水泥用量和水灰比一定的条件下，由细集料和水泥组成的水泥砂浆在新拌混凝土中起到润滑的作用，可以降低粗集料颗粒之间的摩擦阻力。所以，在一定范围内，随着砂率增大，流动性逐渐增大。另一方面，由于砂的比表面积比粗集料大，随着砂率增加，粗、细集料的总表面积增大，在水泥浆用量一定的条件下，集料表面包裹的浆量减少，润滑作用下降，使混凝土流动性降低。所以砂率超过一定范围，坍落度会随砂率增加而下降，如图 3.4（a）所示。

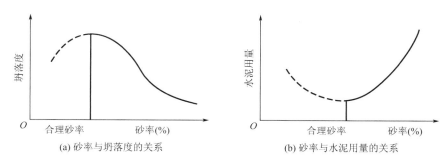

(a) 砂率与坍落度的关系　　(b) 砂率与水泥用量的关系

图 3.4　砂率与混凝土流动性和水泥用量的关系

砂率减小，将使水泥砂浆的数量减少，严重影响混凝土的黏聚性和保水性，易产生泌水、离析和流浆现象。在一定的范围内，砂率增大，黏聚性和保水性增加。但砂率过大，当水泥浆不足以包裹集料表面时，黏聚性反而会下降。

因此，混凝土的砂率有一个最佳值。采用最佳砂率时，在用水量和水泥用量不变的情况下，可以使混凝土的拌合物获得所要求的流动性，以及良好的黏聚性和保水性，如图 3.4（b）所示。合理砂率的确定可根据上述两个原则通过试验加以确定。对普通混凝土工程可根据经验或参照表 3.19 选用。

表 3.19　混凝土砂率选用表　　　　　　　　单位：%

水灰比	卵石最大粒径			碎石最大粒径		
	10mm	20mm	40mm	16mm	20mm	40mm
0.40	26～32	25～31	24～30	30～35	29～34	27～32
0.50	30～35	29～34	28～33	33～38	32～37	30～35
0.60	33～38	32～37	31～36	36～41	35～40	33～38
0.70	36～41	35～40	34～39	39～44	38～43	36～41

注：1. 表中数值系中砂的选用砂率。对细砂或粗砂，可相应地减少或增大砂率。

2. 本砂率适用于坍落度为 10～60mm 的混凝土。坍落度如大于 60mm 或小于 10mm，应相应增大或减小砂率；按每增大 20mm，砂率增大 1% 的幅度予以调整。

3. 只用一个单粒级粗集料配制混凝土时，砂率值应适当增大。

4. 掺有各种外加剂或掺合料时，其合理砂率值应经试验或参照其他有关规定选用。

5. 对薄壁构件砂率取偏大值。

（4）组成材料性质的影响。

① 水泥品种及细度。水泥对混凝土拌合物施工和易性的影响主要表现在水泥的需水量上，需水量大的水泥，达到同样的流动性需要较多的用水量。如火山灰水泥的需水量大于普通水泥的需水量，在用水量和水灰比相同的条件下，火山灰水泥的流动性相应就小。另外，不同的水泥品种，其特性上的差异也导致混凝土和易性的差异。

对于给定的混凝土拌合物，水泥细度增加，其表面积也随之增加，需水量越大，在相同的条件下，混凝土表现为流动性小，但黏聚性和保水性好，可以减少离析和泌水现象。

② 集料。集料在混凝土中占据的比重最大，它的性质对于混凝土拌合物的施工和易性影响也较大，主要与集料的品种、级配、粒形、粗细程度、杂质含量、表面状态等有关。级配良好的集料空隙率小，在水泥浆量一定的情况下，包裹集料表面的水泥浆层较厚，其拌合物流动性较大，黏聚性和保水性较好；表面光滑的集料，其拌合物流动性较大。若杂质含量多，针片状颗粒含量多，则其流动性变差；细砂比表面积较大，用细砂拌制的混凝土拌合物的流动性较差，但黏聚性和保水性较好。

③ 外加剂和掺合料。外加剂对新拌混凝土的施工和易性的影响取决于其品种和数量。常用的是减水剂和引气剂。有关外加剂的作用将在后续项目中进行详细介绍。矿物掺合料加入混凝土拌合物中，可节约水泥用量，减少用水量，改善新拌混凝土的施工和易性。

 特别提示

在本节工程实例中，引起混凝土坍落度下降的原因是供应的碎石针片状集料增多，使集料表面积增大，在其他材料及配方不变的条件下，流动性变差，其坍落度必然下降。

2）施工环境的影响

影响混凝土拌合物的施工和易性的主要环境因素是温度、湿度和风速。流动性的变化取决于水泥的水化程度和水分蒸发率，随着温度的升高而减小，温度升高 10℃，坍落度减小 20~40mm，夏季施工必须注意这一点。另外，搅拌时间的长短，也会影响混凝土拌合物的工作性，若搅拌时间不足，拌合物的工作性就差，质量也不均匀。《公路桥涵施工技术规范》（JTG F50—2011）规定，根据搅拌机的类型和不同容量，规定最小搅拌时间为 1~3min。

4. 新拌混凝土施工和易性的选择

混凝土拌合物施工和易性依据结构物的断面尺寸、钢筋配置的疏密、捣实的机械类型和施工方法来选择。

1）公路桥涵用混凝土拌合物的施工和易性

应根据《公路桥涵施工技术规范》的有关规定选择混凝土拌合物的坍塌度，表 3.20 可供工程施工参考选用。

表 3.20　公路桥涵用混凝土拌合物的坍落度

项　次	结 构 种 类	坍落度（mm）
1	桥涵基础、墩台、挡土墙及大型制块等便于灌注捣实的结构	0~20
2	项次 1 中桥涵墩台等工程中较不便施工处	10~30
3	普通配筋的钢筋混凝土结构，如混凝土板、梁、柱等	30~50
4	钢筋较密、断面较小的钢筋混凝土结构（梁、柱、墙等）	50~70
5	钢筋配置特密、断面高而狭小，极不便灌注捣实的特殊结构部位	70~90

注：1. 使用高频振捣器时，其混凝土坍落度可适当减小。
　　2. 本表系指采用机械振捣器的坍落度，采用人工振捣器时可适当放大。
　　3. 曲面或斜面结构的混凝土，其坍落度应根据实际需要另行选定。
　　4. 需要配置大坍落度混凝土时，应掺加外加剂。
　　5. 轻集料混凝土的坍落度，应比表中数值减少 10~20mm。

2）道路新拌混凝土的施工和易性选择

对于混凝土路面所用道路混凝土拌合物的工作性，《公路水泥混凝土路面施工技术规范》（JTG/T F30—2014）规定，对于滑模摊铺机施工的碎石混凝土最佳工作坍落度为 25~50mm，卵石混凝土最佳工作坍落度为 20~40mm。

 **特别提示**

在本节工程引例中，当坍落度下降难以泵送时，简单地现场加水虽可解决泵送问题，但对混凝土的强度及耐久性都有不利影响，还会引起泌水等问题。

3.2.2　硬化混凝土的强度特性

混凝土结构物主要承受各种荷载，必须具备足够的强度。《公路工程水泥及水泥混凝土试验规程》（JTG E30—2005）规定，混凝土的强度有立方体抗压强度、轴心抗压强度、劈裂抗拉强度、抗弯拉强度等。

1. 混凝土的抗压强度

钢筋混凝土和预应力钢筋混凝土桥梁结构设计时，混凝土材料的强度是用强度等级作为设计依据的。在结构设计时，混凝土各种力学强度的标准值，均可由强度等级换算出，所以强度等级是混凝土各种力学强度值的基础。

1）立方体抗压强度 f_{cu}

根据国家标准《普通混凝土力学性能试验方法标准》（GB/T 50081—2002）规定，将混凝土拌合物制作成边长为 150mm 的立方体试件，成型后立即用不透水的薄膜覆盖表面，在温度为（20±5）℃的环境中静置一昼夜至两昼夜，然后在标准条件［温度（20±2）℃，相对湿度 95% 以上，或在温度为（20±2）℃的不流动的 Ca(OH)₂饱和溶液中］下，养护到 28d 龄期，经标准方法测试，测得的抗压强度值即为混凝土立方体抗压强度，以表示 f_{cu}，可按式(3-3)计算。

$$f_{cu}=\frac{F}{A} \tag{3-3}$$

式中：f_{cu}——混凝土立方体抗压强度，MPa；

　　　F——试件破坏荷载，N；

　　　A——试件承压面积，mm²。

【混凝土立方体抗压强度试验】

以三个试件为一组，取三个试件强度的算术平均值作为每组试件的强度代表值。

若按非标准尺寸试件测得的立方体抗压强度，应乘以换算系数（表3.21），折算为标准试件的立方体抗压强度。

表 3.21　试件尺寸换算系数

试件尺寸（mm）	100×100×100	150×150×150	200×200×200
换算系数	0.95	1.00	1.05

2）立方体抗压强度标准值 $f_{cu,k}$

按照标准方法制作和养护的边长为 150mm 的立方体试件，在 28d 龄期，用标准试验方法测定的抗压强度总体分布中的一个值（单位以 N/mm² 即 MPa 计），强度低于该值的百分率不超过 5%（即具有 95% 保证率的抗压强度），将该值作为立方体抗压强度标准值，以 $f_{cu,k}$ 表示。

3）强度等级

混凝土强度等级是根据立方体抗压强度标准值来确定的。强度等级用符号"C"和立方体抗压强度标准值两项内容来表示，如 C20 即表示混凝土立方体抗压强度标准值为 20MPa。

《混凝土结构设计规范（2015 年版）》（GB 50010—2010）规定，普通混凝土按立方体抗压强度标准值划分为 C15、C20、C25、C30、C35、C40、C45、C50、C55、C60、C65、C70、C75、C80 共 14 个等级。

2. 混凝土的轴心抗压强度

由于在实际工程中，钢筋混凝土结构形式极少是立方体，大部分是棱柱体形式或圆柱体形式，为了使测得的混凝土强度更加符合混凝土结构使用的实际情况，在钢筋混凝土结构计算中，计算轴心受压构件时，都是以混凝土的轴心抗压强度为设计取值，轴心抗压强度以 f_{cp} 表示。

我国现行标准《公路工程水泥及水泥混凝土试验规程》（JTG E30—2005）规定，采用 $150mm \times 150mm \times 300mm$ 的棱柱体作为标准试件，测其轴心抗压强度。混凝土的轴心抗压强度 f_{cp} 可按式(3-4)计算。

【混凝土轴心抗压
强度试验】

$$f_{cp} = \frac{F}{A} \qquad (3-4)$$

式中：f_{cp}——混凝土棱柱体轴心抗压强度，MPa；

　　　F——试件破坏荷载，N；

　　　A——试件承压面积，mm^2。

也可选择棱柱体（高宽比 $h/b = 2$）或圆柱体（高径比 $h/d = 2$）的非标准试件，测定其轴心抗压强度，其制作与养护同立方体试件。关于轴心抗压强度与立方体抗压强度间的关系，通过许多次棱柱体和立方体试件的强度试验表明：在立方体抗压强度 $f_{cu} = (10 \sim 50)MPa$ 的范围内，$f_{cp} \approx (0.7 \sim 0.8) f_{cu}$。

3. 混凝土的劈裂抗拉强度 f_{ts}

混凝土抗拉强度较低，只有抗压强度的 $1/20 \sim 1/10$，且随着混凝土强度等级的提高，比值有所降低。因此在钢筋混凝土结构中一般不考虑混凝土的抵抗拉力，而是考虑其中的钢筋承受拉力。但抗拉强度对混凝土抵抗裂缝的产生有着重要的意义，可以间接衡量混凝土和钢筋之间的黏结强度，或用于预测混凝土构件由于干缩或温缩受约束引起的裂缝。

《普通混凝土力学性能试验方法标准》（GB/T 50081—2002）规定，采用边长为 $150mm$ 的立方体作为标准试件，在立方体试件中心平面内用圆弧为垫条施加两个方向相反、均匀分布的压应力，当压力增大至一定程度时试件就沿此平面劈裂破坏，这样测得的强度称为劈裂抗拉强度，如图 3.5 所示，用 f_{ts} 表示。劈裂抗拉强度可按式(3-5)计算。

【混凝土劈裂抗拉
强度试验】

$$f_{ts} = \frac{2F}{\pi A} = 0.637 \frac{F}{A} \qquad (3-5)$$

式中：f_{ts}——混凝土劈裂抗拉强度，MPa；

　　　F——试件破坏荷载，N；

　　　A——试件劈裂面面积，mm^2。

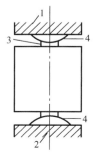

图 3.5　混凝土劈裂抗拉试验示意

1—上压板；2—下压板；3—垫层；4—垫条

劈裂抗拉强度 f_{ts} 与标准立方体抗压强度之间的关系可用式(3-6)表达。

$$f_{ts} = 0.35 f_{cu}^{\frac{3}{4}} \qquad (3-6)$$

4. 混凝土的抗弯拉强度 f_f

在道路或机场工程中，混凝土结构主要承受荷载的弯拉作用，所以以抗弯拉强度为主要强度指标，抗压强度作为参考指标。《公路工程水泥及水泥混凝土试验规程》（JTG E30—2005）规定，道路路面用混凝土的抗弯拉强度是以标准方法制备成 $150mm \times 150mm \times 550mm$ 的梁形试件，在标准条件下，经养护 28d 后，按三分点加荷方式测定其抗弯拉强度 f_f，如图 3.6 所示，计算公式见式(3-7)。

$$f_f = \frac{FL}{bh^2} \qquad (3-7)$$

式中：f_f——混凝土抗弯拉强度，MPa；

　　　F——试件破坏荷载，N；

　　　L——支座间距，mm；

　　　b——试件截面宽度，mm；

　　　h——试件截面高度，mm。

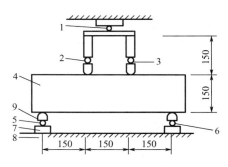

图 3.6　混凝土抗折试验装置

1、2、6—一个钢球；3、5—两个钢球；4—试件；7—活动支架；

8—机台；9—活动船形垫块

【混凝土抗弯拉强度试验】

跨中单点加荷得到的抗弯拉强度，按断裂力学推导应乘以系数 0.85。

根据《公路水泥混凝土路面设计规范》（JTG D40—2011）的规定，不同交通分级的混凝土抗弯拉强度标准值见表 3.22。

表 3.22　不同交通分级的混凝土抗弯拉强度标准值

交 通 等 级	特重	重	中等	轻
混凝土抗弯拉强度标准值（MPa）	5.0	5.0	4.5	4.0

 知识链接

在不同的建筑工程中，不同的部位根据实际情况常采用不同强度等级的混凝土，在我国一般选用范围如下。

（1）C10~C15——用于垫层、基础、地坪及受力不大的结构。

（2）C20～C25——用于梁、板、柱、楼梯、屋架等普通钢筋混凝土结构。

（3）C25～C30——用于大跨度结构、要求耐久性高的结构、预制构件等。

（4）C30～C35——用于高速公路、一级公路的混凝土路面。

（5）C35～C40——一般桥梁中下部的钢筋混凝土墩柱、桩基等构件。

（6）C40～C45——用于预应力钢筋混凝土构件、吊车梁及特种结构等，用于25～30层的高层建筑。

（7）C50～C60——用于30～60层的高层建筑。

（8）C60～C80——用于60层以上的高层建筑，采用高性能混凝土。

（9）C80～C120——用于60层以上的高层建筑，采用超高强混凝土。

5. 影响混凝土强度的因素

1）混凝土材料组成的影响

（1）水泥强度和水灰比。

混凝土的强度主要取决于其内部起胶结作用的水泥石质量，而水泥石的质量又由水泥强度和水灰比的大小所决定。在试验条件相同的情况下，水泥的强度越高，混凝土的强度也越高。当水泥品种及强度相同时，混凝土的强度主要决定于水灰比。因为水泥水化时所需的结合水，一般只占水泥质量的23%左右，但是以此水灰比所拌制的混凝土拌合物过于干硬，所以在拌制混凝土拌合物时，为了获得必要的流动性，试验加水量约为水泥质量的40%～70%，即采用较大的水灰比。当混凝土硬化后，多余的水分或残留在混凝土中形成水泡，或蒸发后形成气孔，使得混凝土内部形成各种不同尺寸的孔隙，减少了混凝土抵抗荷载的有效断面，这些孔隙削弱了混凝土抵抗外力的能力。因此，在水泥强度一定的情况下，混凝土的强度随水灰比的增加而降低，如图3.7所示。

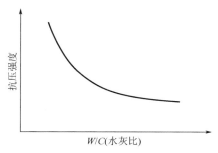

图 3.7 混凝土强度与水灰比的关系图

根据各国大量工程实践及我国大量的实践资料的统计结果，认为水灰比、水泥实际强度与混凝土28d立方体抗压强度的关系公式为

$$f_{cu,28} = \alpha_a f_{ce}\left(\frac{C}{W} - \alpha_b\right) \qquad (3-8)$$

式中：$f_{cu,28}$——混凝土 28d 龄期抗压强度，MPa；

f_{ce}——水泥实际强度，MPa；

C——1m³ 混凝土中水泥的用量，kg；

W——1m³ 混凝土中水的用量，kg；

α_a、α_b——粗集料回归系数（应根据工程所使用的水泥、集料，通过试验建立的水灰比与强度关系式确定；当不具备上述统计资料时，其回归系数可按表 3.23 选用）。

表 3.23　回归系数 α_a、α_b 选用表

系　　　数	石子品种	
	碎　石	卵　石
α_a	0.46	0.48
α_b	0.07	0.33

在无法取得水泥的实测强度时可按 $f_{ce} = r_c f_{ce,g}$ 求得，其中 r_c 为水泥强度等级值的富余系数，可按实际统计资料确定（一般取 1.13）。

式（3-8）称为混凝土强度公式，一般只适用于流动性混凝土或低流动性混凝土且强度等级在 C60 以下的混凝土，对于干硬性混凝土则不适用。利用混凝土强度公式，可根据所用的水泥强度等级和水灰比来估计混凝土的 28d 强度，也可根据水泥强度等级和要求的混凝土强度等级来确定所采用的水灰比。

（2）集料特性。

混凝土受力时，在粗集料和砂浆界面处将产生拉应力和剪应力。若集料的强度不足，混凝土可能会因粗集料的破坏而破坏。一般来说，集料的强度大于水泥石的强度（轻集料除外），所以不会直接影响混凝土的强度；但因为风化等原因导致集料的强度降低时，其配制的混凝土的强度也可能随之降低。

粗集料的颗粒形状、表面特征及表面洁净程度主要影响其与砂浆的界面黏结强度，是决定混凝土强度的一个重要因素。针片状含量较高的集料不仅会对新拌混凝土的施工和易性产生影响，还会降低混凝土的强度。碎石富含棱角并且表面粗糙，虽然在相同用水量和水泥用量的情况下拌制的混凝土拌合物流动性差，但是与水泥砂浆的黏结性能好，故强度较高。

集料的最大粒径对混凝土的抗压强度和抗折强度均有影响，在一定的条件下，集料的颗粒粒径过大，将减少与水泥浆的接触面积，降低界面的黏结强度，同时还会因振捣不密实而降低混凝土的强度。

 特别提示

【混凝土制件与养护】

　　在本节引例中，除了监理人员检测出的砂的含泥量和粗细程度导致混凝土强度不达标外，还有一个影响因素是水泥用量。在砂偏细、含泥量增大的前提下，若按常规混凝土配合比设计，水泥用量会偏少。于是出现了现场砂成团、松散的现象，导致混凝土强度下降很多。

2）养护条件

混凝土的养护条件主要包括混凝土成型后的养护温度和湿度。混凝土成型后必须放置在适宜的环境中进行养护，目的是保证水泥水化过程的正常进行。

（1）养护温度。

养护温度对混凝土的强度发展有重要的影响。当养护温度较高时，水泥的初期水化速度快，混凝土早期强度高。但是，早期养护温度越高，后期的强度增加就越少，这是因为

早期的快速水化会导致水化产物分布不均匀，在水泥石中形成密实度低的薄弱区，影响混凝土的后期强度。养护温度降低时，水泥的水化速度减慢，水化产物有充分的时间扩散，从而在水泥石中分布均匀，有利于后期强度的发展。图 3.8 所示为养护温度对混凝土强度的影响。但如果混凝土的养护温度过低或降到 0℃ 以下时，水泥水化反应将停止，致使混凝土的强度不再发展，并且可能因为冰冻导致混凝土的强度受到损失。

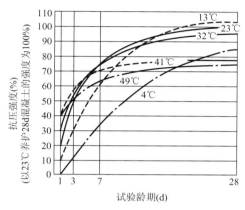

图 3.8　养护温度对混凝土强度的影响

（2）养护湿度。

保持必要的湿度是水泥水化反应的必要前提，如果湿度不足，水泥的水化反应将不能正常进行，甚至停止，将会严重影响水泥的强度发展。图 3.9 所示为养护湿度对混凝土强度的影响。而且，由于水化反应的不充分，将导致混凝土的结构疏松，抗渗性较差，可能会形成干缩裂缝，影响混凝土的耐久性。

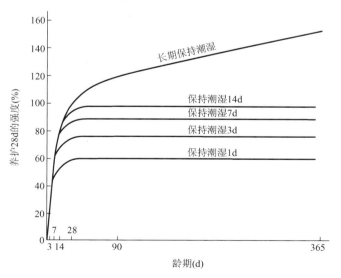

图 3.9　养护湿度对混凝土强度的影响

因此，为了保证混凝土的正常硬化，在混凝土的养护期间，应当创造条件维持一个良好的潮湿环境，从而产生更多的水化产物，提高混凝土的强度和密实度。在夏季，由于高温导致水分蒸发较快，更加应当注意养护。

3）龄期

龄期是指混凝土在正常养护条件下所经历的时间。在最初的 7～14d 内，强度增长较快，28d 以后强度增长缓慢。在适宜的温、湿度条件下其增长过程可达数十年。在标准养护条件下，混凝土强度与龄期之间有很好的相关性，通常在对数坐标上呈线性关系。工程中常利用这一关系，根据混凝土早期强度，估算其后期强度，其表达式为

$$f_{\mathrm{cu},n}=f_{\mathrm{cu},a}\frac{\lg n}{\lg a} \tag{3-9}$$

式中：$f_{\mathrm{cu},n}$——n 天龄期时的混凝土抗压强度，MPa；

　　　$f_{\mathrm{cu},a}$——a 天龄期时的混凝土抗压强度，MPa。

式（3-9）仅适用于普通硅酸盐水泥拌制的混凝土，且龄期≥3d 时才适用。由于对混凝土强度的影响因素很多，强度发展不可能完全一样，故此公式只作为一般参考。

除了上述因素以外，影响混凝土强度的还有外加剂、养护方式、施工工艺等。

3.2.3　混凝土的变形性能

荷载作用下，混凝土会发生变形，其他因素如温度也会导致混凝土产生应变。在一定范围内，混凝土的应变具有弹性特性，随着荷载的消失也会消失。在持续荷载的作用下，混凝土的应变随着时间的延长而增加，这就是混凝土的徐变特性。另外，不管有无荷载作用，在干燥时，混凝土都会发生一定的收缩，即干缩。混凝土的这些变形特质都是混凝土的重要特性，对混凝土的应用性能有很重要的影响。

1. 荷载作用下的变形

1）弹性变形（短期荷载下的变形）

混凝土是一种非匀质的复合材料，应力-应变关系是非线性的，在较高的荷载作用下这种非线性的特征更加明显。当卸除荷载时，混凝土的变形不能够完全恢复，在荷载的重复加载卸载过程中，每一次的卸载都会留下部分的残余变形。图 3.10 展示了混凝土在低应力重复荷载作用下的应力-应变曲线，在第一次加载过程中，加载曲线为 OA，卸载曲线为 AC，残余应变为 OC。经过四次循环后，混凝土残余应变的总量为 OC'。

如图 3.11 所示，混凝土在短期单轴受压状态下的应力-应变关系可分为四个阶段。

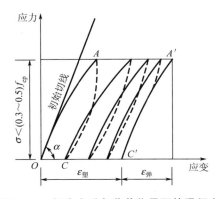

图 3.10　低应力重复荷载作用下的混凝土
应力-应变曲线

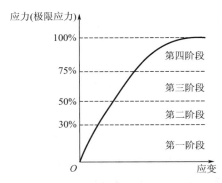

图 3.11　混凝土短期单轴受压状态下的
应力-应变关系

（1）第一阶段为弹性变形阶段，此时作用荷载小于极限荷载的30%。由于混凝土因收缩等产生的裂缝保持稳定，没有扩展的趋势，所以混凝土的应力-应变关系呈线性关系。

（2）第二阶段为弹塑性变形阶段，此时作用荷载为极限荷载的30%～50%。这一阶段，混凝土中水泥石和集料界面过渡区的特征为裂缝随着荷载的提高而有所发展。应变的增加比应力的增加要快，两者之间不再是线性关系。混凝土的应力-应变呈现出曲线形式，有明显的塑性变形产生。但在这一阶段，微裂缝仍然处于稳定状态，水泥石中的开裂也可以忽略。

（3）第三阶段的作用荷载为极限荷载的50%～75%。这一阶段中，混凝土过渡界面中的裂缝变得不稳定，水泥石中的裂缝在逐渐增加，产生不稳定扩展。界面处的裂缝开始与水泥石中的裂缝进行连通，混凝土内的裂缝体系变得很不稳定。这时的应力水平称为临界应力。

（4）第四阶段的作用荷载大于极限荷载的75%。随着荷载的增加，混凝土内的界面裂缝和水泥石中的裂缝形成连续的裂缝体系，混凝土产生很大的应变。应力-应变曲线更加弯曲，更加趋于水平，直至达到极限荷载。

2）徐变变形（长期荷载下的变形）

图3.12所示为混凝土的徐变曲线，它反映了混凝土在长期荷载作用下的变形特征。由图中可知，在加荷的瞬间，混凝土产生以弹性为主的瞬时变形，此后在荷载的持续作用下，变形随着时间持续增长，即为徐变变形。在产生较大的初始变形之后，混凝土的徐变逐渐趋向于稳定。卸除荷载后，一部分变形瞬间恢复，其后还

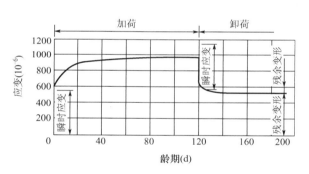

图 3.12 混凝土的徐变曲线

会在一段时间里持续恢复，称为徐变恢复。在徐变恢复完成后残留下来的变形称为永久变形，又称为残余变形。

混凝土的徐变变形主要是由于水泥石的徐变变形引起的，集料的徐变变形几乎可以忽略不计，因此混凝土中的集料的占比越大，混凝土的徐变就越小。在持续荷载的作用下，混凝土的徐变可以持续若干年，徐变的应变可能会超过弹性应变，如果混凝土承受的持续荷载较大，可能会导致混凝土结构破坏，所以在设计时应当充分考虑徐变的影响，否则可能导致对整个结构的变形估计严重不足。在设计预应力混凝土时，应当考虑徐变变形对预应力钢筋的预应力值的损失。

一般情况下，水泥用量越多，水灰比越大，混凝土徐变越大。混凝土加荷作用时间越早，徐变越大。集料的弹性模量越大，混凝土的徐变越小；集料级配越好，杂质含量越少，则混凝土的徐变越小。养护湿度越高，混凝土的徐变越小。

2. 非荷载作用下的变形

1）温度变形

混凝土具有热胀冷缩的性质，其热膨胀系数为 10×10^{-6}～14×10^{-6}/℃。温度变形对于大体积工程或者温差较大的季节施工的混凝土结构极为不利。在大体积的混凝土结构中，内部的水泥水化反应放热，温度一般在50～70℃，混凝土内部产生显著的膨胀。但是

外部却随着气温降低而逐渐收缩，结果导致外部混凝土产生很大的拉应力，当这种拉应力超过混凝土的抗拉强度时，混凝土就会开裂。当施工的温差较大时，也会出现上述类似的问题。

为了减少温度变形对混凝土性能的影响，应当设法降低混凝土的发热量，如采用人工降温措施对表面的混凝土进行保温、保湿等。

2）干燥收缩变形

混凝土在干燥的环境中，混凝土中的部分水分蒸发引起的体积变化称为干缩。

当外界的环境湿度低于混凝土本身的湿度时，混凝土中的水泥石内部的游离水逐渐蒸发，毛细管壁受到压缩，混凝土开始收缩。当环境湿度低于40%时，水泥水化物中的凝胶水也开始蒸发，引起更大的收缩。但在有水侵入的环境中，凝胶体中的表面水膜增厚，使胶体粒子间的距离增大，混凝土表现出"湿胀"现象。图3.13为混凝土干湿变形示意。当干缩的混凝土再遇到水时，由于混凝土的湿胀值远小于干缩值，所以即使在长期浸水后，这种膨胀量也仍然难以弥补初期的收缩量。

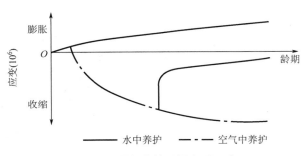

图 3.13　混凝土的干湿变形示意

干缩变形是混凝土的固有性质，如果处理不恰当，可能会使混凝土中出现微小的裂纹，从而影响混凝土的耐久性。混凝土的干缩程度主要与水泥品种和用量、单位用水量、集料的用量和弹性模量，以及施工、养护条件有关。

混凝土的湿胀变形很小，一般无破坏作用，但过大的干缩变形会对混凝土产生较大的危害，使混凝土的表面产生较大的拉应力而引起开裂，严重影响混凝土的耐久性。

混凝土的干燥收缩是水泥石中的毛细孔和凝胶孔失水收缩所致。因此，混凝土的干缩与水泥品种、水灰比、集料的用量和弹性模量及养护条件有关。一般而言，水泥用量越多，干燥收缩越大。水泥颗粒越细，需水量越多，则其干燥收缩越大。水灰比越大，硬化后水泥的孔隙越多，其干缩越大；混凝土单位用水量越大，干缩率越大。弹性模量大的集料，干缩率小，吸水率大；含泥量大的集料干缩率大。另外，集料级配良好，集料占比较大，水泥浆量少，则干缩变形小。潮湿养护时间长可推迟混凝土干缩的产生与发展，但对混凝土的干缩率并无影响，采用湿热养护可降低混凝土的干缩率。

3.2.4　混凝土的耐久性

耐久性是指混凝土在使用过程中，抵抗周围环境各种因素长期作用的能力。由于大多数混凝土工程都是永久性的，所以要求混凝土在使用环境条件中具有良好的耐久性。混凝土的耐久性通常包含抗渗性、抗冻性、抗化学侵蚀性、耐磨性、抗碱-集料反应等性能。

1. 抗渗性

抗渗性是混凝土对液体或者气体渗透的抵抗能力。

混凝土结构中，对混凝土质量影响比较大的环境因素包括：淡水的溶出作用、硫酸盐的化学侵蚀作用等引起水泥石的强度降低；二氧化碳、氧气及氯气等作用导致混凝土中的钢筋锈蚀；碱-集料反应引起的混凝土开裂等破坏。由于上述各种环境因素对混凝土的影响需要渗透到混凝土内部才能发挥作用，因此抗渗性是影响混凝土耐久性的重要性能。

混凝土的抗渗性以抗渗等级来表示，采用养护 28d 的标准试件，按照规定的方法进行试验，按混凝土能承受的最大水压力，将混凝土抗渗等级分为若干等级，如表 3.24 所示。

表 3.24　混凝土抗渗等级

抗渗等级	S2	S4	S6	S8	S10	S12
抵抗相应水压力而不渗水（MPa）	0.2	0.4	0.6	0.8	1.0	1.2

2. 抗冻性

抗冻性是指混凝土抵抗冻融循环作用的能力。在严寒地区，处于潮湿环境中的混凝土将经历冻融循环过程，这会降低混凝土的强度、密度和弹性模量。

混凝土的抗冻性一般以抗冻等级表示，抗冻等级的确定根据我国现行《公路工程水泥及水泥混凝土试验规程》（JTG E30—2005）规定，采用快冻法试验。混凝土抗冻等级有 D10、D15、D25、D50、D100、D150、D200、D250 和 D300 共九个等级，分别表示混凝土能承受的最大冻融循环次数为 10 次、15 次、25 次、50 次、100 次、150 次、200 次、250 次和 300 次。混凝土抗冻性也可以按照同时满足相对弹性模量值不小于 60% 和质量损失不超过 5% 时所能承受的最大循环次数来表示。

3. 抗化学侵蚀性

环境介质对于混凝土的化学侵蚀，主要有淡水侵蚀、海水侵蚀、酸碱侵蚀，侵蚀的机理最主要的是对水泥石的化学侵蚀。其中海水的侵蚀除了有硫酸盐侵蚀外，还有反复干湿作用、盐分在混凝土内结晶、海浪的冲击磨损、海水中氯离子对钢筋的锈蚀作用等。

所以，混凝土的抗渗性、抗冻性和抗化学侵蚀性之间是相互关联的，并且都与混凝土的密实度有关。如果混凝土的密实度较高，并且混凝土内部的孔隙相对较少，环境中的水难以侵入，其抗侵蚀能力就比较强。因此应采取有效措施改善混凝土的空隙结构，减少混凝土内部的毛细管道，以降低混凝土的渗透性，从而提高混凝土的抗冻性和抗化学侵蚀性。常用的方法有：合理选择水泥品种、降低水灰比、提高混凝土的密实度和改善孔隙结构；掺加引气剂，在混凝土中形成均匀分布的不连通微孔，缓冲因水冻结带来的挤压力等。

4. 耐磨性

耐磨性是指混凝土抵抗表层损伤的能力。路面混凝土表层受到车辆磨损作用，桥梁的墩台、基础等受到水流的冲刷作用。因此，耐磨性是道路和桥梁混凝土结构应该具有的重要性能之一。

按现行《公路工程水泥及水泥混凝土试验规程》（JTG E30—2005）的规定，以边长为 150mm 的立方体试件养护至规定龄期，在 60℃ 下烘干至恒重，然后在带有花轮磨头的混凝土磨耗机上，在 200N 负荷下磨削 50 转，计算磨耗量，磨耗量越大，混凝土的耐磨性越差。

混凝土的耐磨性与其强度等级有密切关系，同时也和水泥品种、集料硬度有关系，细集料对路面混凝土的耐磨性有很大影响。一般来说，提高混凝土抗磨损能力的措施有减少脆裂的发生、减少原生缺陷、提高硬度及降低弹性模量。

5. 抗碱-集料反应

碱-集料反应是指混凝土中的集料中含有活性二氧化硅，与水泥中的碱性物质在有水的状态下会发生反应，形成碱-硅酸凝胶，这种凝胶具有吸水膨胀的特性，吸水后将包裹集料的水泥石胀裂的现象。

碱-集料反应会严重影响混凝土的强度和耐久性，为了防止碱-集料反应带来的危害，使用的水泥含碱量应当小于 0.6%，或者采用抑制碱-集料反应的集料。当使用含钾离子、钠离子的混凝土外加剂时，必须进行试验，符合要求之后才能使用。

综上所述，从对混凝土耐久性的分析来看，耐久性的各种性能之间相互联系，并且都与混凝土的组成材料、混凝土的空隙率、空隙的构造特征密切相关，因此可以考虑通过以下几个方面来提高混凝土的耐久性：根据混凝土工程所处的环境条件和工程特点选择合理的水泥品种；严格控制水灰比，保证足够的水泥用量（表 3.25）；选用杂质少、级配良好的粗细集料，并尽量采用合理砂率；掺引气剂、减水剂等外加剂，可减少水灰比，改善混凝土内部的孔隙构造，提高混凝土的耐久性；在混凝土施工中，应搅拌均匀、振捣密实、加强养护，增加混凝土的密实度，提高混凝土的质量。

表 3.25　混凝土的最大水灰比和最小水泥用量

环境条件		结构物类别	最大水灰比			最小水泥用量（kg）		
			素混凝土	钢筋混凝土	预应力混凝土	素混凝土	钢筋混凝土	预应力混凝土
干燥环境		正常的居住或办公用房部件	不做规定	0.65	0.60	200	260	300
潮湿环境	无冻害	1. 高湿度的室外部件 2. 室外部件 3. 在非侵蚀性土和（或）水中的部件	0.70	0.60	0.60	225	280	300
	有冻害	1. 经受冻害的室外部件 2. 在非侵蚀性土和（或）水中且经受冻害的部件 3. 高湿度且经受冻害的室内部件	0.55	0.55	0.55	250	280	300
有冻害和除冰剂的潮湿环境		经受冻害和除冰剂作用的室内和室外部件	0.50	0.50	0.50	300	300	300

知识链接

耐久性对工程量浩大的混凝土工程来说意义非常重要，若耐久性不足，将会产生极其严重的后果，甚至对未来社会造成极为沉重的负担。据美国一项调查显示，美国的混凝土基础设施工程总价值约为 6 万亿美元，每年所需维修费用或重建费用约为 3 千亿美元。美国 50 万座公道桥梁中 20 万座已有损坏，平均每年有 150～200 座桥梁部分或完全坍塌，寿命不足 20 年；美国共建有混凝土水坝 3000 座，平均寿命 30 年，其中 32% 的水坝年久失修；而对第二次世界大战前后修建的混凝土工程，在使用 30～50 年后进行加固维修所投入的费用，约占建设总投资的 40%～50%。在我国，20 世纪 50 年代所建设的混凝土工程已使用 40 余年。如果平均寿命按 30～50 年计，那么在今后的 10～30 年间，为了维修这些自 1949 年以来所建的基础设施，耗资必将是极其巨大的。而我国目前的基础设施建设工程规模宏大，每年高达 2 万亿人民币以上。照此来看，30～50 年后，这些工程也将进入维修期，所需的维修费用和重建费用将更为巨大。因此，混凝土更要从提高耐久性入手，以降低巨额的维修和重建费用。

3.3 普通混凝土的组成设计

引例

如图 3.14 所示为新拌混凝土，确定水泥、水和砂的用量是至关重要的。在实际工程中，如何对混凝土进行设计？如何确定水灰比、砂率等指标呢？

图 3.14　新拌混凝土

普通混凝土是指干密度为 2000～2800kg/m³ 的混凝土，以下简称混凝土。混凝土的组成设计就是要根据设计目标、施工条件，选择合适的组成材料，并且确定各组成材料的用量，使混凝土在保证经济的前提下，具有期望的技术性能。这些性能包括新拌混凝土的施工和易性、硬化后混凝土满足设计强度和耐久性等要求。

3.3.1 混凝土质量波动的原因及质量控制

在施工过程中，原材料、试验条件、施工养护等因素的变化，都有可能造成混凝土质量产生较大的变异性，会影响新拌混凝土的施工和易性、硬化混凝土的强度和耐久性。

原材料引起质量波动的原因主要有以下几个方面：粗集料的最大粒径和级配波动、细集料的细度模数的波动、集料整体的级配波动、水泥强度的波动、外加剂和掺合料质量的波动等。这些原材料质量的波动都会影响混凝土的质量波动，最终表现在对混凝土强度的影响上。所以，在拌制混凝土过程中应当对原材料进行严格的质量监控，及时进行检测和调整，尽可能减少因为原材料的质量波动对混凝土质量造成的影响。

试验条件发生变化主要是指因为试验自身的误差或者试验人员操作的熟练程度、试验的养护条件发生变化等引起混凝土成型的质量发生变化。在试验过程中，应当严格按照试验规程的步骤进行操作，避免试验错误，减少系统误差和人为的试验误差。

混凝土的质量波动与施工养护有着非常密切的关系，混凝土搅拌的时间长短、砂石含水量的变化、运输过程中的分层离析、捣实程度不足、养护时间长短、养护温度和湿度等措施等都会对混凝土的质量波动产生影响。

混凝土的质量一般用抗压强度进行评价，因而需要有足够数量的混凝土试验值来反映混凝土总体的质量。《混凝土强度检验评定标准》（GB/T 50107—2010）中规定，混凝土强度应该分批进行检验评定。每一个验收批次的混凝土应该由强度等级相同、龄期相同、配合比基本相同和生产条件基本相同的混凝土试件组成。对于施工现场的大量集中搅拌的混凝土，强度检验可以按照统计方法进行；对于零星生产的预制构件中的混凝土或者现场搅拌量不大的混凝土，由于试件组数不足不能使用统计方法时，可按非统计方法检验评定混凝土。

3.3.2 混凝土强度的评定方法

1. 统计方法评定

1）已知标准差方法

混凝土的生产条件在一段较长的时间内保持一致，并且同一种混凝土的强度变异性保持稳定时，应该由连续的三组试件组成一个验收组，强度应该同时满足下列的要求。

$$m_{f_{cu}} \geqslant f_{cu,k} + 0.7\sigma_0 \tag{3-10}$$

$$f_{cu,min} \geqslant f_{cu,k} - 0.7\sigma_0 \tag{3-11}$$

当混凝土强度等级不高于 C20 时，其强度最小值应满足式（3-12）的要求。

$$f_{cu,min} \geqslant 0.85 f_{cu,k} \tag{3-12}$$

当混凝土强度等级高于 C20 时，其强度最小值应满足式（3-13）的要求。

$$f_{cu,min} \geqslant 0.9 f_{cu,k} \tag{3-13}$$

式中：$m_{f_{cu}}$——同一验收批混凝土立方体抗压强度平均值，MPa；

$f_{cu,k}$——混凝土立方体抗压强度标准值，MPa；

σ_0——验收批混凝土立方体抗压强度标准差，MPa；

$f_{\mathrm{cu,min}}$——同一验收批混凝土立方体抗压强度最小值，MPa。

验收批混凝土立方体抗压强度标准差应根据前一个检验期内同一品种混凝土试件的强度数据，按式(3-14)确定。

$$\sigma_0 = \frac{0.59}{m} \sum_{i=1}^{m} \Delta f_{\mathrm{cu},i} \tag{3-14}$$

式中：$\Delta f_{\mathrm{cu},i}$——第 i 批试件立方体抗压强度中最大值与最小值之差；

m——用以确定验收批混凝土立方体抗压强度的标准差的数据总批数。

【例 3-1】 某混凝土预制厂生产的构件，混凝土强度等级为 C30，统计前期 16 批的 8 组强度极差值见表 3.26。试按已知标准差法，评定现生产的各批混凝土强度是否合格。

表 3.26　前期各批强度极差值

$\Delta f_{\mathrm{cu},i}$ （MPa）							
3.5	6.2	8.0	4.5	5.5	7.6	3.8	4.6
5.2	6.2	5.0	3.8	9.6	6.0	4.8	5.0

$$m = 16, \sum_{i=1}^{m} f_{\mathrm{cu},i} = 89.3\mathrm{MPa}$$

解： (1) 由表 3.26 的资料，按式(3-14)计算验收批混凝土强度标准差。

$$\sigma_0 = \frac{0.59}{m} \sum_{i=1}^{m} \Delta f_{\mathrm{cu},i} = 3.3 (\mathrm{MPa})$$

(2) 计算验收批强度平均值 $m_{f_{\mathrm{cu}}}$ 和最小值 $f_{\mathrm{cu,min}}$ 的验收界限。

$$[m_{f_{\mathrm{cu}}}] = f_{\mathrm{cu,k}} + 0.7\sigma_0 \approx 30 + 0.7 \times 3.3 \approx 32.3 (\mathrm{MPa})$$

$$[f_{\mathrm{cu,min}}] = \max \begin{cases} f_{\mathrm{cu,k}} - 0.7\sigma_0 = 27.7 (\mathrm{MPa}) \\ 0.90 f_{\mathrm{cu,k}} = 27.0 (\mathrm{MPa}) \end{cases}$$

(3) 对各批混凝土的强度进行评定 (略)。

2) 未知标准差方法

当混凝土的生产不能满足上述要求，或者前一个检验期内的同一种混凝土没有足够的数据用以确定验收批次标准差时，应当由不小于 10 组试件组成一个验收批，其强度应当同时满足式(3-15)和式(3-16)。

$$m_{f_{\mathrm{cu}}} - \lambda_1 s_{f_{\mathrm{cu}}} \geqslant 0.9 f_{\mathrm{cu,k}} \tag{3-15}$$

$$f_{\mathrm{cu,min}} \geqslant \lambda_2 f_{\mathrm{cu,k}} \tag{3-16}$$

式中：λ_1、λ_2——混凝土强度的合格判定系数，按表 3.27 取用。

表 3.27　混凝土强度的合格判定系数

试 件 组 数	10~14	15~24	＞24
λ_1	1.70	1.65	1.60
λ_2	0.90	0.85	

混凝土立方体抗压强度的标准差可按式（3-17）计算。

$$s_{f_{cu}} = \sqrt{\dfrac{\sum\limits_{i=1}^{n} f_{cu,i}^2 - n m_{f_{cu}}^2}{n-1}} \qquad (3-17)$$

式中：$s_{f_{cu}}$——同一验收批混凝土立方体抗压强度的标准差（MPa），当$s_{f_{cu}}$的计算值小于$0.06 f_{cu,k}$时，取$s_{f_{cu}} = 0.06 f_{cu,k}$；

$f_{cu,i}$——第i组混凝土立方体抗压强度值，MPa；

n——一个验收混凝土试件的组数。

【例3-2】几种现场搅拌混凝土，强度等级为C30，其同批次强度见表3.28，试评定该批混凝土是否合格。

表3.28　混凝土同批次强度

$f_{cu,i}$（MPa）									
36.5	38.5	33.5	40.2	33.7	37.3	38.2	39.4	40.1	38.5
38.6	32.5	35.7	35.6	40.8	30.6	32.4	38.6	30.4	38.8
$n=20$，$m_{f_{cu}}=36.5\text{MPa}$									

解：（1）按式（3-17）计算该批混凝土强度标准差。

$$s_{f_{cu}} = \sqrt{\dfrac{26839.33 - 20 \times 1332.25}{20-1}} \approx 3.2(\text{MPa}) > 0.06 f_{cu,k}$$

（2）按式（3-15）和式（3-16）计算验收界限。

$$[m_{f_{cu}}] = \lambda_1 s_{f_{cu}} + 0.9 f_{cu,k} = 1.65 \times 3.2 + 0.9 \times 30 = 32.3(\text{MPa})$$

$$[f_{cu,min}] = \lambda_2 f_{cu,k} = 0.85 \times 30 = 25.5(\text{MPa})$$

（3）评定该批混凝土强度。

因 $$m_{f_{cu}} = 36.3\text{MPa} > [m_{f_{cu}}] = 32.3\text{MPa}$$

且 $$f_{cu,min} = 30.4\text{MPa} > [f_{cu,min}] = 25.5\text{MPa}$$

所以，该批混凝土应评为合格。

2. 非统计方法评定

当试件的数量少于10组时，按非统计方法评定混凝土强度时，其所保留强度应同时满足式（3-18）和式（3-19）。

$$m_{f_{cu}} \geqslant 1.15 f_{cu,k} \qquad (3-18)$$

$$f_{cu,min} \geqslant 0.95 f_{cu,k} \qquad (3-19)$$

综上所述，当使用统计方法或者非统计方法进行检验时，若检验结果能够满足上述规定，则该批混凝土强度判定为合格；否则，该批混凝土强度不合格。对于不合格的混凝土结构或者构件应在鉴定后及时进行处理。

当对混凝土试件强度的代表性产生怀疑时，可以采用从结构或者构件中钻取试样进行验证，或者采用其他非破损检验方法，按照相关的标准对结构或构件中的混凝土强度进行推算。

 **特别提示**

（1）标准差已知或未知，指的是试件的生产质量是否连续稳定，在连续稳定条件下即可看做是已知，否则便是未知。

（2）长期生产混凝土的商品混凝土搅拌站，因其混凝土的品质稳定，在评定出厂混凝土质量时，通常采用标准差已知的方法。

（3）对施工企业工程现场自拌混凝土，由于专业性和原材料的不稳定供货，会引起混凝土强度的较大波动，在评定混凝土强度时一般采用标准差未知的方法。

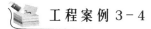 **工程案例 3-4**

【案例概况】

某综合楼为 7 层框架综合楼。1993 年 8 月开工，1994 年 5 月下旬完成主体结构。6 月 28 日上午，现场施工人员发现底层柱出现裂缝（上午 10 时提出加固方案，用圆杉木支顶该柱交叉的主次梁。下午柱钢筋已外露，向柱边弯曲。此后再以槽钢为基础支顶到 2 层梁底，柱四周角钢封焊加固。至晚上 9 时，混凝土柱被压破坏）。除设计方面存在严重问题外，现场可见所用钢筋的钢种混乱，在同一梁柱断面中有竹节钢、螺纹钢、圆钢三种钢筋混合使用，取样的钢筋试件大部分不合格。混凝土用质地较差的红色碎石作集料，砂细且含泥量多，砂用量也多，碎石与水泥砂浆无黏结痕迹，混凝土与钢筋无黏结力。

【案例解析】

从现象可见，该工程施工质量差。钢筋使用混乱，且大部分不合格；而混凝土的级配不当，混凝土强度太低。用钻芯法现场取样，测得混凝土芯样的抗压强度平均值只有 10.2MPa，最低仅为 6.1MPa，可见，其强度不仅远低于 C20 的混凝土强度要求，而且波动大、质量差。

3.3.3 混凝土配合比设计

【混凝土配合比设计】

混凝土是由水泥、砂、石子和水（必要时加入外加剂和掺合料）组成的一种复合材料。其配合比设计是根据原材料性能及对混凝土的技术要求，确定这些原材料的质量或者体积之间的比例关系。

混凝土配合比的表示方法有两种：一种是以 1m³ 混凝土中各项材料的质量表示，如水泥 300kg、水 19kg、砂 700kg、石子 1200kg；另一种方法是以各项材料间的质量比来表示（以水泥质量为 1），如水泥∶砂∶石子 = 1∶2.3∶4.0，水灰比为 0.63。

确定混凝土配合比的主要内容为：根据经验公式和试验参数计算各种组成材料的比例，得出"初步配合比"；按照初步配合比在实验室进行试拌，考察混凝土拌合物的施工和易性，经过调整之后得出"基准配合比"；再按照基准配合比，对混凝土进行强度复核，如果还有其他的要求，也应该一并进行检验复核，最后确定出满足设计和施工要求并且经济合理的"设计配合比"；在施工现场，还应该根据现场砂石材料的含水量对设计配合比进行修正，得出"施工配合比"。

混凝土配合比设计的基本资料主要包括混凝土的设计强度等级、水泥强度等级和品种、砂石材料的物理特征、工程所处的环境、结构断面、钢筋最小净距等特征，包括抗冻性、抗渗性、耐磨性等在内的耐久性要求及施工方法等。

1. 混凝土配合比设计的设计指标

1）混凝土拌合物的施工和易性

混凝土拌合物的坍落度应根据构件截面尺寸大小、钢筋疏密和施工方式进行确定。当构件截面尺寸较小，或钢筋较密，或采用人工捣实时，坍落度可选择大一些；反之，若构件的截面较大，或钢筋稀疏，或采用机械振捣，则坍落度应当选择小一些。由于运输过程中会有坍落度损失，选择坍落度值时应当将损失值估计在内。在不发生浇筑困难的情况下，应尽量减小坍落度值。

2）混凝土的配制强度

混凝土的设计强度等级根据结构设计进行确定。为了使所配制的混凝土在工程使用过程中具有一定的强度保证率，配合比设计时的混凝土配制强度应大于设计要求的强度等级。

3）混凝土的耐久性

混凝土的耐久性在很大程度上取决于其密实度，而混凝土的密实度主要取决于混凝土的水灰比和水泥用量。

4）混凝土的经济成本

配制的混凝土应当经济合理，在保证期望的技术性能的前提下最大限度地节约水泥，降低混凝土成本。

2. 混凝土配合比设计的三个关键参数

由水泥、水、粗细集料组成的混凝土的配合比设计，可以通过以下三个关键参数进行控制。

1）水灰比

混凝土的各种性能常取决于水泥浆体，在水和水泥性质确定的情况下，水和水泥的质量比决定了水泥浆体的性能。水灰比应当根据混凝土的强度和耐久性进行确定。一般原则是，在满足混凝土设计强度和耐久性的前提下，选择较大的水灰比，以便于降低水泥用量，节约成本。

2）单位用水量

在水灰比确定的情况下，用水量多少就成为集料用量确定的重要依据，进而对混凝土的性能产生重要影响。在现有的混凝土配合比设计方法中，通常采用单位体积用水量（简称单位用水量）来表示水泥浆和集料之间的比例关系。单位用水量主要根据坍落度的要求、粗集料的品种和最大粒径进行确定。一般在满足施工和易性的基础上，尽量选用较小的单位用水量，以节约水泥。

3）砂率

细集料（砂）和粗集料（石子）组成混凝土的矿料骨架，其性能在砂石材料性质确定的条件下，就取决于砂石之间的质量比例，这一比例即为砂率。砂的用量应当以填满石子骨架剩余的空隙之后略有富余最佳。砂率对混凝土的施工和易性、耐久性和强度的影响都很大，也会直接影响水泥用量，应尽量选择使用最优砂率，根据砂的细度模数、坍落度等要求进行调整，有条件时也可以通过试验确定。

3. 混凝土配合比设计的方法和步骤

1）初步配合比的确定

（1）确定配制强度 $f_{cu,0}$。

按照设计要求的强度等级及满足必要的强度保证率，混凝土的配制强度按式（3-20）确定。

$$f_{cu,0} = f_{cu,k} + 1.645\sigma \tag{3-20}$$

式中：$f_{cu,0}$——混凝土的配制强度，MPa；

     $f_{cu,k}$——设计要求的混凝土强度等级所对应的立方体抗压强度标准值，MPa；

    1.645——达到 95% 强度保证率时的系数；

      σ——混凝土强度标准差，MPa。

 **特别提示**

如果混凝土的平均强度与设计强度等级相等，强度保证率系数 $t=0$，此时保证率为 50%，亦即只有 50% 的混凝土强度大于或等于设计强度等级，其工程质量难以保证。因此，必须适当提高混凝土的配制强度，以提高强度保证率。这里指的配制强度实际上等于混凝土的平均强度。根据我国行业标准 JGJ 55—2011 的规定，混凝土强度保证率必须达到 95% 以上，此时对应的保证率系数 $t=1.645$。

$$f_{cu,0} = f_{cu,k} + t\sigma$$

施工单位的混凝土强度标准差 σ 应按下列规定计算：当施工单位有 25 组以上近期该种混凝土的试验资料时，可按数理统计方法计算；当混凝土强度等级为 C20 或 C25 时，如计算得到的 $\sigma < 2.5$MPa，则取 $\sigma = 2.5$MPa；当混凝土强度等级等于或大于 C30 时，如计算得到的 $\sigma < 3.0$MPa，则取 $\sigma = 3.0$MPa；当施工单位不具有近期的同一品种混凝土强度时，其混凝土强度标准差 σ 可参考表 3.29 取值。

表 3.29 混凝土强度标准差取值表

混凝土设计强度等级	<C20	C20～C35	>C35
σ（MPa）	4.0	5.0	6.0

注：在采用本表时，施工单位可根据实际情况对 σ 进行调整。

（2）确定水灰比（W/C）。

混凝土强度等级小于 C60 时，根据已测定的水泥强度 f_{ce}、粗集料种类及所确定的混凝土配制强度 $f_{cu,0}$，混凝土水灰比按式（3-21）计算。

$$\frac{W}{C} = \frac{\alpha_a f_{ce}}{f_{cu,0} + \alpha_a \alpha_b f_{ce}} \tag{3-21}$$

为保证混凝土必要的耐久性，水灰比的计算值不可超过表 3.25 中的规定值，若计算出的水灰比值大于规定的最大水灰比值，则取规定的最大水灰比值。

（3）确定单位用水量 m_{w0}。

① 干硬性和塑性混凝土。

当水灰比在 0.40～0.80 范围内时，根据粗集料的品种、粒径及施工要求的混凝土拌合物稠度，其用水量可按表 3.30 和表 3.31 选取。

表 3.30　干硬性混凝土的用水量

拌合物稠度		卵石最大粒径（mm）			碎石最大粒径（mm）		
项目	指标	10	20	40	16	20	40
维勃稠度（s）	16～20	175	160	145	180	170	155
	11～15	180	165	150	185	175	160
	5～10	185	170	155	190	180	165

表 3.31　塑性混凝土的用水量

拌合物稠度		卵石最大粒径（mm）				碎石最大粒径（mm）			
项目	指标	10	20	31.5	40	16	20	31.5	40
坍落度（mm）	10～30	190	170	160	150	200	185	175	165
	35～50	200	180	170	160	210	195	185	175
	55～70	210	190	180	170	220	205	195	185
	75～90	215	195	185	175	230	215	205	195

注：1. 本表用水量系采用中砂时的平均取值。采用细砂时，每立方米混凝土用水量可增加 5～10kg；采用粗砂则可减少 5～10kg。

　　2. 掺用各种外加剂或掺合料时，用水量应相应调整。

② 流动性和大流动性混凝土。

当掺加外加剂时，以表 3.31 中坍落度 90mm 的用水量为基础，按坍落度每增大 20mm 用水量增加 5kg，计算混凝土的用水量。

当掺外加剂时，混凝土用水量可按式（3-22）计算。

$$m_{wa} = m_{w0}(1-\beta) \qquad (3-22)$$

式中：m_{wa}——掺外加剂混凝土每立方米混凝土的用水量，kg；

　　　m_{w0}——未掺外加剂混凝土每立方米混凝土的用水量，kg；

　　　β——外加剂的减水率，β 值按试验确定。

（4）确定合理砂率 β_s。

坍落度在 10～60mm 范围的混凝土，当无使用经验时，砂率可根据粗集料品种、最大粒径及水灰比按照表 3.19 选用；坍落度大于或等于 60mm 的混凝土，应在表 3.19 的基础上，按照坍落度每增大 20mm，砂率增加一个百分点的幅度进行调整；坍落度小于 10mm 的混凝土及使用外加剂或掺合料的混凝土应当经试验进行确定。

（5）计算混凝土的单位水泥用量 m_{c0}。

根据单位用水量和水灰比（W/C），按式（3-23）计算。

$$m_{c0} = \frac{m_{w0}}{\left(\dfrac{W}{C}\right)} = m_{w0} \times \frac{C}{W} \qquad (3-23)$$

计算出的水泥用量应符合表 3.25 所示的最小水泥用量的要求，若计算出的水泥用量小于规定值，则取表中的规定值。

（6）计算单位体积混凝土的砂用量 m_{s0} 和石用量 m_{g0}。

① 体积法。

使用体积法时，假定 1m³ 混凝土拌合物体积等于水泥、砂、石和水四种材料的绝对体积及拌合物中所含空气的体积之和，可列出下列方程组计算。

$$\begin{cases} \dfrac{m_{c0}}{\rho_c}+\dfrac{m_{s0}}{\rho_s}+\dfrac{m_{g0}}{\rho_g}+\dfrac{m_{w0}}{\rho_w}+0.01\alpha=1 \\ \beta_s=\dfrac{m_{s0}}{m_{s0}+m_{g0}}\times100\% \end{cases} \quad (3-24)$$

式中：ρ_c——水泥的密度，kg/m³；

ρ_s——砂的表观密度，kg/m³；

ρ_g——石的表观密度，kg/m³；

ρ_w——水的密度，kg/m³，可取 1000 kg/m³；

α——混凝土的含气量百分数，在不使用引气型外加剂时，α 可取为 1。

② 密度法。

当采用密度法时，需要先假定一个适宜的混凝土表观密度值，即 1m³ 混凝土拌合物的质量 $m_{c\rho}$，混凝土的各组成材料的单位用量之和即为混凝土的表观密度 $m_{c\rho}$，由以下方程组解出 m_{s0}、m_{g0}。

$$\begin{cases} m_{c0}+m_{w0}+m_{s0}+m_{g0}=m_{c\rho} \\ \beta_s=\dfrac{m_{s0}}{m_{s0}+m_{g0}}\times100\% \end{cases} \quad (3-25)$$

$m_{c\rho}$ 可根据累计的试验资料确定，在无资料时，其值可取 2350～2450kg。将已经确定的单位用水量、单位水泥用量和砂率代入式（3-24）或式（3-25），便可将水、水泥、砂和石子的用量全部求出，得到初步配合比。

2）基准配合比的确定

在初步配合比设计过程中，各组成材料的用量是借助于经验公式、经验参数计算得到的，还需要通过试拌试验，经过调整后得出满足施工和易性要求的混凝土"基准配合比"；再通过强度试验，调整水灰比，最后得出满足强度要求的"设计配合比"。

混凝土试拌试验，应当采用实际工程中使用的原材料，并采用和施工时相同的搅拌方法。首先按照"初步配合比"进行混凝土搅拌，检查其拌合物的施工和易性。如果实测的坍落度或者维勃稠度不能满足设计要求，或者黏聚性和保水性能不良时，应在保持水灰比不变的条件下，调整单位用水量或者砂率。如果坍落度符合要求，可以保持水灰比不变，适当增加水泥浆用量。

每次调整时，适当加入少量材料，反复试验直到符合要求为止。和易性合格后，测出该拌合物的实际表观密度 ρ_{ct}，并计算出各组成材料的拌和用量（$m_{c0拌}$、$m_{w0拌}$、$m_{s0拌}$、$m_{g0拌}$），则拌合物总量为 $Q_总=m_{c0拌}+m_{w0拌}+m_{s0拌}+m_{g0拌}$，由此可计算出 1m³ 混凝土各组成材料用量，即供混凝土强度试验用的"基准配合比"，见式（3-26）。

$$\begin{cases} m_{c1} = \dfrac{m_{c0拌}}{Q_{总}} \times \rho_{ct} \\[2mm] m_{w1} = \dfrac{m_{w0拌}}{Q_{总}} \times \rho_{ct} \\[2mm] m_{s1} = \dfrac{m_{s0拌}}{Q_{总}} \times \rho_{ct} \\[2mm] m_{g1} = \dfrac{m_{g0拌}}{Q_{总}} \times \rho_{ct} \end{cases} \qquad (3-26)$$

3）设计配合比的确定

基准配合比仅仅能够满足混凝土的施工和易性要求，其强度是否符合要求还需要进行进一步的强度试验。

强度试验时，至少应该采用三个不同水灰比的配合比，其中一个是基准配合比，另外两个水灰比则分别基于基准配合比增加和减少 0.05。单位用水量与基准配合比相同。根据"固定用水量定则"，水灰比的这种变化对混凝土的流动性并没有较大的影响。

每种水灰比下的混凝土至少应制作 3 个试件，分别成型、养护，测定其 28d 龄期的抗压强度值 f_1、f_2、f_3。另外，在制作混凝土强度试件时，应当检验混凝土混合物的施工和易性（坍落度或者维勃稠度、黏聚性、保水性），并测定拌合物的表观密度，以此结果代表相应配合比的混凝土拌合物的性能。根据强度试验结果，绘制抗压强度与灰水比的关系图。从图中，找出与配制强度 $f_{cu,0}$ 相对应的灰水比 C/W（称为实验室灰水比），该灰水比即是满足强度要求的灰水比，然后按照下列方法确定混凝土"设计配合比"中各种材料的用量。

（1）单位用水量 m_{w2} 应在基准配合比中的单位用水量的基础上，根据制作强度试件时测得的坍落度或维勃稠度，进行适当调整。

（2）单位水泥用量 m_{c2} 应以单位用水量 m_w 乘以选定的灰水比计算确定。

（3）粗、细集料用量 m_{s2}、m_{g2} 应在基准配合比的粗、细集料用量的基础上，按选定的灰水比进行调整，或者通过体积法计算。

（4）由强度复核之后的配合比，还应根据实测的混凝土拌合物的表观密度 ρ_{ct} 和计算表观密度 ρ_{cc} 进行校正。校正系数为：

$$\delta = \frac{\rho_{ct}}{\rho_{cc}} = \frac{\rho_{ct}}{m_c + m_s + m_g + m_w} \qquad (3-27)$$

（5）当混凝土表观密度实测值 ρ_{ct} 与计算值 ρ_{cc} 之差的绝对值不超过计算值的 2% 时，由以上方法确定的配合比即为确定的设计配合比，当两者之差超过计算值的 2% 时，应将配合比中的各项材料用量乘以校正系数，即为混凝土的"设计配合比"。

4）施工配合比的确定

在进行混凝土配合比计算时，所有的计算公式和相关参数都是以干燥的集料为准的，而在工地存放的砂石材料一般都含有一定量的水分，与配合比设计时存在一定的差异，所以工地现场各种材料的实际用量应当根据工地砂石材料的实际含水率进行修正，修正后的配合比即为"施工配合比"。

将上述的设计配合比换算为施工配合比，则单位体积混凝土中各种材料的用量如下。

$$\begin{cases} m_{\mathrm{c}} = m_{\mathrm{c2}} \\ m_{\mathrm{s}} = m_{\mathrm{s2}}(1+a\%) \\ m_{\mathrm{g}} = m_{\mathrm{g2}}(1+b\%) \\ m_{\mathrm{w}} = m_{\mathrm{w2}} - m_{\mathrm{s2}} \cdot a\% - m_{\mathrm{g2}} \cdot b\% \end{cases} \qquad (3-28)$$

工地现场的砂石材料的含水率是经常变化的，所以在施工过程中应当对集料的含水率随时进行测试，及时对施工配合比进行修正，防止由于集料含水率的变化导致混凝土的水灰比发生变化，而对混凝土的强度和耐久性造成不良的影响。

【例 3-3】 某钢筋混凝土桥台，混凝土设计强度等级为 C30。要求由机械拌和、振捣，施工要求混凝土坍落度为 35~50mm，使用环境为无冻害的室外使用。施工单位无该种混凝土的历史统计资料，该混凝土采用统计法评定。所用的原材料情况如下。

水泥：42.5 级普通水泥，实测 28d 抗压强度为 46.0MPa，密度 $\rho_{\mathrm{c}} = 3100\mathrm{kg/m^3}$。

砂：级配合格，$\mu_{\mathrm{f}} = 2.7$ 的中砂，表观密度 $\rho_{\mathrm{s}} = 2650 \ \mathrm{kg/m^3}$。

石子：5~20mm 的碎石，表观密度 $\rho_{\mathrm{g}} = 2720 \ \mathrm{kg/m^3}$。

试求：（1）该混凝土的设计配合比。

（2）施工现场砂的含水率为 3%，碎石的含水率为 1% 时的施工配合比。

解： 1）该混凝土设计配合比的确定

（1）混凝土初步配合比的确定。

① 配制强度 $f_{\mathrm{cu,0}}$ 的确定。

$$f_{\mathrm{cu,0}} = f_{\mathrm{cu,k}} + 1.645\sigma$$

查表 3.29，当混凝土强度等级为 C30 时，取 $\sigma = 5.0\mathrm{MPa}$，得

$$f_{\mathrm{cu,0}} = f_{\mathrm{cu,k}} + 1.645\sigma = 30 + 1.645 \times 5.0 \approx 38.2 (\mathrm{MPa})$$

② 计算水灰比（W/C）。

对于碎石：$\alpha_{\mathrm{a}} = 0.46$，$\alpha_{\mathrm{b}} = 0.07$，且已知 $f_{\mathrm{ce}} = 46.0\mathrm{MPa}$，则

$$\frac{W}{C} = \frac{\alpha_{\mathrm{a}} f_{\mathrm{ce}}}{f_{\mathrm{cu,0}} + \alpha_{\mathrm{a}} \alpha_{\mathrm{b}} f_{\mathrm{ce}}} = \frac{0.46 \times 46.0}{38.2 + 0.46 \times 0.07 \times 46.0} \approx 0.53$$

由表 3.25 查得最大水灰比为 0.60，可取水灰比为 0.53。

③ 确定单位用水量 m_{w0}。

根据混凝土坍落度为 35~50mm，砂为中砂，石为 5~20mm 的碎石，查表 3.31，可选取单位用水量 $m_{\mathrm{w0}} = 195\mathrm{kg}$。

④ 计算水泥用量 m_{c0}。

$$m_{\mathrm{c0}} = \frac{m_{\mathrm{w0}}}{\left(\dfrac{W}{C}\right)} = \frac{195}{0.53} = 368 (\mathrm{kg})$$

由表 3.25 查得最小水泥用量为 280kg，可取水泥用量为 368kg。

⑤ 选取确定砂率 β_{s}。

查表 3.19，$W/C = 0.53$ 和碎石最大粒径为 20mm 时，可取 $\beta_{\mathrm{s}} = 36\%$。

⑥ 计算粗、细集料用量 m_{g0}、m_{s0}。

a. 质量法。

假定 $1\mathrm{m^3}$ 新拌混凝土的质量为 2400kg，则有

$$\begin{cases} 368 + 195 + m_{\mathrm{s0}} + m_{\mathrm{g0}} = 2400 \\ \dfrac{m_{\mathrm{s0}}}{m_{\mathrm{s0}} + m_{\mathrm{g0}}} \times 100\% = 36\% \end{cases}$$

解方程组得：$m_{g0} = 1176\text{kg}$，$m_{s0} = 661\text{kg}$。

因此，该混凝土的初步配合比如下。

1m^3混凝土的各材料用量：水泥 368kg，水 195kg，砂 661kg，碎石 1176kg。

各材料之间的比例：$m_{c0} : m_{w0} : m_{s0} : m_{g0} = 1 : 0.53 : 1.80 : 3.20$。

b. 体积法。

取新拌混凝土的含气量 $\alpha = 1$，则有

$$\begin{cases} \dfrac{368}{3100} + \dfrac{m_{s0}}{2650} + \dfrac{m_{g0}}{2720} + \dfrac{195}{1000} + 0.01 \times 1 = 1 \\[2mm] \dfrac{m_{s0}}{m_{s0} + m_{g0}} \times 100\% = 36\% \end{cases}$$

解方程组得：$m_{g0} = 1170\text{kg}$，$m_{s0} = 658\text{kg}$。

因此，该混凝土的初步配合比如下。

1m^3混凝土的各材料用量：水泥 368kg，水 195kg，砂 658kg，碎石 1170kg。

各材料之间的比例：$m_{c0} : m_{w0} : m_{s0} : m_{g0} = 1 : 0.53 : 1.79 : 3.18$。

（2）配合比的试配、调整与确定（以体积法计算配合比为例）。

① 配合比的试配。

按计算配合比试拌 15L 混凝土，各材料用量如下。

a. 水泥为 $0.015\text{m}^3 \times 368\text{kg/m}^3 = 5.52\text{kg}$；

b. 水为 $0.015\text{m}^3 \times 195\text{kg/m}^3 = 2.93\text{kg}$；

c. 砂为 $0.015\text{m}^3 \times 658\text{kg/m}^3 = 9.87\text{kg}$；

d. 碎石为 $0.015\text{m}^3 \times 1170\text{kg/m}^3 = 17.55\text{kg}$。

拌和均匀后，测得坍落度为 25mm，低于施工要求的坍落度（35~50mm），于是增加水泥浆量 5%，测得坍落度为 40mm，新拌混凝土的黏聚性和保水性良好。经调整后各项材料用量为：水泥 5.80kg、水 3.08kg、砂 9.37kg、碎石 17.55kg，总量为 36.30kg。因此，基准配合比为 $m_{c0} : m_{w0} : m_{s0} : m_{g0} = 5.80 : 3.08 : 9.87 : 17.55 = 1 : 0.53 : 1.70 : 3.03$。

以基准配合比为基础，采用水灰比为 0.48、0.53 和 0.58 三个不同的配合比，制作强度试验试件。其中，水灰比为 0.48 和 0.58 的配合比也应经和易性调整，以保证满足施工要求的和易性，同时，测得其表观密度分别为 2380kg/m³、2383 kg/m³ 和 2372 kg/m³。

② 设计配合比的调整与确定。

三种不同水灰比混凝土的配合比、实测坍落度、表观密度和 28d 强度见表 3.32。

表 3.32　不同水灰比混凝土的各项数值

| 编号 | 混凝土配合比 | | | | | | 混凝土实测性能 | |
	水灰比	水泥 (kg)	水 (kg)	砂 (kg)	石子 (kg)	坍落度 (mm)	表观密度 (kg/m³)	28d 抗压强度 (MPa)
1	0.48	425	204	611	1135	45	2380	47.8
2	0.53	385	204	643	1146	40	2383	40.2
3	0.58	350	203	654	1157	40	2372	34.0

由表 3.32 的结果并经计算可得 $f_{cu,0}$ 对应的 W/C 为 0.54。因此，取水灰比为 0.54，用水量为 204kg，砂率保持不变。调整后的配合比为：水泥 378kg，水 204kg，砂 646kg，石子 1150kg。由以上定出的配合比，还需根据混凝土的实测表观密度 ρ_{ct} 和计算表观密度 ρ_{cc} 进行校正。按调整后的配合比实测的表观密度为 2395kg/m³，计算表观密度为 2378kg/m³，校正系数为：

$$\delta = \frac{\rho_{ct}}{\rho_{cc}} = \frac{2395}{2378} = 1.007$$

由于 $\rho_{ct} - \rho_{cc} = 2395 - 2378 = 17$，该差值小于 ρ_{ct} 的 2%，所以，调整后的配合比可确定为实验室设计配合比，即

1m³ 混凝土的各材料用量：水泥 378kg，水 204kg，砂 646kg，碎石 1150kg。

或各材料之间的比例为：$m_{c0} : m_{w0} : m_{s0} : m_{g0} = 1 : 0.54 : 1.71 : 3.01$。

2）现场施工配合比

将设计配合比换算为现场施工配合比时，用水量应扣除砂、石所含水量，砂、石用量则应增加砂、石所含水量。施工现场砂的含水率为 3%，碎石的含水率为 1%，施工配合比计算如下。

$$m_c = m_{c2} = 378\text{kg}$$

$$m_s = m_{s2}(1 + a\%) = 646 \times (1 + 0.03) = 665(\text{kg})$$

$$m_g = m_{g2}(1 + b\%) = 1150 \times (1 + 0.01) = 1162(\text{kg})$$

$$m_w = m_{w2} - m_{s2} \cdot a\% - m_{g2} \cdot b\% = 204 - 646 \times 0.03 - 1150 \times 0.01 = 173(\text{kg})$$

1m³ 混凝土的各材料用量：水泥 378kg，水 173kg，砂 665kg，碎石 1162kg。

或各材料之间的比例为：$m_c : m_w : m_s : m_g = 1 : 0.46 : 1.76 : 3.07$。

 **知识链接**

混凝土配制、试验过程中的注意事项

（1）试验前应检查混凝土搅拌机内是否清洁无残料，对叶轮、搅拌机筒壁、混凝土倒料处、坍落度筒、插捣棒进行湿润，但不得有积水。

（2）所称量的集料用四分法分开后进行，防止取料不均匀影响试验结果。称量按先大料后小料的顺序。加水需分开多次加，搅拌时间必须按规范要求进行。

（3）试模内壁要清洁无残渣，涂油要均匀，脱模时要小心，防止试块残缺。

（4）试块标养室养护温度和湿度要隔时进行检查确认，蓄水池内不得缺水。试块存放的架子顶部最好盖上土工布之类的透水材料，防止水直接洒到试块表面。

（5）高强混凝土设计配合比确定后，应进行不少于三次的混凝土重复性试验，每次混凝土至少要成型一组试件，每组试件的抗压强度不能低于配制强度。

4. 掺外加剂的混凝土配合比设计

1）确定试配强度和水灰比

与混凝土配合比设计方法相同。

2）掺外加剂混凝土的单位用水量

根据外加剂的类型与掺加量、集料的品种和粒径及施工和易性的要求，按照式（3-29）计算混凝土的单位用水量。

$$m_{w,ad}=m_w(1-\beta_{ad}) \tag{3-29}$$

式中：m_w——1m³基准混凝土（未掺外加剂混凝土）中的用水量，kg/m³；

$m_{w,ad}$——1m³掺外加剂混凝土的用水量，kg/m³；

β_{ad}——外加剂的减水率（无减水作用的外加剂 $\beta_{ad}=0$）。

3）掺外加剂混凝土的单位水泥用量

$$m_{c,ad}=\frac{C}{W}\cdot m_{w,ad} \tag{3-30}$$

4）单位粗、细集料用量

根据表3.19选定砂率，然后用质量法或体积法确定粗、细集料用量。

5）试拌调整

根据计算所得各种材料用量进行混凝土试拌，如不满足要求则应对材料用量进行调整，重新计算和试拌，直到达到设计要求为止。

【例3-4】按例3-3资料，掺加高效减水剂UNF-5，掺加量为0.5%，减水率 $\beta_{ad}=10\%$，试设计该混凝土配合比。

解：（1）确定试配强度和水灰比。

由例3-3计算所得，试配强度 $f_{cu,0}=38.2MPa$，水灰比 $W/C=0.55$。

（2）计算掺外加剂混凝土的单位用水量。

$$m_{w,ad}=m_w(1-\beta_{ad})=195\times(1-0.1)=0.176(kg)$$

（3）计算掺外加剂混凝土的单位水泥用量。

$$m_{c,ad}=\frac{C}{W}\cdot m_{w,ad}=\frac{176}{0.55}=320(kg)$$

（4）计算单位粗、细集料用量。

砂率同前，$\beta_s=36\%$。

按质量法计算，得 $m_{s,ad}=686kg$，$m_{g,ad}=1220kg$。

（5）外加剂用量。

$$m_{外加剂}=320\times0.5\%=1.60(kg)$$

（6）掺加剂混凝土配合比。

$$m_{c,ad}:m_{s,ad}:m_{g,ad}=320:686:1200=1:2.14:3.18$$

（7）试拌调整。

5. 粉煤灰混凝土配合比设计

【粉煤灰混凝土配合比设计】

粉煤灰混凝土是指掺加一定量粉煤灰组分的粉煤灰普通混凝土。粉煤灰是作为混凝土掺合料使用的。按国家标准的规定，可以采用等量取代法、超量取代法和外加剂法进行混凝土中掺粉煤灰混凝土的配合比设计。目前常采用超量取代法，这种方法是在粉煤灰总掺入量中，一部分粉煤灰取代等体积的水泥，超量部分粉煤灰取代等体积的砂。

1）配合比设计原则

掺加粉煤灰的混凝土配合比设计，要以未掺加粉煤灰的混凝土的配合比为基础，按照等稠度、等强度等级的原则，采用超量取代法进行调整。有关规范规定：粉煤灰混凝土的设计强度等级、强度保证率、标准差及变异性系数等均应与未掺加粉煤灰的基准混凝土相同。

2）设计步骤

（1）计算基准混凝土配合比。

按照普通混凝土配合比设计方法，计算得出基准配合比。

（2）确定粉煤灰取代水泥的掺量百分率和粉煤灰超量系数。

粉煤灰取代水泥的掺量百分率 f，不得超过表 3.33 规定的允许最大限量。

表 3.33　粉煤灰取代水泥的最大限量

混凝土种类	粉煤灰取代水泥的最大限量（%）			
	硅酸盐水泥	普通硅酸盐水泥	矿渣硅酸盐水泥	火山灰质硅酸盐水泥
预应力钢筋混凝土	25	15	10	—
钢筋混凝土、高强度混凝土、耐冻混凝土、蒸养混凝土	30	25	20	15
中、低强度混凝土，泵送混凝土，大体积混凝土，地下、水下混凝土	50	40	30	20
碾压式混凝土	65	55	45	35

粉煤灰超量系数 δ_f 根据粉煤灰的等级按表 3.34 选用。

表 3.34　粉煤灰超量系数

粉煤灰等级	超量系数 δ_f
I	1.1～1.4
II	1.3～1.7
III	1.5～2.0

（3）计算粉煤灰取代水泥量、超量部分和总掺量。

粉煤灰取代水泥部分质量为：

$$m_{f1} = m_{c0} f \tag{3-31}$$

粉煤灰超量部分质量为：

$$m_{f2} = m_{f1}(\delta_1 - 1) \tag{3-32}$$

粉煤灰总掺量为：

$$m_f = m_{f1} + m_{f2} \tag{3-33}$$

（4）计算粉煤灰混凝土的单位水泥用量。

$$m_{cf} = m_{c0} - m_{f1} \tag{3-34}$$

（5）计算粉煤灰混凝土的单位砂用量。

$$m_{sf} = m_{s0} - \frac{m_{f2}}{\rho_f} \cdot \rho_s \tag{3-35}$$

（6）确定粉煤灰混凝土的各种材料用量。

由前面计算得 m_{cf}、m_{sf}，取 $m_{gf}=m_{g0}$、$m_{wf}=m_{w0}$。粉煤灰混凝土各材料用量为 m_{cf}、m_{wf}、m_{sf} 和 m_{gf}。

（7）试拌、调整、提出实验室配合比，调整方法同上述方法。

【例 3-5】按例 3-3 资料，掺加Ⅰ级粉煤灰，粉煤灰密度为 $2200kg/m^3$，设计该混凝土配合比。

解：（1）计算基准混凝土配合比。

由例 3-3 得 $m_{s0}=658kg$，$m_{w0}=195kg$，$m_{c0}=368kg$，$m_{g0}=1170kg$。

（2）选定粉煤灰取代水泥的掺量百分率和粉煤灰超量系数。

由题中条件知，水泥品种为普通硅酸盐水泥，混凝土工程种类为钢筋混凝土，查表 3.33 得粉煤灰取代水泥最大限量为 25%，现取 20%。粉煤灰等级为Ⅰ级，水泥强度等级为 42.5 级，混凝土强度等级为 C30，查表 3.34 取粉煤灰超量系数为 1.2。

（3）计算粉煤灰取代水泥质量、粉煤灰超量部分质量和粉煤灰总质量。

粉煤灰取代水泥质量：$m_{f1}=m_{c0}f=3.68\times20\%=73.6(kg)$

粉煤灰超量部分质量：$m_{f2}=m_{f1}(\delta_1-1)=73.6\times(1.2-1)\approx14.7(kg)$

粉煤灰总质量：$m_f=m_{f1}+m_{f2}=73.6+14.7=88.3(kg)$

（4）计算粉煤灰混凝土的单位水泥用量。

$$m_{cf}=m_{c0}-m_{f1}=368-73.6=294.4(kg)$$

（5）计算粉煤灰混凝土的单位砂用量。

$$m_{sf}=m_{s0}-\frac{m_{f2}}{p_f}\cdot\rho_s=658-\frac{14.7}{2.2}\times2.65=640(kg)$$

（6）确定粉煤灰混凝土的各种材料用量。

由前面的计算得 $m_{cf}=294.4kg$，$m_{sf}=640kg$，$m_f=88.3kg$。取 $m_{gf}=m_{g0}=1170kg$，$m_{wf}=m_{w0}=195kg$。

（7）试拌调整。

6. 道路混凝土配合比设计的步骤

道路混凝土配合比的设计步骤如下。

1）计算初步配合比

（1）确定配制强度。

$$f_c=\frac{f_r}{1-1.04c_V}+t_s \tag{3-36}$$

式中：f_c——混凝土配制 28d 抗弯拉强度的均值，MPa；

$\quad\quad f_r$——混凝土设计抗弯拉强度，MPa；

$\quad\quad s$——抗弯拉强度试验样本的标准差，MPa；

$\quad\quad t$——保证率系数，按规范《公路水泥混凝土路面施工技术规范》（JTG/T F30—2014）查表 3.35 确定；

$\quad\quad c_V$——抗弯拉强度变异系数，应按统计数据在规范《公路水泥混凝土路面施工技术规范》（JTG/T F30—2014）的规定范围内（表 3.36）取值；在无统计数据时，抗弯拉强度变异系数应按设计取值；如施工配置抗弯拉强度超出设计给定的抗弯拉强度变异系数上限，则必须改进机械装备和提高施工控制水平。

表 3. 35　保证率系数

公路等级	判别概率 P	样本数 n				
		3	6	9	15	20
高速公路	0.05	1.36	0.79	0.61	0.45	0.39
一级公路	0.10	0.95	0.59	0.46	0.35	0.30
二级公路	0.15	0.72	0.46	0.37	0.28	0.24
三、四级公路	0.20	0.56	0.37	0.29	0.22	0.19

表 3. 36　各级公路混凝土路面弯拉强度变异系数

公路技术等级	高速公路	一级公路		二级公路	三、四级公路	
变异水平等级	低	低	中	中	中	高
变异系数允许范围	0.05～0.10	0.05～0.10	0.10～0.15	0.10～0.15	0.10～0.15	0.15～0.20

（2）计算水灰比。

混凝土拌合物的水灰比可以根据混凝土配制抗弯拉强度和水泥的实测抗折强度，代入式（3-37）或式（3-38）计算得出。

① 对碎石或碎卵石混凝土：

$$\frac{W}{C}=\frac{1.5684}{f_c+1.0097-0.3595f_s} \qquad (3-37)$$

② 对卵石混凝土：

$$\frac{W}{C}=\frac{1.2618}{f_c+1.5492-0.4709f_s} \qquad (3-38)$$

式中：f_s——水泥实测抗折强度，MPa。

在掺加粉煤灰时，应计入超量取代中代替水泥的那一部分粉煤灰用量（代替砂的超量部分不必计入），用水胶比 $W/(C+F)$ 代替水灰比 W/C。水灰比不得超过《公路水泥混凝土路面施工技术规范》（JTG/T F30—2014）规定的最大水灰比。

（3）计算单位用水量。

混凝土拌合物的单位用水量可按式（3-39）、式（3-40）进行计算。

① 对碎石混凝土：

$$W_0=104.97+0.309S_L+11.27\frac{C}{W}+0.61S_P \qquad (3-39)$$

② 对砾（卵）石混凝土：

$$W_0=86.89+0.370S_L+11.24\frac{C}{W}+1.00S_P \qquad (3-40)$$

式中：S_L——混凝土拌合物坍落度，mm；

S_P——砂率，%，查表选定；

$\frac{C}{W}$——灰水比，即水灰比的倒数。

掺外加剂的混凝土单位用水量按式（3-41）计算：

$$W_{0w} = W_0 \left(1 - \frac{\beta}{100}\right) \qquad (3-41)$$

式中：W_{0w}——掺外加剂混凝土的单位用水量，kg/m^3；

β——所用外加剂的实测减水率，$\%$。

（4）计算单位水泥用量 m_{c0}。

混凝土拌合物的单位水泥用量按式（3-42）进行计算：

$$m_{c0} = \frac{m_{w0}}{\dfrac{W}{C}} \qquad (3-42)$$

单位水泥用量不得小于《公路水泥混凝土路面施工技术规范》（JTG/T F30—2014）规定的按耐久性要求的最小水泥用量，见表 3.37。

表 3.37 混凝土满足耐久性要求的最大水灰（胶）比和最小单位水泥用量

公路技术等级		高速、一级公路	二级公路	三、四级公路
最大水灰（胶）比		0.44	0.46	0.48
抗冰冻要求最大水灰（胶）比		0.42	0.44	0.46
抗盐冻要求最大水灰（胶）比		0.40	0.42	0.44
最小单位水泥用量（kg/m^3）	42.5 级	300	300	290
	32.5 级	310	310	305
抗冰（盐）冻时最小单位水泥用量（kg/m^3）	42.5 级	320	320	315
	32.5 级	330	330	325
掺粉煤灰时最小单位水泥用量（kg/m^3）	42.5 级	260	260	255
	32.5 级	280	270	265
抗冰（盐）冻掺粉煤灰最小单位水泥用量（42.5 级水泥）（kg/m^3）		280	270	265

注：1. 掺粉煤灰，并有抗冰（盐）冻性要求时，不得使用 32.5 级水泥。

2. 水灰（胶）比计算以砂石料的自然风干状态计（砂含水率≤1.0%，石子含水率 0.5%）。

3. 处在除冰盐、海风、酸雨或硫酸盐等腐蚀性环境中，或在大纵坡等加减速车道上的混凝土，最大水灰（胶）比可比表中数值降低 0.01～0.02。

（5）计算砂石材料单位用量。

采用前述体积法或质量法确定砂、石的单位用量。

按质量法计算时，混凝土单位质量可取 2400～2450kg/m^3；按体积法计算时，应计入设计含气量。采用超量取代法掺用粉煤灰时，超量部分应代替砂，并折减用砂量。经计算得到的配合比应验算单位粗集料填充体积率（不宜小于 70%）。

2）配合比调整

（1）试拌调整。

基于初步配合比进行调整，如果流动性不满足要求，应在水灰比不变的前提下，增减水泥浆的用量；如果黏聚性或者保水性不满足要求，则应当调整砂率的大小。

（2）实测拌合物相对密度。

应当实测混凝土拌合物捣实后的相对密度，并对混凝土中的各组成材料的用量进行最后的调整，从而得到基准配合比。

（3）强度复核。

按照调整后的基准配合比，同时配制基准配合比、较基准配合比水灰比增大 0.03 和减少 0.03 的共三组混凝土试件，经过标准养护 28d，测试其抗弯拉强度，选择既满足设计要求，又能节约水泥的配合比作为设计配合比。

（4）施工配合比的换算。

根据施工现场的砂石材料含水率，对设计配合比进行修正，最后得出施工配合比。

【例 3 - 6】 试设计某高速公路路面用水泥混凝土配合比。

（1）某高速公路路面工程用混凝土（无抗冻性要求），要求混凝土设计抗弯拉强度等级为 5.0MPa，施工单位混凝土弯拉强度样本的标准差为 0.4MPa（$n=9$）。混凝土由机械搅拌并振捣，采用滑模摊铺机摊铺，施工要求坍落度为 30~50mm。

（2）组成材料。

① 水泥采用 52.5 级普通硅酸盐水泥，其实测水泥 28d 胶砂抗折强度为 8.2MPa，密度为 3100kg/m³；

② 中砂的表观密度为 2630kg/m³，细度模数为 2.6；

③ 碎石采用石灰石，最大粒径为 37.5mm，级配合格，表观密度为 2700 kg/m³；

④ 水采用饮用水。

解：（1）确定试配强度。

$$f_c=\frac{f_r}{1-1.04c_V}+ts=\frac{5}{1-1.04\times0.075}+0.61\times0.4\approx5.67(MPa)$$

（2）计算水灰比。

$$\frac{W}{C}=\frac{1.5684}{f_c+1.0097-0.3595f_s}=\frac{1.5684}{5.67+1.0097-0.3595\times8.2}\approx0.42$$

耐久性校核。混凝土为高速公路路面所用，无抗冻性要求，查规范得最大水灰比为 0.44，故按照强度计算的水灰比结果符合耐久性要求，取水灰比 $W/C=0.42$，则灰水比 $C/W=2.38$。

（3）计算用水量。

由坍落度要求 30~50mm，取坍落度值为 40mm，$W/C=0.42$ 时，$S_P=34\%$，代入式（3-39）得

$$W_0=104.97+0.309S_L+11.27\frac{C}{W}+0.61S_P$$
$$=104.97+0.309\times40+11.27\times2.38+0.61\times34=143(kg/m^3)$$

查规范得最大单位用水量为 160kg/m³，故取计算单位用水量 143kg/m³。

（4）计算水泥用量 m_{c0}。

$$m_{c0}=\frac{m_{w0}}{\frac{W}{C}}=143\times2.38\approx340(kg/m^3)$$

查规范，耐久性允许最小水泥用量为 300kg/m³，故取水泥用量为 340kg/m³。

（5）计算砂石用量。

$$\begin{cases} \dfrac{340}{3100}+\dfrac{m_{s0}}{2630}+\dfrac{m_{g0}}{2700}+\dfrac{143}{1000}+0.01\times1=1 \\[2mm] \dfrac{m_{s0}}{m_{s0}+m_{g0}}\times100\%=34\% \end{cases}$$

解得：$m_{s0}=671\text{kg/m}^3$，$m_{g0}=1302\ \text{kg/m}^3$。

验算碎石的填充体积：

$$\frac{m_{g0}}{\rho_{gh}}=\frac{1302}{1701}\times100\%=74.2\%$$

符合要求。

由此确定路面混凝土的初步配合比为：$m_{w0}=143\text{kg/m}^3$，$m_{c0}=340\text{kg/m}^3$，$m_{s0}=671$ kg/m^3，$m_{g0}=1302\text{kg/m}^3$。

路面混凝土的基准配合比、设计配合比与施工配合比设计内容与普通混凝土相同，此处不再赘述。

3.4 混凝土外加剂

引例

特大型桥梁工程或者钢管混凝土拱桥中需要使用泵送混凝土，但是一般新拌混凝土一段时间后会发生凝结硬化作用，怎样解决？在我国东北、西北地区的水泥混凝土路面和桥涵工程对抗冻性和抗盐冻性有很高的要求，如何对普通水泥混凝土加以改善？

3.4.1 外加剂的分类

外加剂种类繁多，通常每种外加剂具有一种或者多种功能，按照主要功能进行分类见表3.38。常用的外加剂有减水剂、引气剂、早强剂、缓凝剂、膨胀剂和防冻剂等。

表3.38 外加剂分类

外加剂功能	外加剂类型
改善新拌混凝土的流变性能	减水剂、泵送剂、引气剂、保水剂等
调节混凝土的凝结、硬化速度	早强剂、缓凝剂、速凝剂等
调节混凝土体中的含气量	引气剂、加气剂、泡沫剂、消泡剂等
改善混凝土耐久性	引气剂、抗冻剂、阻锈剂、抗渗剂等
为混凝土提供特殊功能	引气剂、膨胀剂、防水剂、泡沫剂、碱-集料反应抑制剂等

3.4.2 常用的外加剂品种

1. 减水剂

减水剂是指在不影响混凝土工作性的前提下，具有减少及增强作用的外加剂。减水剂可以在给定的工作性条件下，减少混凝土搅拌用水量，有助于改善混凝土的性能，如提高强度和耐久性，也可以达到节约水泥的效果。

1）减水剂的作用机理

减水剂实质上是一种表面活性剂，其分子由亲水基团和憎水基因两个部分组成（图3.15）。在减水剂分子溶于水中后，亲水基团指向水溶液，憎水基因指向空气、固体或非极性液体，从而形成定向吸附膜，降低水的表面张力和两界面之间的界面张力。水泥和水拌和后，由于水泥颗粒之间的分子凝聚力等因素，形成絮凝结构，如图3.16（a）所示。当水泥浆体中加入

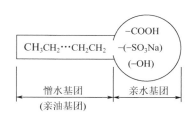

图3.15 表面活性剂分子结构示意图

减水剂之后，憎水基团吸附于水泥颗粒表面，亲水基团指向水溶液，即在水泥颗粒表面形成单分子或多分子吸附膜，并使之带有相同的电荷。在静电斥力作用下，使絮凝结构解体［图3.16（b）］。被束缚在絮凝结构中的游离水释放出来，增加了拌合物的流动性。由于减水剂分子产生的吸附、分散及溶剂化水膜的增厚润滑作用［图3.16（c）］，使水泥混凝土的流动性显著增加。

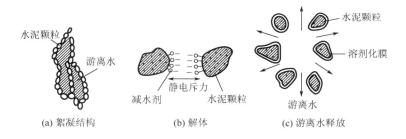

(a) 絮凝结构   (b) 解体   (c) 游离水释放

图3.16 减水剂作用机理示意图

2）减水剂的主要作用

（1）提高流动性。

通过掺入减水剂，减小水灰比，在用水量及水泥用量不变的条件下，混凝土拌合物的坍落度可增大100～200mm，流动性明显提高，混凝土的和易性得到改善，但各个龄期的强度均有一定程度的增加。

（2）提高混凝土强度。

在保持混凝土拌合物的施工和易性的情况下，可以有效减少用水量，如果水泥用量也不变，则可以降低水灰比，提高混凝土的强度，尤其是混凝土的早期强度。

（3）节约水泥。

在保证混凝土拌合物的施工和易性和硬化混凝土强度的前提下，减少拌和用水量的同时，也可以减少水泥用量，降低混凝土的成本。

（4）改善混凝土的耐久性。

因为掺入减水剂，减少了拌合物的泌水、离析等现象，可以显著改善混凝土的空隙结构，提高混凝土的密实度，降低透水性，从而提高混凝土的抗渗、抗冻等性能。

3）减水剂的常用品种及功能

减水剂是使用最广泛、效果最显著的一种外加剂，并且通常还具有一些辅助作用，由此可以将减水剂进一步分为不同的种类，其品种和功能见表 3.39。

表 3.39　常用减水剂品种及功能

减水剂类型	主 要 功 能	品　　　种
普通减水剂	具有 5% 以上减水、增强作用	木质素磺酸盐类
缓凝减水剂	兼具缓凝功能	糖蜜类
引气减水剂	兼具引起作用	糖蜜类
高效减水剂（又称超塑化剂、硫化剂）	具有 12% 以上减水、增强作用	多环芳香族磺酸盐类、水溶性树脂类
复合减水剂	兼具减水、早强作用，降低混凝土成本	——

特别提示

（1）减水剂以溶液掺加时，溶液中的水量应从拌和水中扣除。

（2）液体减水剂宜与拌和水同时加入搅拌机内，粉剂减水剂宜与胶凝材料同时加入搅拌机内，需二次添加外加剂时，应通过试验确定，混凝土搅拌均匀方可出料。

（3）掺普通减水剂、高效减水剂的混凝土采用自然养护时，应加强初期养护；采用蒸养时，混凝土应具有必要的结构强度才能升温，蒸养温度应通过试验确定。

2. 引气剂

引气剂是指掺入混凝土拌合物后，经过搅拌能在混凝土拌合物中引入大量分布均匀的微小气泡，可以改善混凝土拌合物的工作性，并在混凝土硬化后能保留微小的气泡，以改善其抗冻、耐久性能。其质量应符合《混凝土外加剂》（GB 8076—2008）的规定。

1）引气剂的作用机理

引气剂也是一种表面活性物质，其界面活性作用与减水剂基本相同，区别在于减水剂界面活性作用主要发生在液-固界面上，而引气剂的界面活性主要发生在气-液界面上。在搅拌混凝土时，必然会混入一些空气，引气剂即被吸附到空气泡的表面，憎水基团指向空气，亲水基团指向水溶液中，在空气与水的界面上定向排列，降低了气泡面上水的表面张力及界面能，从而使混凝土中形成稳定、封闭的球形气泡，气泡大小均匀，在拌合物中均匀分散，可使混凝土的很多性能得到改善。

2）引气剂的作用

（1）改善混凝土拌合物的工作性。

气泡的滚珠作用，能够减小混凝土拌合物的摩擦阻力，从而提高拌合物的流动性，同时气泡的存在阻止了固体颗粒的沉降和水分的上升，减少了拌合物的分层、离析和泌水，使混凝土的施工和易性得到明显改善。

（2）显著提高混凝土的耐久性。

大量均匀分布的封闭气泡能够缓冲水分结冰产生的膨胀压力，另一方面也可以阻断混凝土中的毛细管渗水的通道，从而提高混凝土的耐久性。

3）引气剂的品种

常用的引气剂可分为以下几类：木质树脂盐、合成清洗剂、木质磺酸盐、石油酸盐、蛋白材料酸盐、脂肪和树脂酸及其盐、磺化碳氢化合物有机盐等。掺量一般为水泥质量的 0.005％～0.01％，含气量控制在 3％～6％。严防超量掺用，否则将严重降低混凝土强度。

4）引气剂的适用范围

引气剂多用于抗冻混凝土、水工混凝土、防渗混凝土、抗硫酸盐混凝土、泌水严重的混凝土、贫混凝土、轻集料混凝土和对饰面有要求的混凝土，但不宜用于蒸养及预应力混凝土。长期处于潮湿和严寒环境中的混凝土，应掺加引气剂和减水剂。引气剂的掺加量应当根据混凝土的含气量和经验进行确定。

3. 早强剂

早强剂是指能明显提高混凝土早期强度，并且对后期强度无不利影响的外加剂。其质量应符合《混凝土外加剂》（GB 8076—2008）的规定。由于混凝土从开始拌和到凝结硬化形成强度需要很长一段养生时间，为了缩短施工周期、缩短混凝土的养护时间等，常需要掺加早强剂。

1）早强剂的早强机理

目前，早强剂的主要品种有氯盐类、硫酸盐类和有机胺类。此外，一般的高效减水剂均能在不同程度上提高混凝土的早期强度。

氯盐是一种强电解质，溶解于水后全部电离成离子，氯离子吸附于水泥颗粒的表面，增加水泥颗粒的分散度，加速水泥的初期水化。氯化钙和铝酸三钙反应生成不溶性水化氯酸钙等水化物，这些物质使水泥浆体中的固相比例增大，促使水泥凝结硬化，有助于水泥石结构的形成。

硫酸盐与氢氧化钙作用生成氢氧化钠和高分散性的硫酸钙，由于这种反应的进行，降低了水泥浆体中氢氧化钙的浓度，促使硅酸三钙水化加速。其综合作用使混凝土的早期强度得到提高。

2）早强剂的适用范围

早强剂适用于蒸养混凝土、常温、低温和负温（最低温度不低于 −5℃）施工条件下的有早强或防冻要求的混凝土，但不宜单独用于在 5℃ 以下施工且有早强要求的混凝土及蒸养混凝土。在有耐久要求或其他特殊要求的混凝土中，使用早强剂需要通过试验验证。

常用早强剂掺量限值见表 3.40。

表 3.40　常用早强剂掺量限值

混凝土种类	使用环境	早强剂名称	掺量限值（水泥质量,%）
预应力混凝土	干燥环境	三乙醇胺	0.05
		硫酸钠	1.0
钢筋混凝土	干燥环境	氯离子	0.6
		硫酸钠	2.0
		与缓凝减水剂复合的硫酸钠	3.0
		三乙醇胺	0.05
	潮湿环境	硫酸钠	1.5
		三乙醇胺	0.05
有饰面要求的混凝土	—	硫酸钠	0.8
素混凝土	—	氯离子	1.8

注：预应力混凝土及潮湿环境中使用的钢筋混凝土中不得掺氯盐早强剂。

4. 缓凝剂

缓凝剂是指能延缓混凝土凝结时间，并且对其后期强度没有不良影响的外加剂。缓凝剂能够显著延长混凝土在可塑状态的凝结时间，从而使得混凝土有较长的时间可以用于输送、浇筑及最后加工。

缓凝剂的种类很多，主要有糖类、羟基羧酸及其盐类、含糖碳水化合物类、无机盐类和木质素磺酸盐类等。常用的缓凝剂有木质素磺酸盐类缓凝剂、糖蜜缓凝剂和羟基羧酸及其盐类缓凝剂。

1）缓凝剂的作用机理

硅酸盐水泥的早期水化历经初始反应期、休止期、凝结期和硬化期四个阶段。休止期是指初始反应期后，水化反应缓慢，水泥浆可塑性基本不变的相当长的一段时间。缓凝剂实际上是延长了休止期，使得混凝土有较长的时间呈现出可塑性。

2）缓凝剂的作用

对于新拌混凝土来说，缓凝剂可以延缓初凝和终凝时间，从而影响混凝土的早期强度；缓凝剂可以抑制水化放热速度，减慢放热速率并降低热峰值，从而可以防止混凝土在早期出现温度裂缝。另外，缓凝剂常能降低新拌混凝土坍落度的损失。

3）缓凝剂的使用范围

缓凝剂主要适用于大体积混凝土、炎热气候条件下施工的混凝土，以及需要长时间停放或者长距离运输的混凝土。缓凝剂及缓凝减水剂不宜用于日最低气温5℃以下施工的混凝土，也不宜单独用于有早强要求的混凝土及蒸养混凝土。在用硬石膏或工业废料石膏作缓凝剂的水泥中掺用糖类缓凝剂时，应先做水泥适应性试验，合格后方可使用。

5. 膨胀剂

膨胀剂是指能使混凝土在水化过程中产生一定的体积膨胀，并在有约束条件下产生适宜自应力的外加剂。目前常用的膨胀剂有硫铝酸钙类、氯化钙类、氯化钙-硫铝酸钙类、金属类和氧化镁类膨胀剂。

膨胀剂的使用目的和适用范围见表 3.41。

表 3.41　膨胀剂的使用目的和适用范围

膨胀剂种类	膨胀混凝土（砂浆）		
	种　类	适 用 范 围
硫铝酸钙类、氯化钙类、氯化钙-硫铝酸钙类、金属类、氧化镁类	补偿收缩混凝土	地下、水中、海水中、隧道等构筑物，大体积混凝土（除大坝外）、配筋路面和板、屋面与厕浴间防水、构件补强、渗漏修补、预应力混凝土、回填槽等
	灌浆用膨胀砂浆	机械设备的底座灌浆、地脚螺栓的固定、梁柱接头、构件补强、加固等
	填充用膨胀混凝土	结构后浇带、隧道堵头、铜管与隧道之间的填充等
	自应力混凝土	仅用于常温下使用的自应力钢筋混凝土压力管

6. 防冻剂

防冻剂是指能够在负温下使混凝土硬化，并在规定养护条件下达到预期性能的外加剂。防冻剂可用于负温条件下施工的混凝土，其质量应符合《混凝土防冻剂》（JC 475—2004）的规定。为提高防冻剂的防冻效果，目前工程上使用的防冻剂都是复合外加剂，由防冻组分、早强组分、引气组分、减水组分复合而成。防冻剂中防冻组分掺量应符合表 3.42 的规定。

常用的防冻剂有：氯盐类，如氯化钙、氯化钠，或以氯盐为主的与其他早强剂、引气剂、减水剂复合的外加剂；氯盐阻锈类，以氯盐与阻锈剂（亚硝酸钠）为主复合的外加剂；无氯盐类，以亚硝酸盐、硝酸盐、碳酸盐、乙酸钠或尿素为主复合的外加剂。

表 3.42　防冻剂中防冻组分掺量

防冻剂	防冻组分掺量
氯盐类	氯盐掺量不得大于拌和用水质量的 7％
氯盐阻锈类	总量不得大于拌和用水质量的 15％；当氯盐掺量为水泥质量的 0.5％～1.5％时，亚硝酸钠与氯盐之比应大于 1；当氯盐掺量为水泥质量的 1.5％～3.0％时，亚硝酸钠与氯盐之比应大于 1.3
无氯盐类	总量不得大于拌和用水质量的 20％，其中亚硝酸钠、亚硝酸钙、硝酸钠、硝酸钙均不得大于水泥质量的 8％，尿素不得小于水泥质量的 4％，碳酸钾不得大于水泥质量的 10％

3.4.3　外加剂的选择与使用

几乎所有的混凝土工程都可以掺加外加剂，掺加外加剂时应当注意需要满足《混凝土外加剂应用技术规范》（GB 50119—2013）的规定。另外，对于各类具有室内外使用功能的混凝土外加剂，除了要满足上述有关国家标准和行业标准外，还应当符合《混凝土外加剂中释放氨的限量》（GB 18588—2001）的规定。该规定并不适用于桥梁、道路及其他室外用混凝土外加剂。

除满足上述的规范外，在选择外加剂时还必须根据工程需要、施工条件和工艺等选择合适的外加剂，还有以下几点需要注意。

1. 外加剂品种的选择

外加剂的品种、品牌众多，外加剂对于不同的水泥也有一些适应性的问题，如某些减水剂对于掺硬石膏的水泥不发挥作用。选择外加剂时应根据工程需要、现场的材料条件等通过试验进行确定，可以参考表 3.43。

表 3.43　各种混凝土工程对外加剂的选择

工 程 项 目	选 用 目 的	外加剂类型
自然条件下的混凝土工程和构件	改善工作性、提高早期强度、节约水泥	各种减水剂，常用木质素类
太阳直射下施工	延缓凝结	缓凝减水剂，常用糖蜜类
大体积混凝土	减少水化反应放热	缓凝剂、缓凝减水剂
流态混凝土	提高流动度	非引气型减水剂，常用 UNF、FDN
冬季施工	早强、防寒、抗冻	早强减水剂、早强剂、抗冻剂
泵送混凝土	减少坍落度损失	泵送剂、引气剂、缓凝减水剂，常用 FDNP、UNF‑5
高强混凝土	C50 以上混凝土	高效减水剂、非引气减水剂、密实剂
灌浆、补强、填缝	防止混凝土收缩	膨胀剂
蒸养混凝土	缩短蒸养时间	非引气高效减水剂、早强减水剂
预制构件	缩短生产周期，提高模具周转率	高效减水剂、早强减水剂
滑模工程	夏季宜缓凝	普通减水剂木质素类或糖蜜类
	冬季宜早强	普通减水剂或早强减水剂
钢筋密集的构造物	提高和易性，利于浇筑	普通减水剂、高效减水剂
大模板工程	提高和易性，1d 强度可以拆模	高效减水剂或早强减水剂
耐冻融混凝土	提高耐久性	引气高效减水剂
灌注桩基础	改善和易性	普通减水剂、高效减水剂
商品混凝土	节约水泥，保证运输后的和易性	普通减水剂、缓凝型减水剂

2. 外加剂掺量的确定

每一种外加剂都有一个最佳的掺量，同一种外加剂，当用途不相同时也有不同的适宜掺量。通常，外加剂掺量过少达不到应有的改善结果。但是，超掺量则可能产生不良的后果。

外加剂对于不同的水泥作用效果也是不同的，环境温度、施工养护条件对某些外加剂的功效有一定的影响，各种外加剂品种的质量稳定性也不相同。为了保证掺加外加剂的混凝土质量，在工程中选用某种外加剂之前，应当按照产品说明书推荐的掺量范围进行必要的试验，以确定合适的外加剂掺量。

3. 外加剂的掺入方法

外加剂的掺入方法对其效果有较大影响，使用时应根据外加剂品种及施工条件等具体情况选择合适的掺入方法，以提高外加剂的效果。外加剂的掺入方法主要有以下几种。

1）干粉先掺法

将粉状外加剂先与水泥进行混合，然后加水进行搅拌。

2）溶液同掺法

将外加剂预先溶解成一定浓度的溶液，然后在搅拌时与水一同掺入。

3）滞水法

在混凝土搅拌过程中，外加剂滞后 1～3min 加入，当以溶液形式加入时称为溶液滞水法，当以干粉形式加入时称为干粉滞水法。

4）后掺法

外加剂并不是在搅拌时加入，而是在运输途中或者施工现场分几次或者一次加入，再经二次或者多次搅拌混凝土。

外加剂的掺入方法主要是掺入时间和掺入形式的不同，各种掺入方法对混凝土性能的影响效果见表 3.44。

表 3.44 外加剂掺入方法对混凝土性能的影响效果

效 果		掺 入 方 法			
		干粉先掺法	溶液同掺法	滞水法	后掺法
相同掺量时	混凝土拌合物流动性	较小	较小	较大	较大
	混凝土拌合物保水性	好	好	有泌水	有泌水
	缓凝作用	—	—	有	有
强度	水灰比相同时	基本一致	基本一致	基本一致	基本一致
	流动性相同时	—	—	较高	较高
减水剂用量（流动性相同时）		标准掺量	标准掺量	比标准掺量少 1/3	比标准掺量少 1/3
水泥用量（当掺量相同、强度及流动性相近时）		—	—	可节约水泥	可节约水泥

 工程案例 3-5

【案例概况】

北京某旅馆的一层钢筋混凝土工程在冬季施工，为使混凝土防冻，在浇筑混凝土时掺入水泥用量 3% 的氯盐。建成使用两年后，在 A5 柱柱顶附近掉下一块约 40mm 直径的混凝土碎块。停业检查事故原因，发现除设计有失误外，另一个重要原因是在浇筑混凝土时掺加的氯盐防冻剂，它不仅对混凝土有影响，而且腐蚀钢筋。观察底层柱破坏处钢筋，纵向钢筋及箍筋均已生锈，原直径为 6mm 的钢筋锈蚀后仅为 5.2mm 左右。锈蚀后较细及稀的箍筋难以承受柱端截面上纵向筋侧向压屈所产生的横向拉力，使箍筋在最薄弱处断裂，断裂后的混凝土保护层易剥落，混凝土碎块下落。

【案例解析】

施工时加氯盐防冻，应同时对钢筋采取相应的阻锈措施。该工程因混凝土碎块下掉，引起了使用者的高度重视，立即停业卸去活荷载，并采取对已有柱外包钢筋混凝土的加固措施，使房屋倒塌事故得以避免。

知识链接

外加剂使用注意事项如下。

【外加剂选择规定】

（1）掺量准确，在施工时要准确按设计掺量掺加外加剂。如果是液体，液体浓度要准确测定；如果是粉剂，应均匀准确加入，使其误差控制在±2%以内。

（2）掺加均匀，一定要设法使外加剂在整个拌合物中均匀分布，使其充分发挥作用，避免局部过浓产生不良后果。粉剂如与水泥一起加入，应散布均匀，并适当延长干拌时间；液剂也要散布均匀，防止局部集中的现象发生。

（3）掺加工序不能乱。对于掺加几种外加剂的混凝土，要注意其掺加的先后顺序，有的是先加，也有的是后加，还有的是运到现场后再补加。所以外加剂加入有一定顺序，不能搞乱。

（4）随着季节的不同（环境温度不同）应及时更换外加剂。

3.5 其他功能混凝土

引例

随着我国建筑领域施工工艺的发展，建筑的规模和层数都呈逐年增长的趋势。对于一些高层的商品房建筑，应当使用什么类型的混凝土？还有哪些特殊功能的混凝土？

在道桥工程中，除了普通混凝土材料外，近年来，高强混凝土、纤维增强混凝土、碾压式混凝土、流态混凝土、滑模混凝土等也有了很大的发展，现将这几种混凝土简述如下。

3.5.1 高强混凝土

高强混凝土是指强度等级不低于 C60 的混凝土，C100 强度等级以上的混凝土称为超高强混凝土。现代高架公路、立交桥和大型桥梁等混凝土结构为减轻自重、增大跨径，均采用高强混凝土。

为了保证高强混凝土达到应有的强度，在原材料方面，宜选择优质的高强水泥，也可使用磨细度较高的水泥，水泥矿物中的 C_3S 和 C_2S 含量应较高，集料选择强度高、棱角丰富、致密的砂石材料，并且具有良好的级配，选用适当的外加剂，如优质的减水剂等；在施工养护方面，采用蒸压养护的方法来改善水泥的水化条件以达到高强度，采用加压脱水成型法、超声高频振动等方法来提高混凝土的密实度，从而提高混凝土的强度；另外，还可以掺加各种高聚物，增强集料和水泥的黏附性，采用纤维增强等措施也可以提高混凝土的强度。

3.5.2 纤维增强混凝土

纤维增强混凝土是在混凝土的基础上，加入分散的纤维作为增强材料所组成的一种复合材料，也可简称为纤维混凝土。纤维混凝土中通常加入的纤维有钢纤维、玻璃纤维、合成纤维和天然纤维等。目前主要用于道路路面或者桥梁桥面的是钢纤维混凝土。

钢纤维的加入对于混凝土的抗压强度影响较小，但是由于钢纤维的加入混凝土的抗拉强度和抗折强度有了明显提高，提高幅度分别达到 $25\%\sim50\%$ 和 $40\%\sim80\%$。抵抗动载振动的抗冲击性有了大幅度的提升，钢纤维混凝土的冲击抗压韧性相较普通混凝土提高 $2\sim7$ 倍。由于钢纤维均匀分布在混凝土中，控制了混凝土裂缝的扩展，显著提高符合材料的抗裂性。与普通混凝土相比，钢纤维混凝土的抗弯和抗压疲劳性能都得到较大程度的提高。由于钢纤维混凝土的抗裂性能及整体的抗弯拉性能的显著提高，带来了抗冻性、耐热性、耐磨性和耐腐蚀性等性能的显著改善。

钢纤维混凝土的这些特性的提高和改善，使得这种材料尤其适用于路面混凝土，可以大大提高路面等级，延长路面使用寿命。另外，由于韧度、抗冲击强度等性能的改善，一些机场道面、隧道衬砌工程也可采用钢纤维混凝土。

3.5.3 碾压式混凝土

碾压式混凝土是一种由集料、胶凝材料及水拌和而成的较硬的、坍落度为零的超干硬性混凝土，可采用沥青路面摊铺机摊铺，并采用压路机械碾压成型，修筑成路面结构。碾压式混凝土具有强度高、密度大、耐久性好，并且可以节约水泥的优点。

碾压式混凝土对于原材料有一定的技术要求，主要体现在以下几个方面。

（1）水泥。

在路面碾压式混凝土中应选用抗弯拉强度高、凝结时间稍长、强度发展快、干缩性小及耐磨性好的水泥。矿渣水泥和含火山灰质材料的普通水泥不宜用于高等级公路碾压式混凝土路面。

（2）集料。

粗、细集料的技术性能应符合路面普通混凝土对集料的有关要求。

由于碾压式混凝土的用水量较低，较大的集料粒径会引起混凝土离析并且影响混凝土的外观。为了使混凝土路面具有良好的平整度，集料粒径不宜过大，用于路面面层的应不大于 20mm，用于路面底层的应不低于 30（或 40）mm。砂率宜为 35%～40%。

（3）外加剂和掺合料。

与普通路面混凝土相比，碾压式混凝土的水灰比相对较低，施工和易性较差，为了改善其可碾压性，达到要求的密实度，需要掺加适量的缓凝减水剂或缓凝引气剂。

为节约水泥，改善混凝土和易性和提高耐久性，通常均应掺加粉煤灰。当碾压式混凝土用作道路基层或者复合式路面底层时，可使用Ⅲ级以上的粉煤灰，不宜使用外灰；当用作路面时，应使用Ⅰ、Ⅱ级粉煤灰，不得使用Ⅲ级粉煤灰。

碾压式混凝土的集料组成应为连续级配，并且通过压路机械碾压成型，使集料配列形成骨架密实的结构，因而具有较高的强度，尤其在早期强度得到了明显的提高。由于碾压的作用，混凝土中的孔隙率大大降低，形成了致密的密实结构，这样的结构对于混凝土的抗水性、抗渗性和抗冻性等耐久性指标有了很大的提高。碾压式混凝土由于组成材料配合比的改进，使拌合物具有优良的级配和较低的含水率，水泥浆的含量较低，由于水泥石的干缩率比集料大得多，所以碾压式混凝土的干缩率大大减小。

碾压式混凝土广泛应用于道路及机场道面混凝土工程中，也用于大坝、工矿专用道场、各种停车场等工程建设。碾压式混凝土的应用可以节省投资、加快施工进度。

3.5.4 流态混凝土

流态混凝土是在预拌的坍落度为 8～12cm 的基体混凝土拌合物中加入流化剂，经过二次搅拌，使基体混凝土拌合物的坍落度增加至 18～22cm 的超塑性混凝土。

流态混凝土流动性好，泵送浇筑后可以不振捣，使其自密。流化剂大幅度减少了用水量，如果水泥用量不变，则可以在保证流动性的前提下减小水灰比，从而提高混凝土的强度和耐久性，并且用水量较小不会产生离析和泌水。由于流态混凝土是通过流化剂来提高其流动性的，所以在水灰比不变的情况下，不仅可以节约用水，还可以减少水泥用量，从而降低水泥浆的体积，减小混凝土硬化后的收缩率，减少收缩裂缝。

为了适应流态混凝土的坍落度较大的要求，基体混凝土中水泥用量一般不低于 300kg/m³，粗集料最大粒径不大于 20mm，细集料最好含有一定数量粒径小于 0.315mm 的粉料，砂率通常可达 45% 左右。流化剂的用量一般为水泥用量的 0.5%～0.7%，如超过 0.7%，坍落度并无明显增加，但易产生离析现象。在流态混凝土中一般需要掺加优质粉煤灰，这样可以节约水泥，改善混凝土的流动性，提高混凝土的强度。

流态混凝土主要适用于桥梁工程中，由于流态混凝土的耐磨性较普通路面混凝土稍差，作为路面混凝土需要考虑采用提高其耐磨性的措施。

3.5.5 滑模混凝土

滑模混凝土是使用滑模摊铺机进行摊铺，满足摊铺工作性、强度及耐久性等要求的较低塑性的水泥混凝土。

滑模混凝土对于原材料的要求如下。

（1）水泥。

滑模混凝土一般情况下可使用普通型水泥，但用于特重、重交通道路的路面应当采用旋窑生产的道路硅酸盐水泥、硅酸盐水泥或普通硅酸盐水泥；中、轻交通的路面，可采用旋窑生产的矿渣硅酸盐水泥；冬季施工、有快速通车要求的路段可采用快硬早强 R 型水泥。滑模混凝土宜采用散装水泥，水泥的其他各项品质必须合格。

（2）粗、细集料。

粗集料可使用碎石、破碎砾石和砾石。粗集料的级配应符合规范的要求，质地坚硬、耐久、洁净。砾石最大粒径不得大于 19mm，破碎砾石和碎石最大粒径不得大于 31.5mm，粒径小于 0.15mm 的石粉含量不得大于 1%。

细集料可以采用质地坚硬、耐久、洁净的河砂、机制砂、沉积砂和山砂，细度模数在 2.3～3.2 范围内的中砂或偏细粗砂，宜控制通过 0.15mm 筛的石粉含量不大于 1%。

（3）外加剂和掺合料。

可使用引气剂、减水剂等，其他外加剂品种可视现场气温、运距和混凝土拌合物振动黏度系数、坍落度及其损失、抗滑性、弯拉强度、耐磨性等具体需要进行选用。

滑模混凝土可掺入规定的电收尘的 I、II 级干排或磨细粉煤灰，且宜采用散装干粉煤灰。

（4）养生剂。

滑模混凝土需要掺加养生剂，养生剂的品种主要有水玻璃型、石蜡型和聚合物型三大类。

（5）钢筋。

滑模混凝土中使用的钢筋应符合《钢筋混凝土用钢　第 2 部分：热轧带肋钢筋》（GB/T 1499.2—2018）和《钢筋混凝土用钢　第 1 部分：热轧光圆钢筋》（GB/T 1499.1—2017）的技术要求。钢筋应顺直，不得有裂纹、断伤、刻痕、表面油污和锈蚀。

（6）填缝材料。

常用的填缝材料有：常温施工式填缝料、加热施工式填缝料、预制多孔橡胶条制品等。高速公路、一级公路宜使用树脂类、橡胶类的填缝材料及其制品，二级及以下公路可采用各种性能符合要求的填缝材料。

滑模混凝土具有较低的坍落度，以及与滑模摊铺机械振捣能力和速度相匹配的最优振动黏度系数、匀质性和稳定性。使用滑模混凝土铺筑的路面混凝土，可以提高路面结构的抗弯拉强度，并且相较于普通的水泥混凝土，其抗弯拉疲劳性能得到了很大的改善，保障滑模混凝土水泥路面的使用寿命比普通水泥混凝土路面延长一倍以上。滑模混凝土具有良好的抗磨性、抗滑性、抗冻性和抗渗性，以及耐盐碱腐蚀、耐海水侵蚀的能力，具有良好的耐久性能。

滑模混凝土广泛使用在水泥混凝土路面、大型桥面，以及机场跑道、城市快车道、停车场、大面积地坪和广场混凝土道面上，具有良好的使用效果。

工程案例 3-6

【案例概况】

某有色冶金厂的铜电解槽,使用温度为65~70℃。槽内使用的主要介质为硫酸、铜离子、氯离子和其他金属阳离子。原来使用传统的铅板作防腐衬里,易损坏,使用寿命较短。后来采用整体呋喃树脂混凝土作电解槽,耐腐蚀、不导电,不仅能保证电解铜的生产质量,还能大大提高金银的回收率,且使用寿命延长两年以上。

【案例解析】

树脂混凝土除强度高、抗冻融性能好外,还具有一系列优良的性能。由于其致密,抗渗性好,耐化学腐蚀性能也远优于普通混凝土。呋喃树脂混凝土耐酸、耐腐蚀,绝缘电阻也相当高,对试块做测试可达 $7 \times 10^7 \Omega$。为此用作铜电解槽可有优异的性能。还需说明的是,树脂混凝土的耐化学腐蚀性能又因树脂品种不同而有所不同,若采用不饱和聚酯树脂的混凝土,除耐一般酸腐蚀外,还可耐低浓度强化性酸的腐蚀。

知识链接

其他新型水泥

(1)弹力水泥。英国牛津大学研制成功的这种水泥,是在生产流程中减少水泥的含水量,并加入一种聚合物,使其强度比普通水泥高10倍,而且具有柔韧性。使用这种水泥时,可将其像面团一样随意拉长、卷叠、挤压,或者注入预先做好的模具内,制成各种水泥制品,而且可大大节约原材料。用这种水泥的净浆可制备弹簧、棒、管、盘和唱片等。

(2)陶瓷水泥。由日本东京工业大学研制成功。原料取于大自然中的铝酸钡、氧化硅和水,三者比例为2:3:4,成本十分低廉。在室温下可在较短时间内硬化,硬度可与硬塑料媲美,膨胀系数小而稳定,在150℃高温下还能保持原有理化性能。

(3)木质水泥。由瑞典研制,是在水泥中加入粒径为300μm的聚合物制成。使用中除有普通水泥的特点外,其制品还能像木材一样锯切、钉割和开螺孔,并具有良好的隔声和防火性能。

(4)变色水泥。国外在白色水泥中加入二氧化钴,制成的一种能随空气含水量多少而变色的水泥。由于它可预报天气、湿度的变化,故其又称为气象水泥。

(5)自流平水泥。这种水泥是由共聚物乳液、水泥和水混合而成,共聚物是在存在非离子或阳离子表面活性剂的条件下,由烯类不饱和单体与酸加成物共聚而成。将上述共聚物乳液167份、水泥100份和水100份混合均匀后即成聚合物水泥。这种水泥具有流动性好、凝固快、涂层具有柔软性等优点。可用喷涂方法将自流平水泥喷涂在混凝土楼板上,涂层能自流平,形成平整的地面涂层。

(6)夜光水泥。多用于在公路上标划车道、人行道线和各种路面标志等,可储存白天的日光及来往车辆的灯光,夜晚时闪闪发光,构成"夜光公路",给城市夜色增添光彩,方便夜行车辆。

3.6 砂浆

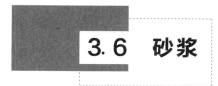

引例

在房屋装修的过程中，我们常能观察到如图 3.17 所示的砂浆用于抹面、填补缝隙等。那么砂浆应该如何进行配合比设计？砂浆的技术性质有哪些？不同功能的砂浆有哪些不同？

图 3.17 抹面砂浆

砂浆是由胶凝材料、细集料和水配制而成的建筑工程材料。在建筑工程中，砂浆起到黏结、衬垫和传递应力的作用，是一种用量大、用途广的工程材料，主要用于砌筑桥涵、挡土墙和隧道衬砌等砌体及砌体表面的抹面。在道桥工程中，主要使用的是砌筑砂浆和抹面砂浆。

砂浆和混凝土的不同之处仅仅在于砂浆不含有粗集料，所以混凝土的一些性质和特性原则上也同样适用于砂浆，但是由于用途不同，砂浆又具有其自身的特点。

3.6.1 砌筑砂浆

砌筑砂浆是一种将砖、石等砌块黏结在一起成为一个整体的砂浆。砌筑砂浆能够在砌块之间传递荷载，使应力分布均匀，并可以协调变形。砌筑砂浆是砌体的重要组成部分。

1. 砌筑砂浆的原材料选择

1) 水泥

砌筑砂浆通常由普通硅酸盐水泥、矿渣硅酸盐水泥、复合硅酸盐水泥、火山灰质硅酸盐水泥、砌筑水泥等配制。由于砂浆强度要求不高，因此不必选用强度过高的水泥，否则会导致水泥用量太低，引起砂浆的保水性不良。水泥砂浆采用的水泥，其强度等级不宜高于 32.5 级；水泥混合砂浆中所掺加的消石灰膏会降低砂浆强度，因此所采用的水泥强度等级可适当提高，但不宜高于 42.5 级。砌筑砂浆用水泥强度等级应根据设计要求进行选择。

2）外加剂和掺合料

为了使砂浆具有良好的施工和易性，可以在水泥砂浆或水泥混合砂浆中掺入外加剂（如微沫剂、引气剂、早强剂、缓凝剂、防冻剂等）。

为了节约水泥和改善砂浆的施工和易性，砂浆中可以加入一些掺合料，如石灰膏、黏土膏、粉煤灰等，配制成水泥混合砂浆。

注意在掺加外加剂和掺合料之前，应该进行试验确定外加剂和掺合料的掺量和物理性能，确定之后方可使用。

3）细集料

砂浆用砂应当符合混凝土用砂的技术性能要求。属于毛石砌体的砂浆，砂的最大粒径应不超过砂浆层厚度的 1/5～1/4；用于砖砌体的砂浆，砂的最大粒径应不大于 2.5mm；对于石砌体，砂的最大粒径为 5.0mm。对砂中泥和泥块含量做如下限制：砂浆等级 ≥M10.0 时不应超过 5%，砂浆等级为 M2.5～M7.5 时应不超过 10%，砂浆等级 ≤M1.0 时不应超过 15%～20%。

2. 砌筑砂浆的技术性质

1）新拌砂浆的施工和易性

砂浆拌合物的和易性是指砂浆便于施工并能保证质量的综合性质，包括流动性和保水性两个方面。和易性好的砂浆便于进行施工操作，在运输过程中和施工过程中不易产生离析、泌水，并且能比较容易地在粗糙的砖面上铺成均匀的薄层，与底面保持良好的黏结。

（1）流动性。

砂浆的流动性是指新拌砂浆在自重或外力作用下流动，能在粗糙的砖、石基面上铺筑成均匀的薄层并能与底面很好黏结的性能。流动性通常以稠度表示，用砂浆稠度测定仪测定稠度的大小。试验时，将按预定配合比拌制的砂浆装入圆锥体容器中，使标准的滑针自由下沉，以沉入量作为流动性的指标，以 mm 计，沉入度越大，表示砂浆的流动性越好。

影响砂浆流动性的主要因素有：用水量、胶结材料的品种和用量、掺合料及外加剂掺量、砂粒粗细、砂粒形状和级配及搅拌时间的影响。砌筑砂浆的流动性要求见表 3.45，抹面砂浆的流动性要求见表 3.46。

表 3.45 砌筑砂浆流动性要求

砌 体 种 类	砂浆稠度（mm）
烧结普通砖砌体	70～90
石砌体	30～50
轻集料混凝土小型空心砌块砌体	60～90
烧结多孔砖、空心砖砌体	60～80
烧结普通砖平拱式过梁	50～70
空心墙、筒拱	
普通混凝土小型空心砌块砌体	
加气混凝土砌块砌体	

表 3.46 抹面砂浆流动性要求

抹灰工程	砂浆稠度（mm）	
	机械施工	手工操作
准备层	80～90	110～120
底层	70～80	70～80
面层	70～80	90～100
灰浆面层	—	90～120

（2）保水性。

保水性是指新拌砂浆保持水分不流失的能力，即搅拌好的砂浆在运输、存放、使用的过程中，水与胶凝材料及集料分离快慢的性质，也表示各组成材料不易分离的性质。保水性良好的砂浆，在运输、停放、施工过程中水分能够有效保存，能够易于铺筑成均匀而薄的砂浆层，砌块之间砂浆饱满，水泥正常水化硬化，有利于提高砂浆的黏结强度。

砂浆的保水性用"分层度"表示，用砂浆分层度测量仪测定。试验时，将已测定稠度的砂浆装入圆筒中，静置 30min 后取圆筒底部 1/3 砂浆再测稠度，两次稠度的差值即为分层度，以 mm 计。分层度在 10～20mm 的砂浆可用于砌筑或抹面工程。分层度大，表明砂浆的分层离析现象严重，保水性不好。分层度过小，表明砂浆干缩较大，影响黏结力。砂浆的保水性与胶结材料的类型和用量、细集料的级配、用水量等有关。为了改善砂浆的保水性，常掺入石灰膏、粉煤灰等。

2）硬化砂浆的抗压强度

硬化后的砂浆成为砌体的一部分，需要承受和传递各种外力，所以硬化后的砂浆应当具有足够的抗压强度。

砂浆的强度是以 6 个边长为 70.7mm 的立方体试块，在标准条件下养护 28d 后，用标准试验方法测得的抗压强度（MPa）平均值来确定的。砂浆的强度等级划分为 M2.5、M5、M7.5、M10、M15、M20 六个等级。

选择砌筑砂浆的强度时应当考虑不同的工程类别和不同的砌筑部位。在一般建筑工程中，办公楼、教学楼及多层商店等工程宜用 M5～M10 的砂浆；检查井、雨水井、化粪池等可用 M5 砂浆。特别重要的砌体才使用 M10 以上的砂浆。

影响砂浆的强度因素有很多，但是砂浆在砌筑时实际强度主要取决于所砌筑的基层材料的吸水性，可分为下述两种情况。

（1）基层为不吸水材料（如致密的石材）时，由于密实基底吸收砂浆中的水分很少，对砂浆的水灰比影响不大，所以影响砂浆强度的因素与影响混凝土强度的因素基本相同，主要有水泥强度与水灰比，可用式（3-43）表示。

$$f_{m0,28} = 0.29 f_{ce} \left(\frac{C}{W} - 0.4 \right) \qquad (3-43)$$

式中：$f_{m0,28}$——砂浆 28d 的抗压强度，MPa；

f_{ce}——水泥 28d 的实际强度，MPa；

$\dfrac{C}{W}$——水灰比。

（2）基层为吸水材料（如砖或其他多孔材料）时，由于基层吸水性强，即使砂浆用水量不同，经基层吸水后，保留在砂浆中的水分也大致相同。因此，砂浆的强度主要决定于水泥强度及用量，而与用水量无关。砂浆的强度按式（3-44）计算。

$$f_{m0,28} = \frac{Am_c f_{ce}}{1000} + B \qquad (3-44)$$

式中：$f_{m0,28}$——砂浆 28d 的抗压强度，MPa；

f_{ce}——水泥 28d 的实际强度，MPa；

m_c——每立方米砂浆的水泥用量，kg；

A、B——砂浆的特征系数，其值可由试验确定，或参考表 3.47。

表 3.47 **A、B 系数值**

砂 浆 品 种	A	B
水泥混合砂浆	1.50	−4.25
水泥砂浆	1.03	3.50

注：各地区也可用本地区试验资料确定 A、B 值，统计用的试验组数不得少于 30 组。

3）砂浆的耐久性

砂浆经常会受到环境中水的作用，所以除了强度满足要求之外，砂浆应当具有一定的耐久性能，用于抵抗外界因素的侵蚀、渗透等。提高砂浆的密实度能够提高其耐久性。

4）砂浆的黏结力

砌筑砂浆由于要将砌体黏结为一个整体，所以需要具有足够的黏结力。一般来说，砂浆的抗压强度越高，其黏结力越强。待黏结的基层材料具有一定程度的润湿也有助于提高砂浆的黏结力。此外，砌体表面的粗糙程度、洁净程度也对砂浆的黏结力有一定的影响。

 知识链接

常用的砌筑砂浆种类及使用范围。

（1）水泥砂浆。

由水泥、砂和水组成。水泥砂浆和易性较差，但强度较高，适用于潮湿环境、水中及要求砂浆强度等级较高的工程。

（2）石灰砂浆。

由石灰、砂和水组成。石灰砂浆和易性较好，但强度低。由于石灰是气硬性胶凝材料，故石灰砂浆一般用于地上部位、强度要求不高的低层建筑或临时性建筑，不适合用于潮湿环境或水中。

（3）水泥石灰混合砂浆。

由水泥、石灰、砂和水组成，其强度、和易性、耐水性介于水泥砂浆和石灰砂浆之间，应用较广，常用于地面以上的工程。

3. 砌筑砂浆的配合比

砌筑砂浆应根据工程类别及砌体部位的设计要求，选择砂浆的强度等级，再按所选强度等级确定其配合比。

1) 水泥混合砂浆配合比设计

（1）计算试配强度。

$$f_{m0} = f_m + 0.645\sigma \qquad (3-45)$$

式中：f_{m0}——砂浆的试配强度，精确至 0.1MPa；

f_m——砂浆的设计强度，精确至 0.1MPa；

σ——砂浆现场强度标准差，精确至 0.01MPa。

砌筑砂浆现场强度标准差的确定应符合下列规定。

① 当有近期统计资料时，应按式(3-46)计算。

$$\sigma = \sqrt{\frac{\sum_{i=1}^{n} f_{m,i}^2 - n\mu_{f_m}^2}{n-1}} \qquad (3-46)$$

式中：$f_{m,i}$——统计周期内同一品种砂浆第 i 组试件的强度，MPa；

f_m——统计周期内同一品种砂浆 n 组试件强度的平均值，MPa；

σ——统计周期内同一品种砂浆试件的总组数，$n \geqslant 25$。

② 当不具有近期统计资料时，砂浆现场强度标准差 σ 可按表 3.48 取用。

表 3.48 砂浆现场强度标准差 σ 选用表

施 工 水 平	砂浆强度等级					
	M2.5	**M5**	**M7.5**	**M10**	**M15**	**M20**
优良	0.50	1.00	1.50	2.00	3.00	4.00
一般	0.62	1.25	1.88	2.50	3.75	5.00
较差	0.75	1.50	2.25	3.00	4.50	6.00

（2）每立方米砂浆中的水泥用量。

$$m_c = \frac{1000(f_{m0} - B)}{A f_{ce}} \qquad (3-47)$$

式中：m_c——每立方米砂浆的水泥用量，kg/m^3；

f_{m0}——砂浆的试配强度，kg/m^3；

f_{ce}——水泥的实测强度，kg/m^3。

在无法取得水泥的实测强度值时，可按式(3-48)计算。

$$f_{ce} = r_c f_{ce,k} \qquad (3-48)$$

式中：$f_{ce,k}$——水泥强度等级对应的强度值，MPa；

r_c——水泥强度等级值的富余系数，该值应按实际统计资料确定。无统计资料时可取 1.0。

（3）确定单位体积水泥混合砂浆的掺合料用量。

$$m_D = m_A - m_C \qquad (3-49)$$

式中：m_D——砂浆中石灰膏或黏土膏的掺量，kg/m^3；

m_A——每立方米砂浆中水泥与掺合料的总量，kg/m^3，宜在 300～350 kg/m^3；

m_C——每立方米砂浆的水泥用量，kg/m^3。

所用的石灰膏的稠度应为120mm，黏土膏的稠度为140~150mm。当石灰膏的稠度不为120mm时，可按表3.49进行换算。

表 3.49 石灰膏不同稠度时的换算系数

石灰膏稠度（mm）	120	110	100	90	80	70	60	50	40	30
换算系数	1.00	0.99	0.97	0.95	0.93	0.92	0.90	0.88	0.87	0.86

（4）确定单位砂用量。

砂浆中的水、胶结料和掺合料是用来填充砂的空隙的，因此1m³干燥状态的砂的堆积密度值也就是1m³砂浆所用的干砂用量。砂在干燥状态时体积恒定；而当砂含水率为5%~7%时，体积将膨胀30%左右；当砂含水率处于饱和状态时，体积比干燥状态要减少10%左右。所以必须按照砂的干燥状态为基准进行计算。

（5）确定单位用水量。

应根据施工和易性所需稠度选择用水量。水泥混合砂浆用水量通常小于水泥砂浆。当采用中砂时，砂浆用水量范围可选用240~310kg/m³。混合砂浆中的用水量，不包括石灰膏或黏土膏中的水。当采用细砂或粗砂时，用水量分别取上限或下限砂浆；当稠度小于70mm时，用水量可小于下限；施工现场气候炎热或干燥季节，可酌量增加用水量。

2）水泥砂浆的配合比确定

若按照水泥混合砂浆配合比设计方法计算水泥砂浆配合比，由于水泥强度太高，而砂浆强度太低，会造成计算水泥用量偏少，因此通过计算得到的配合比不太合理。为了避免计算带来的不合理情况，水泥砂浆的配合比可以根据工程类别及砌筑部位确定砂浆的设计强度等级，水泥砂浆材料用量可按表3.50选用。表中水泥强度等级为32.5级。水泥强度等级大于32.5级时，水泥用量应取表中的下限值。

表 3.50 每立方米水泥砂浆材料用量

强 度 等 级	单位水泥用量（kg）	单位砂用量（kg）	单位用水量（kg）
M2.5~M5	200~230		
M7.5~M10	220~280	1m³ 砂的堆积密度	270~330
M15	280~340		
M20	340~400		

3）试配与调整

（1）砂浆的配制。

砂浆试配时，应当采用工程中实际使用的材料，并使用机械搅拌。应测定其拌合物的稠度和分层度，当不能满足要求时，应调整材料用量，直到符合要求为止，然后确定为试配时的砂浆基准配合比。

（2）施工和易性测定与配比调整。

试配时至少应采用三个不同的配合比，其中一个作为基准配合比，其他配合比的水泥用量应按基准配合比分别增加和减少 10%。在保证稠度、分层度合格的条件下，可将用水量或掺合料用量做相应调整。

（3）强度检测。

对三个不同的配合比进行调整后，按照规定的方法成型试件，测定砂浆强度，然后选定符合试配要求并且水泥用量最低的配合比作为砂浆的设计配合比。

【例 3-7】某工程用砌筑砂浆要求使用水泥石灰混合砂浆。砂浆强度等级为 M10，稠度为 70～80mm。原材料性能如下：水泥为 42.5 级普通硅酸盐水泥；砂子为中砂，干砂的堆积密度为 1480kg/m³，砂的实际含水率为 2%；石灰膏稠度为 100mm。施工水平一般。

解：（1）计算试配强度 f_{m0}。

$$f_{m0} = f_m + 0.645\sigma = 10 + 0.645 \times 2.50 \approx 11.6(\text{MPa})$$

（2）计算水泥用量 m_c。

$$m_c = \frac{1000(f_{m0} - B)}{A f_{ce}} = \frac{1000 \times (11.6 + 4.25)}{1.5 \times 42.5} \approx 249(\text{kg/m}^3)$$

（3）计算石灰膏用量 m_D（砂浆胶结材料总量 m_A 选取 310kg）。

$$m_D = m_A - m_c = 310 - 249 = 61(\text{kg/m}^3)$$

石灰膏稠度 100mm 换算成 120mm，查表 3.49 得：

$$61 \times 0.97 = 59(\text{kg/m}^3)$$

（4）根据砂的堆积密度和含水率，计算用砂量 m_s。

$$m_s = 1480 \times (1 + 20\%) = 1510(\text{kg/m}^3)$$

（5）选择用水量。

查表 3.50，用水量 $m_w = 300\text{kg/m}^3$。

砂浆试配时各材料的用量比例如下。

水泥：石灰膏：砂：水 = 249：59：1510：300 = 1：0.27：6.06：1.20

3.6.2 抹面砂浆

抹面砂浆是指以薄层涂抹在建筑物外表面，起到保护墙体不受风雨、潮气等侵蚀，提高墙体耐久性，同时也使建筑物表面平整美观的砂浆，有时也称为抹灰砂浆。与砌体砂浆不同，抹面砂浆要求具有良好的施工和易性，容易涂抹成为均匀平整的薄层，便于施工，并且需要具有较高的黏结力，砂浆层需要与底面层黏结牢固，避免干裂脱落。抹面砂浆按其功能不同可分为普通抹面砂浆和防水砂浆等。

1. 普通抹面砂浆

普通抹面砂浆的主要功能是保护结构主体，提高耐久性，改善建筑物的外观。常用的普通抹面砂浆种类有水泥砂浆、石灰砂浆、水泥混合砂浆、麻刀石灰浆（简称麻刀灰）、纸筋石灰浆（简称纸筋灰）等。石灰砂浆一般用于砖墙的底层抹灰；当有防水防潮要求时，一般使用水泥砂浆；水泥混合砂浆一般用于混凝土基层的底层抹灰；水泥混合砂浆和石灰砂浆也可用于中层抹灰；面层常用水泥混合砂浆、麻刀灰或纸筋灰。

为了提高抹面砂浆的黏结力，胶凝材料的用量较大，还常加入适量的水溶性聚合物或乳液以提高砂浆的黏结力。为了提高砂浆的抗拉强度，防止抹面开裂，常加入麻刀、纸筋、聚合物纤维、玻璃纤维等纤维材料。

抹面砂浆一般分两层或三层施工，底层起黏结作用，中层起找平作用，面层起装饰作用。

普通抹面砂浆的流动性和砂的最大粒径可参考表 3.51。常用抹面砂浆的配合比和应用范围可参考表 3.52。

表 3.51　抹面砂浆流动性和砂的最大粒径

抹 面 层	沉入量（mm）（人工抹面）	砂的最大粒径（mm）
底层	100～120	2.5
中层	79～90	2.5
面层	70～80	1.2

表 3.52　常用抹面砂浆配合比参考表

材 料	配合比（体积比）范围	应 用 范 围
石灰∶砂	（1∶2）～（1∶4）	用于砖石墙表面（檐口、勒脚、女儿墙及潮湿房间的墙除外）
石灰∶黏土∶砂	（1∶1∶4）～（1∶1∶8）	干燥环境墙表面
石灰∶石膏∶砂	（1∶0.4∶2）～（1∶1∶3）	用于不潮湿房间的墙及天花板
石灰∶石膏∶砂	（1∶2∶2）～（1∶2∶4）	用于不潮湿房间的线脚及其他装饰工程
石灰∶水泥∶砂	（1∶0.5∶4.5）～（1∶1∶5）	用于檐口、勒脚、女儿墙及比较潮湿的部位
水泥∶砂	（1∶3）～（1∶2.5）	用于浴室、潮湿车间等墙裙、勒脚或地面基层

2. 防水砂浆

防水砂浆是一种主要用于隧道和地下工程的具有高抗渗性能的砂浆。

用普通水泥砂浆多层抹面作为防水层时，要求水泥强度不能低于 32.5 级，砂宜采用中砂或粗砂，配合比控制在水泥∶砂＝（1∶2）～（1∶3），水灰比控制在 0.40～0.50。用膨胀水泥或无收缩水泥配制防水砂浆时，由于水泥具有微膨胀或补偿性能，砂浆的密实性和抗渗性提高，并具有良好的防水效果，配合比（体积比）为水泥∶砂＝1∶2.5，水灰比为 0.4～0.5。也可以通过掺加防水剂来配制防水砂浆，常用的防水剂有硅酸钠类防水剂、氯化物金属盐类防水剂和金属皂类防水剂。

防水砂浆的施工操作要求较高，在配制防水砂浆时，应当先将水泥和砂拌和均匀，再把防水剂溶于拌和水中与水泥、砂搅拌均匀即可使用。涂抹之前，先在润湿的清洁底面上涂抹一层纯水泥浆，然后抹一层 5mm 厚的防水砂浆，在初凝前用木抹子压实一遍，第二、三、四层都是同样的操作方法，最后一层进行压光。所以，防水层一共 20～30mm 厚，分 4～5 层涂抹，每层约 5mm。涂抹完成后注意加强养护，保证砂浆的密实性，以获得理想的防水效果。

 工程案例 3-7

【案例概况】

某工地采用 M10 砌筑砂浆砌筑砖墙，施工中将水泥直接倒在砂堆上，采用人工拌和，该砌体灰缝饱满度及黏结性均差，试分析原因。

【案例解析】

（1）砂浆的均匀性可能有问题。水泥直接倒在砂堆上采用人工拌和的方法会导致混合不够均匀，宜采用机械搅拌。

（2）仅以水泥与砂配制砌筑砂浆，砂浆的黏结性可能有问题。使用少量水泥虽可满足强度要求，但往往流动性及保水性较差，而使砌体饱满度及黏结性较差，影响砌体强度。可掺入少量石灰膏、石灰粉或微沫剂等以改善砂浆的和易性。

 知识链接

普通抹灰砂浆施工注意事项

（1）主体结构一般在 28d 后进行验收，这时砌体上的砌筑砂浆或混凝土结构达到了一定的强度且趋于稳定，而且墙体收缩变形也减小，此时抹灰可减少对抹灰砂浆体积变形的影响。

（2）砂浆一次涂抹厚度过厚，容易引起砂浆开裂，因此应控制一次抹灰厚度。薄层抹灰砂浆中常掺有较大量具有保水性能的添加剂，砂浆的保水性及黏结性能均较好，当基底平整度较好时，涂层厚度可控制在 5mm 以内，而且涂抹一遍即可。

（3）为防止砂浆内外收水不均匀，引起裂缝、起鼓，也为了易于找平，一次不宜抹得太厚，应分层涂抹。

（4）为了防止抹灰总厚度太厚引起砂浆层裂缝、脱落，当总厚度超过 35mm 时，应采取增设金属网等加强措施。

（5）砂浆过快失水，会引起砂浆开裂，影响砂浆力学性能的发展，从而影响砂浆抹灰层的质量；由于抹灰层很薄，极易受冻害，故应避免早期受冻。

（6）抹灰砂浆凝结后应及时保湿养护，使抹灰层在养护期内经常保持湿润。采用洒水养护时，当气温在 15℃以上时，每天宜洒 2 次以上养护水。当砂浆保水性较差、基底吸水性强或天气干燥、蒸发量大时，应增加洒水次数。为了节约用水，避免多洒的水流淌，可改用喷嘴雾化水养护。

项目小结

水泥混凝土是道路路面、机场道面、桥梁工程结构及其附属构造物的重要建筑材料之一。普通水泥混凝土由水泥、水、粗集料和细集料组成，必要时还掺加一定质量的外加剂。对水泥混凝土的主要技术要求是：与施工条件相匹配的和易性，符合设计要求的强度，与工程使用条件相适应的耐久性等。

混凝土的施工和易性是指新拌混凝土易于施工操作（搅拌、运输、浇筑、捣实等），并能获得质量均匀、成型密实的性能。新拌混凝土的施工和易性是一项综合的技术性质，包括流动性、捣实性、黏聚性和保水性等方面。

混凝土的强度有立方体抗压强度、轴心抗压强度、圆柱体抗压强度、劈裂抗拉强度、抗弯拉强度等。混凝土的强度等级采用"立方体抗压强度标准值"确定，抗拉强度用于判断混凝土的抗裂性，抗折强度用于道路路面及机场道面结构设计，各种强度指标也用于混凝土结构的质量评定。

混凝土的耐久性是指混凝土在使用过程中，抵抗周围环境各种因素长期作用的能力。混凝土的耐久性通常包含抗冻性、耐磨性、碱-集料反应、抗碳化及抗侵蚀性等性能。

混凝土的组成设计包括原材料的选择和配合比的确定。在混凝土组成材料中，应根据工程使用条件及混凝土的设计强度选择水泥的品种和强度等级；粗集料的强度、坚固性、颗粒组成、最大粒径和形状应当符合设计要求；细集料应当坚固，并符合级配和细度模数的要求。粗、细集料均应限制有害杂质的含量，在道路及机场道面混凝土中不得使用具有碱活性的集料。各种外加剂具有减水、增强、引气、提高混凝土耐久性等功能，使用时应当遵循有关设计要求，不得对混凝土产生不利影响。

混凝土配合比设计的主要参数是水灰比、单位用水量、砂率及外加剂和掺合料数量。计算出的材料配合比经过试拌、试验验证后方可确定。

粉煤灰混凝土、碾压式混凝土、纤维增强混凝土等是在普通混凝土的基础上发展起来的。粉煤灰混凝土，以粉煤灰取代部分水泥（或砂），既可以降低混凝土造价，又能改善混凝土的某些性能。钢纤维混凝土中由于钢纤维的增强作用，使混凝土的抗裂性和韧性大大增加，对于延长混凝土路面的使用寿命极为有利。碾压式混凝土具有水泥用量少、用水量低、施工速度快等特点，广泛应用于大体积结构及路面工程结构。

砂浆是一种细集料混凝土，在建筑结构中起到黏结、传递荷载、衬垫、防护和修饰作用。对砂浆的技术要求主要有施工和易性和抗压强度。

复习题

一、单选题

1. 坍落度小于（　　）的新拌混凝土，采用维勃稠度仪测定其工作性。

A. 20mm　　　　　B. 15mm　　　　　C. 10mm　　　　　D. 5mm

2. 混凝土坍落度试验时，用捣棒敲击混凝土拌合物是检测混凝土的（　　）。

A. 流动性　　　　B. 黏聚性　　　　C. 保水性　　　　D. 密实性

3. 混凝土的坍落度主要反映混凝土的（　　）。

A. 和易性　　　　B. 抗渗性　　　　C. 干缩性　　　　D. 耐久性

4. 混凝土的立方体抗压强度标准值是具有不低于（　　）%保证率的立方体抗压强度。

A. 90　　　　B. 95　　　　C. 98　　　　D. 100

5. 我国现行规范规定，混凝土粗集料的最大粒径不得超过结构截面最小尺寸的（　　），同时不得大于钢筋间最小间距的（　　）。

A. 1/4，3/4　　B. 3/4，1/4　　C. 2/4，3/4　　D. 2/4，1/4

6. 在混凝土配合比设计时，配制强度比设计要求的强度要高一些，强度提高幅度的多少取决于（　　）。

A. 水灰比的大小　　　　　　　　B. 对坍落度的要求

C. 强度保证率和施工水平的高低　　D. 混凝土耐久性的高低

7. 随着普通混凝土砂率的增大，混凝土的坍落度将（　　）。

A. 增大　　　　B. 减小　　　　C. 先增后减　　　　D. 先减后增

8. 含水率为5%的砂220g，将其干燥后的质量为（　　）g。

A. 209　　　　B. 209.52　　　　C. 210　　　　D. 210.95

9. 某钢筋混凝土结构的截面最小尺寸为300mm，钢筋直径为30mm，钢筋的中心间距为70mm，则该混凝土中集料最大公称粒径是（　　）。

A. 10mm　　　　B. 20mm　　　　C. 30mm　　　　D. 40mm

10. 配制水泥混凝土首选的砂是（　　）。

A. 比表面积大且密实度高　　　　B. 比表面积小且密实度低

C. 比表面积大但密实度低　　　　D. 比表面积小但密实度高

11. 道路用混凝土的设计指标为（　　）。

A. 抗压强度　　B. 抗弯拉强度　　C. 抗剪强度　　D. 收缩率

12. 混凝土中的水泥浆，在混凝土硬化前和硬化后起（　　）作用。

A. 胶结　　　　　　　　　　　B. 润滑和填充并胶结

C. 润滑　　　　　　　　　　　D. 填充

13. 在混凝土配合比设计时，配制强度比设计要求的强度要高一些，强度提高幅度的多少取决于（　　）。

A. 水灰比的大小　　　　　　　　B. 对坍落度的要求

C. 强度保证率和施工水平的高低　　D. 混凝土耐久性的高低

14. 随着普通混凝土砂率的增大，混凝土的坍落度将（　　）。

A. 增大　　　　B. 减小　　　　C. 先增后减　　　　D. 先减后增

15. 混凝土配合比设计时，至少应试配（　　）个不同的配合比。

A. 1　　　　B. 2　　　　C. 3　　　　D. 4

16. 用于较大体积的混凝土，最不适宜的水泥品种是（　　）。

A. 矿渣水泥　　　　B. 粉煤灰水泥　　　　C. 火山灰水泥　　　　D. 硅酸盐水泥

17. 能够降低混凝土水泥用量的集料性质是（　　）。

A. 集料的总比表面积较大　　　　　　　B. 较高的空隙率

C. 采用连续级配　　　　　　　　　　　D. 采用间断级配

18. 以下品种水泥配制的混凝土，在高湿度环境下或在水下效果最差的是（　　）。

A. 普通水泥　　　　B. 矿渣水泥　　　　C. 火山灰水泥　　　　D. 粉煤灰水泥

19. 对混凝土力学强度试验结果不会产生影响的因素是（　　）。

A. 混凝土强度等级　　　　　　　　　　B. 混凝土试件形状与尺寸

C. 加载方式　　　　　　　　　　　　　D. 混凝土试件的温度和湿度

二、判断题

1. 新拌混凝土的坍落度随砂率的增大而减小。　　　　　　　　　　　　　（　　）

2. 粗集料粒径越大，其总面积越小，需要的水泥浆数量越少。　　　　　　（　　）

3. 混凝土配合比设计中，在满足强度、工作性、耐久性的前提下，原则上水泥用量能少则少。　　　　　　　　　　　　　　　　　　　　　　　　　　（　　）

4. 新拌混凝土的工作性，就是拌合物的流动性。　　　　　　　　　　　　（　　）

5. 混凝土的工作性主要从流动性、可塑性、稳定性和易密性四个方面来综合判断。　　　　　　　　　　　　　　　　　　　　　　　　　　　　　　（　　）

6. 灰水比越小，混凝土的强度越高。　　　　　　　　　　　　　　　　　（　　）

7. 混凝土强度试验，试件的干湿状况对试验结果没有什么影响。　　　　　（　　）

8. 混凝土立方体几何尺寸越大，测得的抗压强度越高。　　　　　　　　　（　　）

9. 混凝土试件成型时，坍落度小于90mm的混凝土宜使用振动台振实。　　（　　）

10. 现行标准规定混凝土抗压强度用的压力试验机测量精度为1%。　　　　（　　）

11. 混凝土的维勃稠度试验测值越大，说明混凝土的坍落度越大。　　　　　（　　）

12. 混凝土的坍落度随砂率的增加而减小。　　　　　　　　　　　　　　　（　　）

13. 常用的砂浆强度等级分别为M20、M15、M10、M7.5、M5、M2.5六个等级。　　　　　　　　　　　　　　　　　　　　　　　　　　　　　　　（　　）

14. 为检验混凝土强度，每种配合比至少制作3块试件，在标准养护28d的条件下进行（抗压强度）测试。　　　　　　　　　　　　　　　　　　　　　　（　　）

15. 混凝土的凝结时间是从混凝土加水拌和开始到贯入阻力为20MPa时的一段时间。　　　　　　　　　　　　　　　　　　　　　　　　　　　　　　（　　）

16. 混凝土中掺入减水剂，在保持工作性和强度不变的条件下，可节约水泥的用量。　　　　　　　　　　　　　　　　　　　　　　　　　　　　　　（　　）

17. 坍落度小于70mm的新拌混凝土，在试件成型时，既可采用人工插捣的方式成型，也可采用机械振动法成型。　　　　　　　　　　　　　　　　　　（　　）

18. 混凝土坍落度的大小只反映拌合物流动性的好坏。　　　　　　　　　　（　　）

19. 采用间断级配拌制的水泥混凝土的力学性能不如采用连续级配的水泥混凝土。　　　　　　　　　　　　　　　　　　　　　　　　　　　　　　　（　　）

20. 混凝土坍落度的大小不能全面代表新拌混凝土的工作性状态。　　　　　（　　）

21. 由于采用偏碱性的石料，使水泥混凝土易发生碱-集料反应，从而造成混凝土结构的破坏。（　　）

22. 在相同水灰比和用水量条件下，集料最大粒径发生变化，混凝土的坍落度要随之增加。（　　）

23. 水泥混凝土的抗压强度越高，相应的抗折强度也就越高。（　　）

24. 当混凝土最小截面积的几何尺寸为 10cm 时，该混凝土中粗集料的最大粒径不能超过 25mm。（　　）

25. 为保证混凝土水灰比不超过最大限制，要控制混凝土的加水量。（　　）

26. 采用标准稠度用水量大的水泥拌和的混凝土，相应的坍落度较低。（　　）

27. 水灰比不变，增加水泥浆用量可提高拌合物的坍落度。（　　）

三、简答题

1. 试述混凝土拌合物施工和易性的含义、影响混凝土拌合物施工和易性的主要因素和改善措施。

2. 解释下列关于混凝土强度的名词的含义：①立方体强度标准值；②强度等级；③混凝土配制强度；④劈裂抗压强度；⑤抗折强度。

3. 普通混凝土的强度等级是如何划分的？有哪几个强度等级？

4. 简述影响混凝土强度的主要因素及提高混凝土强度的主要途径。

5. 道路和桥梁用混凝土的耐久性包括哪些含义？提高混凝土耐久性的措施有哪些？

6. 砂浆的性能和混凝土有什么不同？

7. 简述混凝土初步配合比设计的步骤。经过初步计算所得的配合比，为什么还需要进行试拌、调整？试拌、调整的内容是什么？如何进行？

8. 混凝土外加剂按其功能可以分为几类？试述减水剂和引气剂的作用机理和应用效果。

9. 粉煤灰对混凝土的性质有何影响？

10. 简述钢纤维混凝土的增强增韧的机理。

11. 简述砂浆的用途及其组成设计方法。

四、计算题

1. 干砂质量为 500g，其筛分结果见表 3.53，试评定该砂的颗粒级配和细度模数。

表 3.53　干砂筛分结果

筛孔尺寸（mm）	4.75	2.36	1.18	0.60	0.30	0.15	<0.15
筛余量（g）	25	50	100	125	100	75	25

2. 某工地拌和混凝土时，施工配合比为：42.5 强度等级水泥 308kg，水 127kg，砂 700kg，碎石 1260kg，经测定砂的含水率为 4.2%，石子的含水率为 1.6%，求该混凝土的设计配合比。

3. 试设计某桥梁工程的预制混凝土 T 形梁，混凝土设计强度等级为 C40，施工时要求混凝土的坍落度为 35～50mm。采用机械搅拌，插入式振动棒浇捣，该施工单位无历史统计资料，所用材料如下。

(1) 42.5 级普通硅酸盐水泥：实测 28d 抗压强度为 48.5MPa，密度为 3105kg/m³。

(2) 中砂：清洁河砂，级配合格，细度模数为 2.7，表观密度为 2651kg/m³。

(3) 碎石：一级石灰岩轧制的碎石，级配合格，最大粒径为 31.5mm，表观密度为 2705kg/m³。

(4) 水：饮用水，符合混凝土拌和用水要求。

(5) 减水剂：采用 UNF-5，用量为 0.8%，减水率为 12%。

计算确定：

(1) 混凝土的初步配合比；

(2) 若调整试配时，加入 4% 水泥浆后满足和易性的要求，并测得拌合物的表观密度为 2390kg/m³，试求混凝土的基准配合比；

(3) 求混凝土的设计配合比；

(4) 若现场砂的含水率为 4%，碎石的含水率为 1%，求混凝土的施工配合比。

4. 混凝土计算配合比为 1:2.13:4.31，水灰比为 0.58，在试拌调整时，增加了 10% 的水泥浆用量。试求：

(1) 该混凝土的基准配合比（不能用假定密度法）；

(2) 若已知以实验室配合比配制的混凝土，每立方米需要水泥 320kg，求 1m³ 混凝土中其他材料的用量；

(3) 如施工工地砂、石含水率分别为 5%、1%，试求现场拌制 400L 混凝土中各种材料的实际用量（计算结果精确至 1kg）。

5. 某工程用混凝土，经试配调整，得到和易性和试配强度均合格后的材料用量：水泥为 3.20kg，水为 1.85kg，砂为 6.30kg，石子为 12.65kg。实测拌合料成型后表观密度为 2450kg/m³。

(1) 试计算该实验室配合比；

(2) 若现场砂的含水率为 5%，石子的含水率为 2.5%，试计算施工配合比。

6. 某混凝土经试拌调整后，得配合比为 1:2.20:4.40，$W/C=0.6$，已知 $\rho_c=3.10g/m^3$，$\rho_s'=2.60g/m^3$，$\rho_g'=2.65g/m^3$。求 1m³ 混凝土各材料用量。

7. 已知混凝土的实验室配合比为 1:2.40:4.10，$W/C=0.6$，1m³ 混凝土的用水量=180kg/m³。施工现场砂子含水率为 3%，石子含水率为 1%。试求：

(1) 混凝土的施工配合比；

(2) 每拌 100kg 水泥时，各材料的用量。

8. 已确定混凝土的初步配合比，取 15L 进行试配。水泥为 4.6kg，砂为 9.9kg，石子为 19kg，水为 2.7kg，经测定和易性合格。此时实测的混凝土体积密度为 2450kg/m³，试计算该混凝土的配合比（即基准配合比）。

9. 已知每立方米混凝土的用水量为 190kg/m³，水泥用量为 388kg/m³，砂率为 37%，假定混凝土拌合物的单位质量为 2400kg/m³、细集料含水率为 3.1%、粗集料含水率为 0.6%。求理论配合比、施工配合比。

10. 某工程现浇室内钢筋混凝土梁，混凝土设计强度等级为 C30，施工采用机械拌和及振捣，坍落度为 30～50mm。所用原材料如下。

水泥：普通水泥 42.5MPa，28d 实测水泥强度为 48MPa；$\rho_c = 3100\text{kg/m}^3$。砂：中砂，级配 2 区合格，$\rho_s' = 2650\text{kg/m}^3$。石子：卵石 5～40mm，$\rho_g' = 2650\text{kg/m}^3$。水：自来水（未掺外加剂），$\rho_w = 1000\text{kg/m}^3$。试采用体积法计算该混凝土的初步配合比。

11. 某组标准的混凝土立方体试件的破坏荷载为 850kN、810kN、700kN。试计算其抗压强度代表值。

项目 4 无机结合料稳定材料

思维导图

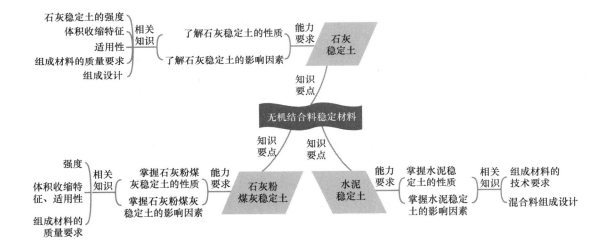

项目导读

无机结合料稳定材料的定义：在粉碎的或原状松散的土中掺入一定量的水泥、石灰或工业废渣等无机结合料及水，拌和得到混合料，经压实和养生后，其抗压强度符合规定要求的材料。由于无机结合料稳定材料的刚度处于柔性材料（如沥青混合料）和刚性材料（如水泥混凝土）之间，所以也称为半刚性材料，由其铺筑的结构层称为半刚性层。无机结合料稳定材料具有以下一些特点：板体性好，具有一定的抗拉强度；稳定性好，抗冻性强；强度和刚度随着龄期而增长；经济性好；干缩温缩大，耐磨性差，抗疲劳性也稍差。图 4.1 所示为无机结合料在道路中的应用。

无机结合料稳定类混合料是指在各种粉碎或原来松散的土，或矿质碎（砾）石，或工业废渣中，掺入一定数量的无机结合料（如石灰、水泥等）及水，或同时掺入土壤固化

图 4.1　无机结合料在道路中的应用

剂，经拌和得到的混合料。这类混合料在压实及养生后，具有一定的强度和稳定性，在广义上统称为无机结合料稳定类混合料，或无机结合料混凝土。

按无机结合料品种分类，这类稳定材料可分为水泥稳定类、石灰稳定类、水泥石灰稳定类及石灰工业废渣稳定类。用于拌制无机结合料稳定混合料的土按照土中单个颗粒（指碎石、砾石和砂粒料，不指土块或土团）的粒径大小和颗粒组成，分为下列三种。

（1）细粒土：颗粒的最大粒径小于 10mm，且其中小于 2mm 的颗粒含量不少于 90%。

（2）中粒土：颗粒的最大粒径小于 30mm，且其中小于 20mm 的颗粒含量不少于 85%。

（3）粗料土：颗粒的最大粒径小于 50mm，且其中小于 40mm 的颗粒含量不少于 85%。

无机结合料稳定材料经压实成型并经养护后，可形成板体结构，当其 7d 抗压强度符合设计要求（表 4.1）时，可以作为道路路面结构中的基层或底（垫）基层，称为结合料稳定类基（垫）层，在道路工程中，这类材料又称为半刚性基层材料。

表 4.1　无机结合料稳定类混合料的抗压强度　　　　　　　　单位：MPa

混合料类型	高速公路和一级公路		二级和二级以下公路	
	基层	底基层	基层	底基层
水泥稳定土	3~4	≥1.5	2~3	≥1.5
石灰稳定土	—	≥0.8	≥0.8	0.5~0.7
石灰工业废渣稳定土	≥0.8	≥0.5	≥0.6	≥0.5

在路面结构中，基层是直接位于面层下方的结构层次，主要承受面层传来的车轮荷载的垂直压力，并将其向下面层次扩散分布，同时起到调节和改善路基路面水温状况的作用，并为施工提供稳定而坚实的工作面。所以，对无机结合料稳定类混合料技术性质的要求主要包括强度、抗变形能力和水稳定性等，其抗收缩开裂性能也是很重要的。

 知识链接

随着我国国民经济的迅速发展，高速公路的里程不断增加。沥青混凝土路面和水泥混凝土路面是我国目前高速公路主要的路面结构类型。而无机结合料稳定基层具有强度大、稳定性好、刚度大等特点，被广泛用于修建高等级公路沥青路面和水泥混凝土路面的基层或底基层。

"七五"期间国家组织开展了高等级公路无机结合料稳定材料基层、重交通道路沥青面层和抗滑表层的研究，其中无机结合料稳定基层材料的强度和收缩特性、组成设计方法是主要的研究内容之一。在此基础上，结合近年来无机结合料稳定基层的设计、施工和使用的经验，根据实际使用效果，提出无机结合料稳定材料设计、施工及管理要点，为高等级公路无机结合料稳定基层的设计与施工提供了理论依据和技术保证。

无机结合料稳定基层用于高速公路的沥青路面结构，其合理性主要表现在具有较高的强度和承载能力。一般来说，无机结合料稳定基层材料具有较高的抗压强度和抗压回弹模量，并具有一定的抗弯拉强度，且它们都具有随龄期而不断增长的特性。因此无机结合料稳定基层沥青路面通常具有较小的弯沉值和较强的荷载分布能力。由于无机结合料稳定基层的刚度大，使得其上的沥青层弯拉应力值较小，从而提高了沥青面层抵抗行车疲劳破坏的能力，甚至可以认为无机结合料稳定基层上的沥青面层不会产生疲劳破坏。也就是可以认为无机结合料稳定基层沥青路面的承载能力，完全可以由无机结合料稳定基层材料层来满足，而不需要依靠厚沥青面层，沥青面层仅起功能性作用，这就促使人们努力去减薄面层。但无机结合料稳定基层沥青路面的使用实践证明：如果面层不够厚，无机结合料稳定基层因温缩或干缩而产生的裂缝会很快反射到沥青路面的面层。初期产生的裂缝对行车无明显影响，但随着表面雨水或雪水的浸入，在行车荷载反复作用下会导致路面承载力下降，产生冲刷和积泥现象，这会加速沥青路面的破坏，影响沥青路面的使用性能。

4.1 石灰稳定土

石灰稳定土是石灰稳定各类矿质混合料的简称，包括石灰土和石灰稳定集料。

石灰土是用石灰稳定细粒土得到的混合料。石灰稳定集料包括：用石灰稳定中粒土和粗粒土得到的混合料，分别简称为石灰砂砾土和石灰碎石土（视原材料为天然砂砾土和天然碎石土）；用石灰稳定级配砂砾（无土）和级配碎石（包括未筛分碎石）得到的混合料，也分别简称为石灰砂砾土和石灰碎石土。

本节主要介绍石灰稳定土的强度形成机理、技术性质、组成材料和配合比设计。

4.1.1 石灰稳定土的强度

1. 石灰稳定土的强度形成

石灰稳定土强度的形成与发展是通过机械压实、离子交换反应、氢氧化钙结晶和碳酸化反应，以及火山灰反应等一系列复杂、交织的物理-化学作用过程完成的。

2. 石灰稳定土强度的影响因素

1）石灰的细度

石灰细度越大，在相同剂量下与土粒的作用越充分，反应进行得越快，稳定效果越好。直接使用磨细生石灰粉可利用其在消解时放出的热能，促进石灰与土之间物理、化学反应的进行，有利于与土中的黏性矿物发生离子交换及火山灰反应，加速石灰土的硬化。

由于石灰起稳定作用，使土的塑性、膨胀性和吸水性降低，因而随着石灰剂量的增加，石灰稳定土的强度和稳定性提高，但超过一定剂量后，强度的增长就不明显了。图 4.2 所示为土质对石灰稳定土抗压强度的影响。

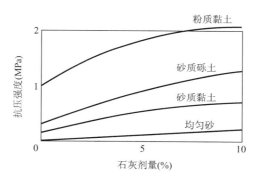

图 4.2　土质对石灰稳定土抗压强度的影响

2）土与集料

粒径较大的漂石、卵石、砾石等石料碎屑的矿物成分与母岩相同，而砂粒大部分是母岩中的单体矿物颗粒，如石英、长石和云母等；粉粒中的矿物主要是石英和一些难溶盐的颗粒；黏粒的矿物成分主要是次生矿物，其中以黏土矿物为多。由上述石灰稳定土的强度形成机理分析可知，石灰的稳定效果与土中的黏土矿物成分及含量有显著关系。一般来说，黏土矿物化学活性强，比表面积大，当掺入石灰等活性材料后，所形成的离子交换、碳酸化作用、结晶作用和火山灰反应都比较活跃，稳定效果好。所以石灰稳定土的强度随土中黏土矿物含量的增多和塑性指数的增大而提高。图 4.2 中几种石灰稳定土的强度曲线表明：石灰对粉质黏土的稳定效果明显优于对砂质黏土的稳定效果，而石灰对均质砂的稳定效果较差。

工程实践表明：塑性指数为 15~20 的黏土，易于粉碎和拌和，便于碾压成型，施工和使用效果都较好。塑性指数更大的重黏土虽然含黏土矿物较多，但由于不易破碎拌和，稳定效果反而不佳。塑性指数小于 12 的土则不宜用石灰稳定，最好用水泥来稳定。对于无黏性或无塑性指数的集料，单纯用石灰稳定的效果远不如用石灰土稳定的效果。

3）石灰稳定土的最佳含水率

石灰稳定土的压实密度对其强度和抗变形能力影响较大，而石灰稳定土的压实效果与压实时的含水率有关，存在着最佳含水率，在此含水率时进行压实可以获得较为经济的压实效果，即达到最大密实度。最佳含水率取决于压实功的大小、稳定土的类型及石灰剂率。通常，所施加的压实功越大，稳定土中的细料含量越少，最佳含水率越小，最大密度越高。图 4.3 所示为石灰稳定土的压实曲线。由图可见，随着石灰剂量的增加，稳定土的最佳含水率增加、最大干密度降低，这主要是由于部分拌和用水消耗于石灰消解，因而不能用于减少颗粒间的摩擦力。

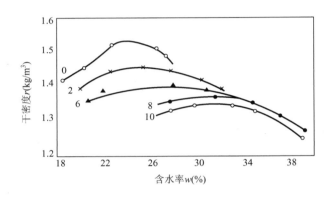

图 4.3　石灰稳定土的压实曲线

为了保证施工质量，石灰稳定土应在略大于最佳含水率时进行碾压，以弥补碾压过程中水分的损失。含水率过大，既会影响其可能达到的密实度和强度，又会明显增大稳定土的干缩性，易导致结构层的干缩裂缝。

4）养生条件和龄期

石灰稳定土的强度是在一系列复杂的物理、化学反应过程中逐渐形成的，而这些反应需要一定的温度和湿度条件。当养生温度较高时，可使各种反应过程加快，对石灰稳定土的强度形成是有利的。适当的湿度为火山灰反应提供了必要的结晶水，但湿度过大会影响石灰中氢氧化钙的结晶硬化，从而影响石灰稳定土强度的形成。

石灰稳定土中的火山灰反应的进程缓慢，其强度随着龄期的增大而增大，甚至到 180d时，石灰稳定土的强度还会继续增长。所以 7d 或 28d 龄期的强度试验结果并不能代表石灰稳定土的最终强度，石灰稳定土的强度随龄期的增长大体符合指数规律。

4.1.2　石灰稳定土的体积收缩特征

石灰稳定土的体积收缩特征主要表现为因温度变化而造成的温缩和因含水率变化而造成的干缩，当收缩量达到一定程度时，会在结构中出现收缩裂缝。如果将这类材料用于道路的基层结构，而上面的沥青面层较薄，在温度变化与车辆荷载的综合作用下，基层结构中的裂缝会扩展至面层，形成反射裂缝，导致路面结构的损坏。

4.1.3　石灰稳定土的适用性

由以上分析可见，以细粒土为主的石灰土中含有较多的黏土矿物，分散度大、比表面积大，其干缩系数及温缩系数都明显大于石灰稳定集料，容易产生严重的收缩裂缝。

在冰冻地区，用于潮湿路段的石灰土层中可能产生聚冰现象，从而导致石灰土结构的破坏，强度明显下降。在非冰冻地区，如石灰土经常处于过分潮湿状态，也不易形成较高强度的板体。

此外，石灰土的水稳定性明显小于石灰稳定集料，在石灰土的强度没有充分形成时，若路表水渗入，石灰土表层数毫米以上就会软化，在沥青路面层较薄的情况下，即使是几毫米的软化层也会导致沥青路面龟裂破坏。若路表水对石灰土表层产生冲刷作用，所形成的浆体会被滚动的车轮挤压至路表，导致裂缝处沥青层下陷和变形，裂缝两侧将产生新的裂缝。

由于上述原因，为了路面的结构强度和使用质量，石灰土禁止用作高等级路面的基层，只能作为高等级路面的底基层，或一般交通量道路路面的基层。砂砾或碎石含量小于50%的悬浮式石灰稳定集料土虽然比石灰土的收缩性小，但同样具有遇水后表层软化和抗水冲刷能力差的缺点，也不宜用作高等级路面的基层。

4.1.4　石灰稳定土混合料组成材料的质量要求

1. 石灰

石灰质量应符合Ⅲ级以上消石灰或生石灰的技术指标。对于高速公路和一级公路，宜采用磨细生石灰粉。在使用中，应尽量缩短石灰的存放时间。石灰堆放在野外无覆盖时，遭受风吹、雨淋和日晒，其有效氧化钙和氧化镁含量降低很快，放置3个月可从原来的80%以上降至40%左右，放置半年则可降至仅30%左右。如果石灰需要存放较长时间，应采取覆盖封存措施，妥善保管。

有效钙含量在20%以上的等外石灰、贝壳石灰、珊瑚石灰、电石渣等的应用应通过试验证明，只要石灰稳定土的强度能符合表4.1的规定或有关设计要求，就可以使用。

2. 土

用于石灰稳定土的黏性土塑性指数范围宜为15～20。塑性指数偏大的黏性土要加强粉碎，粉碎后土块最大尺寸不应大于15mm。塑性指数在10以下的亚黏土和砂土需要采用较多的石灰进行稳定，难以碾压成型，应采取适当的施工措施，或采用水泥稳定。

土中的硫酸盐含量不得超过0.8%，有机质含量不得超过30%。

3. 集料

适宜作石灰稳定混合料的集料有级配碎石、未筛分碎石、砂砾、碎石土、砂砾土、煤矸石和各种粒状矿渣等。当用石灰稳定不含黏土或无塑性指数的粒料时，应添加15%左右的黏性土，因此石灰稳定集料实际上是石灰土稳定集料，该类混合料中粒料的含量应在80%以上，并具有良好的级配。当级配不好时，宜外加某种集料改善其级配。

集料的最大粒径是影响石灰稳定土质量最为关键的因素之一。最大粒径越大，拌和机、平地机和摊铺机等施工机械越容易损坏，混合料越容易产生粗细集料离析现象，铺筑层也越难达到较高的平整度要求。最大粒径太小，则材料的稳定性不足，且会增加石料的加工量。综合考虑，集料的最大粒径应符合表4.2的要求。为了保证石灰稳定集料的强度和稳定性，所用的碎（砾）石的压碎值应符合表4.2的要求。

表 4.2　集料的最大粒径和压碎值要求

公 路 等 级	高速公路和一级公路		二级和二级以下公路	
层次	底基层	基层	底基层	基层
最大粒径（mm）	50	40	50	40
压碎值（%）	35	30	40	35

4. 水

人或牲畜饮用水源均可用于石灰稳定土的施工。遇到可疑水源时，应进行试验鉴定。

4.1.5　石灰稳定土混合料的组成设计

1. 强度标准

进行石灰稳定土混合料的组成设计时，相应的强度标准见表4.3。

表 4.3　石灰稳定土混合料的强度标准

公 路 等 级	高速公路和一级公路	二级和二级以下公路
基层	≥0.8	≥0.8
底基层		0.5～0.7

2. 材料组成设计步骤

（1）从沿线料场或计划使用的远运料场选取有代表性的试样。

（2）制备同一种试样、不同结合料剂量（以干试样的质量百分率计）的混合料，一般情况可按下列剂量配制。

① 作为基层用。

a. 砂砾土和碎石土（质量分数）：4%、5%、6%、7%、8%。

b. 砂性土（质量分数）：8%、10%、12%、14%、16%。

c. 粉性土和黏土（质量分数）：6%、8%、10%、12%、14%。

② 作为底基层用。

砂性土：同基层。

粉性土和黏土（质量分数）：5%、7%、9%、11%、13%。

（3）确定其最佳含水率和最大干密度，至少进行3组不同结合料剂量混合料的击实试验，即最小剂量、中间剂量和最大剂量。其他两种剂量混合料的最佳含水率和最大干密度用内插法确定。

（4）按最佳含水率和计算所得的干密度（按规定的现场压实度计算）制备试件。进行强度试验时，作为平行试验的最少试件数量应符合表 4.4 的规定。

表 4.4　平行试验的最少试件数量

稳定土类型	试件尺寸（mm）	偏差系数		
		<10%	<15%	<20%
细粒土	$\phi 50 \times 50$	6	—	—
中粒土	$\phi 100 \times 100$	6	9	—
粗粒土	$\phi 150 \times 150$	—	9	13

如试验结果的偏差系数大于表中规定的值，则应重做试验，找出原因，加以解决。如不能降低偏差系数，则应增加试件数量。对于粗粒土试件，如多次试验结果的偏差系数稳定地小于 20%，则可以只做 9 个试件；如偏差系数稳定地小于 15%（中粒土试件相同），则可以只做 6 个试件。

（5）试件在规定温度（淮安以北 20℃±2℃）下保湿养生 6d，浸水 1d，然后进行无侧限抗压强度试验。

（6）根据材料的强度标准，选定合适的结合料剂量。对此剂量的试件，其室内试件试验结果的平均抗压强度 $\overline{R}$ 应符合式（4−1）的要求。

【无机结合料稳定材料无侧限抗压强度试验】

$$\overline{R} \geqslant \frac{R_d}{1 - Z_a C_v} \qquad (4-1)$$

式中：$\overline{R}$——设计平均抗压强度；

R_d——设计抗压强度；

C_v——试验结果的偏差系数（以小数计）；

Z_a——标准正态分布表中随保证率（或置信度 α）而变的系数（重交通道路上应取保证率 95%，此时 $Z_a = 1.645$；其他道路上应取保证率 90%，此时 $Z_a = 1.282$）。

（7）考虑到室内试验和现场条件的差别，工地实际采用的结合料剂量应较室内试验确定的剂量多 0.5%～10%。拌和机械的拌和效果好，可只增加 0.5%；如拌和机械的拌和效果较差，则需要增加 10%。

4.2　二灰稳定土

道路工程中常用的工业废渣包括粉煤灰、煤渣、高炉矿渣、钢渣、煤矸石等，这类工业废渣均含有较多的活性氧化硅和活性氧化铝，这些化合物可与饱和氢氧化钙溶液发生火山灰反应，具有水硬性特征。在上述工业废渣中，目前使用广泛的是粉煤灰，本节主要介绍石灰粉煤灰混合料的有关内容。

【二灰稳定土基层施工】

在工程中，石灰粉煤灰常简称为二灰，石灰粉煤灰稳定类混合料简称为二灰稳定土。用二灰稳定细粒土，简称二灰土；用二灰稳定砂砾、碎石、矿渣、煤矸石等，简称为二灰稳定集料或二灰稳定粒料。

4.2.1　二灰稳定土的强度特征及其影响因素

二灰稳定土的强度形成机理与石灰稳定土基本相同，主要依靠集料的骨架作用和石灰粉煤灰的水硬性胶结及填充作用。粉煤灰能提供较多的活性氧化硅和活性氧化铝成分，在石灰的碱性激发作用下生成较多的水化硅酸钙、水化铝酸钙，具有较高的强度和稳定性。

与石灰稳定土相比，二灰稳定土强度形成更多地依赖于火山灰反应生成的水化物，而粉煤灰是一种缓凝物质，表面能较低，难以在水中溶解，导致二灰稳定土中的火山灰反应进程相当缓慢。因此，二灰稳定土的强度随龄期的增长速率缓慢，早期强度较低，但到后期仍保持一定的强度增长速率，有着较高的后期强度。二灰稳定土中粉煤灰的用量越多，初期强度就越低，后期的强度增长幅度也越大。如果需要提高二灰稳定土的早期强度，可以掺加少量水泥或某些早强剂。

就长期强度而言，密实式二灰粒料与悬浮式二灰粒料相比并无明显差别，但密实式二灰粒料的早期强度大于悬浮式二灰粒料，并具有较好的水稳定性。

养生温度对二灰稳定土的抗压强度有明显影响，较高的温度会促使火山灰反应进程加快。而当气温低于5℃时，二灰混合料的抗压强度几乎停止增长。表4.5所示为两组二灰稳定碎石混合料的7d抗压强度测试值，当养生温度由20℃提高至40℃时，抗压强度可提高3倍以上。密实式二灰粒料的强度较悬浮式二灰粒料的强度高15%以上。

表 4.5　二灰稳定碎石混合料的 7d 抗压强度与养生温度

养生温度（℃）		20	30	40
抗压强度（MPa）	悬浮式二灰粒料	1.35	—	5.85
	密实式二灰粒料	1.60	3.03	6.78

4.2.2　二灰稳定土的收缩特征及其影响因素

二灰稳定土的干缩和温缩机理及其影响因素与石灰稳定土相同，其收缩程度主要取决于试件的含水率、材料组成（如粒料含量、石灰剂量、粉煤灰含量、黏土矿物的含量与其塑性指数）等。表4.6所列为二灰稳定土在最佳含水率下制成的试件，在空气中自然风干时产生的最大干缩应变。由表可知，悬浮式二灰粒料的干缩性明显大于密实式二灰粒料，含土的二灰稳定土的干缩性明显大于无土的二灰稳定土，石灰土的干缩性明显大于二灰土。

表 4.6 二灰稳定土的最大干缩应变

二灰稳定粒料	最大干缩应变（$\times 10^{-3}$）	石灰：粉煤灰：碎石：土	最大干缩应变（$\times 10^{-3}$）	稳定土类型	最大干缩应变（$\times 10^{-3}$）
密实式	0.23～0.27	4：12：84：0	0.67	石灰土	3.12～6.03
悬浮式	0.83	4：12：60：24	1.78	二灰土	0.34～2.63

由于粉煤灰颗粒对混合料的收缩起着约束作用，因此当石灰剂量不变时，二灰稳定土的干缩系数和温缩系数随着粉煤灰用量的增加而减少；粉煤灰用量不变时，二灰稳定土的干缩系数和温缩系数随着石灰剂量的增加而增大。

由于粉煤灰的作用，二灰土与石灰土相比，二灰稳定砂砾与石灰稳定砂砾相比，干缩性和温缩性均有不同程度的降低。稳定土干缩系数和温缩系数的大小排序为：石灰土＞石灰稳定砂砾＞二灰土＞二灰稳定砂砾。

4.2.3 二灰稳定土的适用性

粉煤灰颗粒呈空心球体，密度小而比表面积大，掺加粉煤灰后，二灰稳定土的最佳含水率增大，最大干密度减小，但其强度、刚度及稳定性均有不同程度的提高，尤其是抗冻性有较显著的改善，温缩系数也比石灰稳定类有所减小，这对于提高路面结构的抗裂性有着重要意义。

虽然二灰土的收缩性小于石灰土，但仍具有一定程度的干缩变形，所以二灰土禁止用作高等级道路路面的基层，在高速公路和一级公路上的水泥混凝土面层下，也不应采用二灰土铺筑道路基层结构。悬浮式二灰粒料的干缩性大，容易产生干缩裂缝，它的抗冲刷性也明显差于密实式粒料，在其他条件相同的情况下，悬浮式二灰粒料基层上沥青面层的裂缝较密实式二灰粒料基层上沥青面层的裂缝严重得多，因此在粒料不很缺乏的地区，最好采用密实式二灰集料。

4.2.4 二灰稳定土组成材料的质量要求

1. 石灰和粉煤灰

石灰质量应符合Ⅲ级或Ⅲ级以上消石灰或生石灰的技术指标，其他要求同石灰稳定土。

粉煤灰中的 SiO_2、Al_2O_3、Fe_2O_3 总含量应大于 70%，烧失量不应超过 20%，比面积宜大于 2500cm²/g。干粉煤灰和湿粉煤灰都可以应用，干粉煤灰如堆放在空地上，应加水，防止飞扬造成污染，湿粉煤灰的含水率不宜超过 35%。使用时应将凝结的粉煤灰打碎或过筛，同时清除有害杂质。

【粉煤灰烧失量试验】

2. 土

宜采用塑性指数为 12～20 的黏性土（亚黏土），土中土块的最大尺寸不应大于

15mm，不应选用有机质含量超过10％的土。

3. 集料

二灰稳定土中集料的公称最大粒径和压碎值应符合表4.7的要求，同时集料应具有良好的级配，少含或不含有塑性指数的土，以保证混合料的稳定性和耐久性。二灰稳定土中集料的颗粒组成范围应满足表4.8的要求。

表4.7 集料的技术要求

道路等级	高速公路和一级公路		二级和二级以下公路	
结构层位	基层	底基层	基层	底基层
公称最大粒径（mm），≤	40	50	30	40
压碎值（%），≤	35	40	30	—
应符合级配编号	2 或 3	1	2 或 3	1

表4.8 二灰稳定土中集料的颗粒组成范围

级配编号	通过下列筛孔（mm）质量百分比								
	40	30	20	10	5	2	1	0.5	0.075
1	100	90～100	60～85	50～70	40～60	26～47	20～40	10～30	0～15
2（砂砾）	—	100	90～100	55～80	40～65	28～50	20～40	10～30	0～10
3（碎石）		100	85～100	60～80	30～50	15～30	—	10～20	0～10

4.3 水泥稳定土

水泥稳定土是水泥稳定各类矿质混合料的简称，其中用水泥稳定砂性土、粉性土和黏性土得到的混合料简称水泥土，用水泥稳定砂得到的混合料简称水泥砂。

4.3.1 水泥稳定类组成材料的技术要求

1. 水泥

普通硅酸盐水泥、矿渣硅酸盐水泥和火山灰质硅酸盐水泥都可用于水泥稳定土，但应选用终凝时间较长（宜在6h以上）的水泥，并可采用强度等级较低（如32.5级）的水泥。快硬水泥、早强水泥及已受潮变质的水泥不应使用。

2. 土与集料

适宜用水泥稳定的材料有级配碎石、未筛分碎石、砂砾、碎石土、砂砾土、煤矸石和各种粒状矿渣等，集料中不宜含有塑性指数较大的细土，或应控制其含量。

有机质含量超过 2% 的土不应单独用水泥稳定。如需采用这种土，必须先用石灰进行处理，放置一夜后再用水泥稳定。硫酸盐含量超过 0.25% 的土不应采用水泥稳定。

集料的颗粒组成应符合表 4.9 的要求。对于级配不良的碎石、碎石土、砂砾、砂砾土、砂等，宜外加某种集料改善其级配。用水泥稳定粒径较均匀的砂时，难于碾压密实，可在砂中添加少量塑性指数小于 12 的黏性土（亚黏土）或石灰土（当土的塑性指数较大时），添加哪种土的效果较好且比较经济，应通过试验确定。在有粉煤灰时，添加 20%～40% 的粉煤灰效果更好。

用于各种类别道路等级不同层位的集料的最大粒径和压碎值要求与二灰稳定土相同，适宜于水泥稳定的集料的颗粒组成范围应符合表 4.9 的规定。

表 4.9　适宜于水泥稳定的集料的颗粒组成范围

道路等级	层位	通过下列方孔筛（mm）的质量百分率（%）												液限(100%)	塑性指数
		50	40	30	20	10	5	2	1	0.5	0.25	0.075	0.002		
二级和二级以下公路	底基层	100	—	—	—	—	50～100	—	—	15～100	—	0～50	0～30	<40	<17
	基层	—	100	—	55～100	40～100	30～90	18～68	10～55	6～45	3～36	0～30	—	—	—
高速公路和一级公路	底基层	—	100	90～100	75～90	50～70	30～55	15～30	—	10～20	—	0～7	—	<25	<6
	基层	—	—	100	60～80	60～80	30～55	15～30	—	10～20	—	0～7	—	<25	<6

4.3.2　水泥稳定混合料的组成设计

1. 强度标准

进行无机结合料稳定混合料的组成设计时，水泥稳定土的强度标准见表 4.10。

表 4.10　水泥稳定土的强度标准

公路等级	高速公路和一级公路	二级和二级以下公路
基层	3.0～5.0	2.5～3.0
底基层	1.5～2.5	1.5～2.0

2. 材料组成设计步骤

（1）从沿线料场或计划使用的远运料场选取有代表性的试样。

（2）制备同一种试样、不同结合料剂量（以干试样的质量百分率计）的混合料，一般情况可按下列剂量配制。

① 作为基层用。

a. 中粒土和粗粒土（质量分数）：3%、4%、5%、6%、7%。

b. 砂土（质量分数）：6%、8%、9%、10%、12%。

c. 其他细粒土（质量分数）：8%、10%、12%、14%、16%。

② 作为底基层用。

a. 中粒土和粗粒土（质量分数）：2%、3%、4%、5%、6%。

b. 砂土（质量分数）：4%、6%、7%、8%、9%。

c. 其他细粒土（质量分数）：6%、8%、9%、10%、12%。

（3）确定其最佳含水率和最大干密度，至少进行三组不同结合料剂量的混合料击实试验，即最小剂量、中间剂量和最大剂量。其他两种剂量混合料的最佳含水率和最大干密度，用内插法确定。

（4）按最佳含水率和计算所得的干密度（按规定的现场压实度计算）制备试件。进行强度试验时，作为平行试验的最少试件数量应符合表 4.11 的规定。

表 4.11　平行试验的最少试件数量

稳定土类型	试件尺寸 ［直径（mm）×高（mm）］	偏 差 系 数		
		<10%	<15%	<20%
细粒土	φ50×50	6	—	—
中粒土	φ100×100	6	9	—
粗粒土	φ150×150	—	9	13

如试验结果的偏差系数大于表中规定的值，则应重做试验，找出原因，加以解决。如不能降低偏差系数，则应增加试件数量。对于粗粒土试件，如多次试验结果的偏差系数稳定地小于 20%，则可以只做 9 个试件；如偏差系数稳定地小于 15%（中粒土试件相同），则可以只做 6 个试件。

（5）试件在规定温度（淮安以北 20℃±2℃）下保湿养生 6d，浸水 1d，然后进行无侧限抗压强度试验。

（6）根据材料的强度标准，选定合适的结合料剂量。对此剂量的试件，其室内试件试验结果的平均抗压强度 $\bar{R}$ 应符合式（4-1）的要求。

（7）考虑到室内试验和现场条件的差别，工地实际采用的结合料剂量应较室内试验确定的剂量多 0.5%~1.0%。拌和机械的拌和效果好，可只增加 0.5%；如拌和机械的拌和效果较差，则需要增加 1.0%。

水泥稳定混合料材料组成设计步骤如图 4.4 所示。

3. 材料与压实的基本要求

1）水泥稳定土材料

（1）土。

凡能被粉碎的土都可用水泥稳定。适宜作为水泥稳定类基层的材料有石渣、石屑、砂砾、碎石土、砾石土等。

对于高速公路和一级公路，当用水泥稳定土作为底基层时，碎石或砾石的压碎值应不大于 30%；当用水泥稳定土作为基层时，碎石或砾石的压碎值应不大于 30%。

对二级和二级以下公路，当用水泥稳定土作为底基层时，碎石或砾石的压碎值应不大

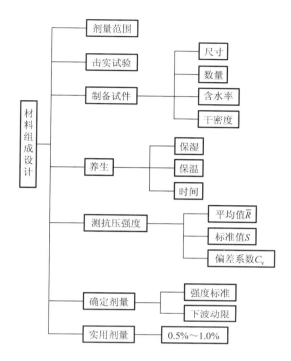

图 4.4 水泥稳定混合料材料组成设计步骤

于 35%；当用水泥稳定土作为基层时，碎石或砾石的压碎值应不大于 40%。

对于二级公路以下的一般公路，当用水泥稳定土作为底基层时，颗粒最大粒径不应超过 53mm；当用水泥稳定土作为基层时，颗粒最大粒径不应超过 37.5mm。

对于高速公路和一级公路，当用水泥稳定土作为底基层时，颗粒最大粒径不应超过 37.5mm；当用水泥稳定土作为基层时，颗粒最大粒径不应超过 31.5mm（指方孔筛）。

水泥稳定粒料的颗粒组成应符合表 4.12 的规定。

表 4.12 水泥稳定粒料的颗粒组成

筛孔尺寸（m）	40	31.5	26.5	19	9.5	4.75	2.36	0.6	0.075	液限（%）	塑性指数
通过百分率（基层）（%）	—	100	90~100	72~89	47~67	29~49	17~35	8~22	0~7	<28	<9
通过百分率（底基层）（%）	100	90~100	—	67~90	45~68	29~50	18~58	8~22	0~7		

注：集料中 0.6mm 以下细粒土有塑性指数时，小于 0.75mm 的颗粒含量不应超过 5%；细粒土无塑性指数时，小于 0.075mm 的颗粒含量不应超过 7%。

（2）水泥。

普通硅酸盐水泥、矿渣硅酸盐水泥或火山灰质硅酸盐水泥都可以用于稳定土，但应选用终凝时间较长（宜 6h 以上）的水泥。早强、快硬及受潮变质的水泥不应使用。宜采用强度等级较低的水泥，如强度等级为 32.5 级的水泥。

（3）水。

凡能饮用的水均可以使用。

（4）压实度标准。

压实度应根据公路等级和所在路面结构中的层位确定。水泥稳定粒料的压实际准应符合表 4.13 的规定。

表 4.13　水泥稳定粒料的压实标准　　　　　　　　　　单位：%

使用层次		高速公路和一级公路	二级公路和二级以下公路
基层	中、粗粒土	98	97
	粗粒土	—	93
底层	中、粗粒土	97	95
	粗粒土	95	93

2）石灰稳定土材料

（1）石灰。

工业废渣基层所用的结合料是石灰或石灰下脚料。石灰的质量宜符合三级以上技术指标。

（2）土。

凡能被粉碎的土都可用石灰稳定。适宜作为石灰稳定类基层的材料有石渣、石屑、砂砾、碎石土、砾石土等。

对于高速公路和一级公路，当用石灰稳定土作为底基层时，碎石或砾石的压碎值应不大于 30%；当用石灰稳定土作为基层时，碎石或砾石的压碎值应不大于 30%。

对于二级和二级以下公路，当用石灰稳定土作为底基层时，碎石或砾石的压碎值应不大于 35%；当用石灰稳定土作为基层时，碎石或砾石的压碎值应不大于 30%。

对于二级公路以下的一般公路，当用石灰稳定土作为底基层时，颗粒最大粒径不应超过 53mm；当用石灰稳定土作为基层时，颗粒最大粒径不应超过 37.5mm。

◀ 项目小结 ▶

无机结合料稳定类混合料又称半刚性基层材料，其整体性强、承载力高、刚度大，而且较为经济，广泛应用于各种道路路面的基层、底基层或垫层。

无机结合料稳定类混合料按照结合料品种可分为水泥稳定土、石灰稳定土及石灰工业废渣稳定土；按其稳定土中单颗粒的粒径大小和颗粒组成可分为稳定细粒土、稳定集料（砂砾或碎石等）类，后者又有悬浮式粒料和密实式粒料之分。

无机结合料稳定类混合料的主要技术要求为强度、水稳定性及抗裂性，这些性质取决于结合料的质量与掺量、稳定土的种类、含水率、养生温度与龄期等。各种稳定细粒土及悬浮式粒料有着较大的收缩性，不宜用作高等级道路基层，只能用于底基层。

无机结合料稳定类混合料的配合比设计内容包括确定组成材料的相对比例、确定稳定混合料的最佳含水率和最大干密度。

复习题

一、单选题

1. （   ）可以采用细集料含泥量试验进行试验。

A. 天然砂 　　　 B. 机制砂 　　　 C. 石屑 　　　 D. 矿渣砂和煅烧砂

2. 粗集料及集料混合料的筛分试验方法规定：称取每个筛上的筛余量，准确至总质量的（   ）%。各筛分计筛余量及筛底存量的总和与筛分前试样的干燥总质量相比，相差不得超过筛分前试样的干燥总质量的（   ）%。

A. 0.1，0.2 　　 B. 0.1，0.5 　　 C. 0.2，0.5 　　 D. 0.2，1.0

3. 《公路工程集料试验规程》进行粗集料压碎值试验，将装有试样的石料压碎值试验仪放到压力机上，开动压力机，均匀地施加荷载，在（   ）min 左右的时间内达到总荷载（   ）kN，稳压 5s，然后卸荷。

A. 5，200 　　　 B. 5，400 　　　 C. 10，200 　　　 D. 10，400

4. 《城镇道路工程施工与质量验收规范》对城市道路混凝土配合比设计中水灰比计算以砂石料的自然状态计，其中砂风干状态的含水率为（   ）%，石风干状态的含水率为（   ）%。

A. 0.5、0.5 　　 B. 0.5、1.0 　　 C. 1.0、0.5 　　 D. 1.0、1.0

5. 《城镇道路工程施工与质量验收规范》对城市道路应采用（   ）混凝土配合比设计。

A. 抗压强度控制 　　　　　　　　　 B. 弯拉控制

C. 抗压强度和弯拉控制 　　　　　　 D. 耐久性控制

6. 《城镇道路工程施工与质量验收规范》对城市快速路和主干路，无其他环境条件要求时，路面混凝土最大水灰比不应大于（   ）。

A. 0.50 　　　　 B. 0.48 　　　　 C. 0.46 　　　　 D. 0.44

7. 《城镇道路工程施工与质量验收规范》规定：对于无抗冻性要求路面混凝土，当使用的粗集料最大公称粒径为 31.5mm 时，路面混凝土含气量及允许偏差宜符合（   ）mm。

A. 5.0±0.5 　　 B. 4.0±0.5 　　 C. 3.5±0.5 　　 D. 3.5±1.0

8. 《城镇道路工程施工与质量验收规范》对重交通等级路面面板的设计 28d 弯拉强度标准值应取（   ）。

A. 5.5MPa 　　　 B. 5.0MPa 　　　 C. 4.5MPa 　　　 D. 4.0MPa

9. 《城市桥梁工程施工与质量验收规范》规定：对处于受侵蚀性物质影响的桥梁部位，其混凝土配合比设计时，混凝土的最大水胶比应不得大于（   ），最小水泥用量不得小于（   ）kg/m³。

A. 0.55，280 　　 B. 0.50，300 　　 C. 0.45，320 　　 D. 0.40，325

10. 《城市桥梁工程施工与质量验收规范》规定：对于大桥、特大桥混凝土总碱含量规定不宜大于（   ）kg/m³。

A. 3.0 　　　　　 B. 2.0 　　　　　 C. 1.8 　　　　　 D. 1.5

11. 《城市桥梁工程施工与质量验收规范》规定：配制高强混凝土时，要求混凝土的施工配制强度，对于C50～C60不应低于强度等级的（　　）倍，对于C70～C80不应低于强度等级的（　　）倍。

    A. 1.25，1.45   B. 1.45，1.25   C. 1.12，1.15   D. 1.15，1.12

12.《城市桥梁工程施工与质量验收规范》规定：配制高强混凝土时，要求水胶比宜控制在（　　）的范围内，砂率宜控制在（　　）的范围内。

    A. 0.24～0.38，28%～34%   B. 0.24～0.38，28%～35%

    C. 0.25～0.38，28%～34%   D. 0.25～0.38，28%～35%

13.《城市桥梁工程施工与质量验收规范》规定：对于桥梁混凝土配合比中使用的粗集料，要求最大粒径不得超过结构最小尺寸的（　　）和钢筋最小净距的（　　）；在两层或多层密布钢筋结构中，不得超过钢筋最小净距的（　　），同时最大粒径不得超过（　　）mm。

    A. 3/4，1/2，1/4，40   B. 1/4，3/4，1/2，40

    C. 3/4，1/2，1/4，100   D. 1/4，3/4，1/2，100

14. 图4.5中粗集料颗粒用卡尺取平面方向的最大长度$L=31.2$mm，侧面厚度的最大尺寸$t=10.8$mm，颗粒最大宽度$w=15.6$mm，问该颗粒能否作为针片状颗粒？（　　）

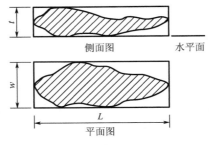

侧面图   水平面

平面图

图4.5　单选题14题图

    A. 能   B. 不能   C. 尚缺条件判断   D. 无法判断

二、多选题

1. Ⅰ级粗集料可以使用于（　　）混凝土路面。

    A. 城市快速路   B. 主干路   C. 次干路   D. 支路

2.《城镇道路工程施工与质量验收规范》规定：对城市道路混凝土配合比设计中最小单位水泥用量的选用与（　　）有关。

    A. 摊铺方式   B. 道路等级

    C. 水泥强度等级   D. 道路所处的环境条件

3.《城镇道路工程施工与质量验收规范》规定：对重交通以上等级道路、城市快速路、主干路水泥混凝土面层使用的水泥应采用（　　）。

    A. 强度等级不宜低于32.5级的矿渣水泥   B. 42.5级以上的道路硅酸盐水泥

    C. 42.5级以上的普通硅酸盐水泥   D. 42.5级以上的硅酸盐水泥

4.《城镇道路工程施工与质量验收规范》规定：对城市道路混凝土面层现场施工时，取样的抗弯拉试件（　　）。

    A. 需制作标准养护试件   B. 只需制作标准养护试件

C. 需制作同条件养护试件　　　　　　　　D. 只需制作同条件养护试件

5.《城镇道路工程施工与质量验收规范》规定：对城市道路混凝土配合比设计中最大水灰比的选用与（　　　）有关。

A. 道路等级　　　　　　　　　　　　　B. 道路所处的环境条件

C. 摊铺方式　　　　　　　　　　　　　D. 水泥强度等级

6.《城镇道路工程施工与质量验收规范》规定：对混凝土面层的配合比应满足（　　　）技术要求。

A. 弯拉强度　　　　B. 抗压强度　　　　C. 耐久性　　　　D. 工作性

7.《城镇道路工程施工与质量验收规范》规定：对普通混凝土面层的配合比设计能满足（　　　）施工方式的需要。

A. 滑模摊铺机　　　B. 轨道摊铺机　　　C. 三辊轴机组　　　D. 小型施工机具

8. 细集料的洁净程度表示方法正确的是（　　　）。

A. 天然砂以小于 0.075mm 含量的百分数表示

B. 天然砂以大于 1.18mm 的泥块的含量的百分数表示

C. 石屑和机制砂以砂当量（适用于 0～4.75mm）表示

D. 石屑和机制砂以亚甲蓝值（适用于 0～2.36mm 或 0～0.15mm）表示

9. 在材料场同批来料的料堆上取样时，下列表述正确的是（　　　）。

A. 铲除堆脚等处无代表性的部分

B. 在堆的顶部、中部和底部，均匀分布的几个不同部位取样

C. 大致相等的若干份组成一组试样

D. 所取试样应能代表本批来料的情况和品质

10. 测定细集料的棱角性，评定细集料颗粒的表面构造和粗糙度的方法有（　　　）。

A. 间隙率法　　　B. 磨光法　　　C. 洛杉矶法　　　D. 流动时间法

11. 城市快速路、主干路宜采用（　　　）砂。

A. 一级　　　　B. 二级　　　　C. 三级　　　　D. 不做要求

12. 城市快速路基层施工，采用粗粒土和 P. O32.5 水泥，要进行混合料配合比设计，则实验室应按（　　　）水泥剂量配制同一种、不同水泥剂量的混合料。

A. 3%　　　　　B. 4%　　　　　C. 5%　　　　　D. 7%

13. 粗集料的洛杉矶磨耗损失大小与（　　　）有关。

A. 集料材质　　　　　　　　　　　　　B. 集料粒径尺寸大小

C. 试验条件　　　　　　　　　　　　　D. 级配

14. 粗集料的洛杉矶磨耗损失是集料使用性能的重要指标，尤其是沥青混合料和基层集料，它与沥青路面的（　　　）密切相关。

A. 抗车辙能力　　　B. 耐磨性　　　C. 耐久性　　　D. 抗滑性能

三、判断题

1. 细集料砂当量试验，配制冲洗液使用期限不得超过 2 周，超过 2 周后必须废弃，其工作温度为 22℃±3℃。　　　　　　　　　　　　　　　　　　　　　　　　　（　　　）

2.《城镇道路工程施工与质量验收规范》规定：路面混凝土配合比规定砂石料用量可按密度法或体积法计算。按体积法计算时含气量可取为 1%。　　　　　　　　　（　　　）

3.《城镇道路工程施工与质量验收规范》规定：路面混凝土配合比规定砂石料用量可按照密度法或体积法计算。按密度法计算时混凝土单位质量可取 2400~2450kg/m³。（　　）

4. 半刚性基层材料配合比设计中，应根据轻型击实或重型击实标准制作试件。（　　）

5. 半刚性基层材料在非冻区 25℃条件湿养 6d，浸水 1d 后进行无侧限抗压强度试验。
（　　）

6. 表观密度（视密度）是单位体积（含材料的实体矿物成分及其闭口孔隙体积）物质颗粒的干质量。（　　）

7. 测定无机结合料稳定材料无侧限抗压强度时，不需要测定试件的含水量。（　　）

8. 从沥青拌和楼的热料仓取样时，应在放料口的全断面上取样。通常宜将一开始按正式生产的配合比投料拌和的几锅（至少 5 锅以上）废弃，然后分别将每个热料仓放出至装载机上，倒在水泥地上，适当拌和，从 3 处以上的位置取样，拌和均匀，取要求数量的试样。（　　）

9. 粗集料的洛杉矶磨耗损失是集料使用性能的重要指标，一般磨耗损失小的集料，集料坚硬、耐磨、耐久性好。（　　）

10. 粗集料的磨耗损失（洛杉矶法）取两次平行试验结果的算术平均值作为测定值，两次试验的差值不小于 3%，否则须重做试验。（　　）

11. 粗集料坚固性试验，对粒级为 9.5~19mm 的试样，其中应含有 9.5~16mm 粒级颗粒 60%，16~19mm 粒级颗粒 40%。（　　）

12. 在粗集料磨耗试验（洛杉矶法）中，磨耗机是以 30~33r/min 的转速转动至要求的回转次数为止。（　　）

13. 粗集料取样时如经观察，认为该批碎石或砾石的品质相差甚远时，则应对品质有怀疑的该批集料取样与其他批集料组成混合批进行检测和验收。（　　）

项目 5 沥青材料

思维导图

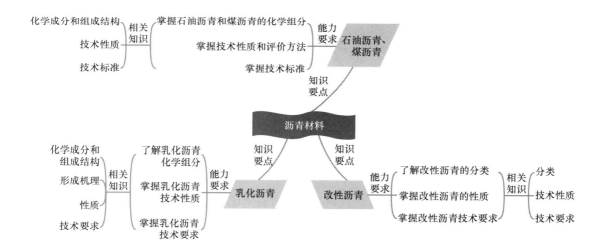

项目导读

　　沥青是土木工程中广泛使用的有机胶凝材料,是一种高分子碳氢化合物及其非金属(氧、氮、硫等)衍生物组成的极其复杂的混合物。在常温下,沥青呈黑色或黑褐色,可为固体、半固体或液体。

　　沥青作为一种有机凝胶材料,具有良好的黏性、塑性、耐腐蚀性和憎水性,在建筑工程中主要用于屋面、地下防水工程等各类防水工程和防腐工程。沥青具有较好的变形能力,与矿料之间具有较高的黏结性,是道路工程、桥梁工程中重要的黏结材料,广泛应用于修筑路面、桥梁铺装等工程。此外,沥青在其他土木工程领域也有一定的应用。

【沥青品种介绍】

沥青有很多种分类方式，按其产源分类如下。

1. 地沥青

地沥青是指地下原油演变或加工而得到的沥青，又分为天然沥青和石油沥青。

1）天然沥青

天然沥青是石油在自然条件下，经过千百万年时间，在温度、压力、气体、无机物催化剂、微生物及水分等综合作用下氧化聚合而成的沥青类物质。天然沥青储藏在地下，有的形成矿层或在地壳表面堆积。由于它常年与自然环境共存，故其性质特别稳定。按形成环境的不同，天然沥青可分为湖沥青（图5.1）、岩沥青、海底沥青等。

2）石油沥青

石油沥青（图5.2）是将精制加工石油所残余的渣油，经适当的工艺处理后得到的产品。我国的天然沥青很少，但石油沥青资源丰富，故工程中采用的沥青绝大多数是石油沥青。

图5.1 湖沥青

图5.2 石油沥青

2. 焦油沥青

焦油沥青是煤、木材等有机物干馏加工所得的焦油经再加工后的产品。按干馏原料的不同，焦油沥青可分为煤沥青和页岩沥青等。

沥青混合料是由矿质混合料（简称矿料）与沥青结合料拌和而成的混合料的总称。近年来，由于柔性路面、复合式路面的迅速发展，沥青混合料在公路、城市道路路面工程、桥面铺装工程中应用广泛，如图5.3和图5.4所示。

图5.3 沥青路面

图5.4 沥青混合料桥面铺装施工

知识链接

沥青的发展历史

古典时期

考古研究发现，早在公元前1200年的古典时期早期，人们就已经开始应用天然沥青，在生产兵器和工具时用沥青作为装饰品，为雕刻物添加颜色。特别是在美索不达米亚地区，由于天然沥青有充足的蕴涵量，沥青被广泛利用。生活在那里的苏美尔人用天然沥青覆盖在器皿和船的外面。另外，他们已经开始在黏土砖中使用天然沥青做结合剂。

在那一千多年的时间里，沥青的应用范围得到扩大，以至于在邻近美索不达米亚的印度和欧洲，天然沥青作为密封材料被广泛用于浴池、船、水渠、厕所和河堤。在公元前7世纪的亚述帝国和巴比伦帝国，沥青已经在道路工程中投入使用。那时，沥青作为接缝材料和涂抹材料来装饰和加固道路。此后，沥青作为水泥一样的结合剂被用于建造中国的长城和巴比伦空中花园的密封工程。

罗马帝国时期，沥青被称为"犹太沥青"。公元前100年，庞贝古城的罗马大道使用沥青填充接缝和涂抹外层。

中世纪

罗马帝国衰落后，中世纪时期开始。在此期间，沥青失去了它曾经的辉煌。人们在过去一千多年中积累的使用沥青的经验几乎遗失殆尽，直到18世纪人们才开始重新学习使用沥青。公元1000年的阿拉伯人开始从天然沥青中提取沥青，方法是加热天然沥青，直到沥青从中析出。

与作为建筑材料不同，15世纪时在中南美洲的印加帝国，人们把沥青用作医药用途。1595年3月22日，Walter Raleigh 在探险途中于特立尼达岛发现了一个天然沥青湖，直到今天人们还在用这种从地下冒出来的沥青修筑道路。

【世界最大的天然沥青湖】

近现代

1712年，希腊医生 Eirini d'Eyriny 在瑞士的 Val de Travers 发现了储量巨大的沥青矿。一开始他只是对沥青的医药用途感兴趣，后来被沥青作为工程材料的优良特点所吸引，他最终于1721年写成了他的论文《关于沥青的博士论文》（*Dissertation sur L'Asphalte ov Ciment Naturel*），并开始为现代沥青工艺的研究奠定基础。之后的274年间（1712—1986年），不知有多少沥青通过位于 Val de Travers 的总长度超过100km的如迷宫般错综复杂的矿井隧道，被开采出来并销往世界各地。

在接下来的时间里，沥青的运用被扩大到屋顶防水层的密封。当时，用沥青加固路面还很昂贵，只有富人专用的道路才能使用沥青加固面层。沥青第一次被使用在桥梁上是在 Sunderland 的一座木桥上用作沥青路面安装。

1810年，在里昂，沥青玛蹄脂铺层被首次运用。10年以后在热那亚发展出了现代沥青油毛毡的前身，并且获得成功的运用。基于广泛的尝试，在1837年，沥青工艺被证明可以运用在公路工程中。1839年在奥地利首都维也纳发现了通过重新加热可以使沥青再利用的方法。

1838 年在普鲁士的汉堡出现了第一条被铺上沥青的道路。1851 年，从 Travers 到巴黎的公路上有 78m 长的部分铺上了沥青面层。仅仅 20 年后，巴黎的公路几乎全部铺上沥青，不久之后这种情况差不多发展到欧洲所有的大城市。

随后，坚韧的沥青玛蹄脂被发明；1842 年在奥地利的因斯布鲁克，浇注沥青被发明，并于不久之后成功应用于道路工程施工中。基于沥青具有类似混凝土的特性，1853 年由 Léon Malo 提出了沥青混凝土的概念。为了得到足够的压缩比，1876 年人们开始用碾压的方法压实沥青混凝土。

在 20 世纪初，伴随着工程材料价格的持续下降，沥青展示出更多的意义。1907 年，第一个沥青混合料构件在美国投入使用。1914 年，为了获得更好的折射率，人们在柏林第一次看到了沥青路面的赛车车道，紧接着沥青在道路工程中被应用。1923 年，沥青应用于水坝的密封。为了加速施工进度和改良构件，1924 年在美国加利福尼亚州进行了第一次的道路完工验收检测。为了确定建筑材料的质量，在接下来的几年中很多测试程序得到发展。这些程序直到今天依然有效地运用于交通工程的研究、设计和具体施工当中。1941 年发明了马歇尔测试。

通过专门的添加剂，从 1950 年起，在低温状态下进行沥青施工成为可能（被称为冷沥青）。为了确定合适的沥青结构厚度，1959 年，在奥地利发展了通过同位素进行无干扰研究的方法并得到成功验证。

为了使机场的飞机跑道尽快投入使用，1963 年在英国出现了干式沥青施工工艺。不久后的 1968 年第一次出现了沥青玛蹄脂施工。20 世纪 70 年代在美国开始实践沥青回收再利用。为了获得更好的密封效果，1979 年开始在垃圾堆场工程中使用沥青。

近几十年来，随着公路等级的不断提高，对沥青材料提出了更高的要求，促使研究工作进一步深入开展。除针入度、延度、软化点目前常用的三大指标外，先后提出了脆点、含蜡量、族组分分析、黏附性及回转薄膜烘箱老化等一系列非常规指标。此外，还应用流变学的理论和方法研究了沥青的黏弹性力学特性、蠕变、应力松弛、沥青性能对温度和时间的依赖关系，以及劲度和针入度指数等与流变学有关的指标。与此同时，出现了各种改性沥青，如向沥青中掺入橡胶、树脂、硫黄及其他高聚物等。

5.1 石油沥青

引例

生活中通常会出现以下现象。

（1）沥青路面常见一些裂缝（图 5.5），尤其是和桥梁涵洞相交接的地方，这是什么原因造成的呢？

（2）夏季炎热时，沥青路面在车轮经常行驶的地方容易出现中间凹陷、两侧隆起的现象（图5.6），这是什么原因造成的呢？

图5.5　沥青路面裂缝

图5.6　沥青路面车辙

5.1.1　石油沥青的生产和分类

1. 石油沥青生产工艺概述

炼制石油沥青的原料是石油。石油沥青是石油原油经蒸馏提炼出各种轻质油（如汽油、柴油等）及润滑油以后的残留物，再经加工而得的产品。生产工艺为原油经常压蒸馏后得到常压渣油，再经减压蒸馏后得到减压渣油。渣油经过减压蒸馏工艺，进一步深拔出各种重质油品，可得到不同稠度的直馏沥青；渣油经不同深度的氧化后，可以得到不同稠度的氧化沥青或半氧化沥青；渣油经不同程度地脱出脱沥青油，可得到不同稠度的溶剂沥青。除轻度蒸馏和轻度氧化的沥青属于高等级慢凝沥青外，这些沥青都属于黏稠沥青。

在黏稠沥青中掺加煤油或汽油等挥发速度较快的溶剂，这种用快速挥发溶剂作稀释剂的沥青，称为中凝液体沥青或快凝液体沥青。为得到不同稠度的沥青，也可以采用硬的沥青与软的沥青（黏稠沥青或慢凝液体沥青）以适当比例调配，称为调配沥青。按照比例不同所得成品可以是黏稠沥青，也可以是慢凝液体沥青。快凝液体沥青需要耗费高价的有机稀释剂，同时要求石料必须是干燥的。为节约溶剂和扩大使用范围，可将沥青分散于有乳化剂的水中而形成沥青乳液，这种乳液又称为乳化沥青。

为更好地发挥石油沥青和煤沥青的优点，选择了适当比例的煤沥青与石油沥青混合而成一种稳定的胶体，这种胶体称为混合沥青。

石油沥青基本生产工艺主要有蒸馏法、氧化法、调和法和溶剂脱沥青法。现代石油沥青的生产过程要综合考虑原油特性和沥青产品技术指标要求，采用多种加工方法的组合生产工艺，简述如下。

1）常减压蒸馏工艺（图5.7）

常减压蒸馏工艺即根据原油不同组分沸点不同，通过在常压和减压条件下加热原油，使原油中沸点较低的轻组分如汽油、煤油、柴油和蜡油等馏分挥发，塔底得到浓缩的高沸点减压渣油，即为沥青产品。通过合理调整蒸馏温度或拔出率，可以生产出不同针入度牌号的沥青产品。

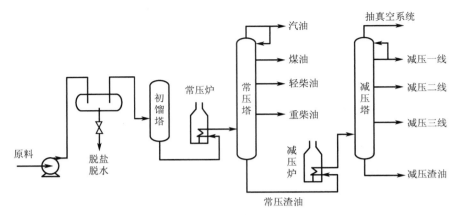

图 5.7　常减压蒸馏工艺流程图

2）氧化工艺

沥青的氧化过程是将软化点低、针入度及温度敏感性大的减压渣油或其他残渣油，在 250～300℃ 的高温下向减压渣油或脱油沥青中吹入空气，使其组成和性能发生变化，所得的产品称为氧化沥青。在沥青性能指标方面，氧化可使其软化点升高、针入度及温度敏感度减小，以达到沥青规格指标和使用性能要求。实际上，由于渣油组成的复杂性，在高温下渣油吹入空气所发生的反应不只是氧化，而是一个十分复杂的多种反应的综合过程，习惯上凡是通过吹空气生产的沥青都称之为氧化沥青。

氧化温度、氧化时间、氧化环境是沥青氧化工艺的关键操作参数。通过改变这三个工艺参数，可获得不同技术等级和用途的沥青，如采用半氧化工艺生产道路沥青，采用半氧化工艺生产道路石油沥青等。

3）溶剂脱沥青工艺

由于非极性的低分子烷烃溶剂对减压渣油中的各组分具有不同的溶解度，利用溶解度的差异可以实现组分分离，因而可以从减压渣油中除去对沥青性质不利的组分，生产出符合规格要求的沥青产品，这就是溶剂脱沥青法，又称溶剂沉淀法。

溶剂脱沥青的关键是选择合适的溶剂。溶剂的选择对产品性能、装置灵活性和经济性等有很大的影响。目前工业上最合适的渣油脱沥青溶剂是 C3～C5 的轻质烃类或它们的混合物，如丙烷、丁烷和戊烷等。

4）调和工艺

调和生产沥青主要是参照沥青中的 4 个化学组分作为调和依据，按沥青的质量要求将组分重新组合起来生产沥青。它可以用同一原油的 4 个组分做调和原料，也可用同一原油或其他原油一两次加工的残渣油或各种工业废料等做调和组分，这样做可降低沥青生产过程中对油源的依赖性，扩大沥青生产的原料来源。

在实际生产中调和沥青往往是用软沥青组分与硬沥青组分调和得到的。软沥青组分主要包括原油的减压渣油及其他炼油产物，如润滑油精制抽出油等；硬沥青组分主要为溶剂脱沥青得到的脱油沥青、减压深拔后的硬质渣油、氧化沥青、天然沥青等。

石油沥青生产工艺流程如图 5.8 所示。

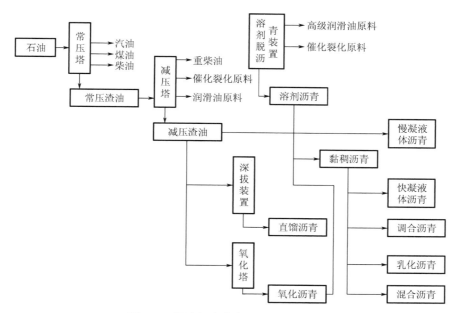

图 5.8 石油沥青生产工艺流程示意图

2. 石油沥青的分类

石油沥青的分类见表 5.1。

表 5.1 石油沥青的分类

分类依据	种 类	说 明
原油成分	石蜡基沥青	因原油中含有大量烷烃，沥青中含蜡量一般大于 5%。因蜡在常温下以晶体存在，降低了沥青的黏结性和塑性。目前开采的油田中大部分为石蜡基沥青，如大庆油田
	环烷基沥青	又称沥青基沥青，含有较多的环烷烃和芳香烃，因此沥青的芳香性高，含蜡量一般小于 2%，黏结性和塑性较高。进口油多为环烷基原油
	中间基沥青	又称混合基沥青，含烃类成分和沥青的性质一般介于石蜡基和环烷基沥青之间，如辽河沥青、胜利沥青
加工方法	直馏沥青	蒸馏法所得沥青称为直馏沥青，通常直馏沥青具有较好的低温变形能力，但温度感应性大
	氧化沥青	氧化法所得沥青称为氧化沥青，由于经数小时氧化反应，氧化沥青稠度较大，通常具有良好的温度稳定性，高温时抗变形能力较好，但氧化程度不能太深，否则低温时变形能力较差。为了防止这种情况发生，可采用半氧化法，所得沥青兼具高温和低温两方面的性能
	溶剂沥青	溶剂脱沥青法所得沥青称为溶剂沥青，溶剂脱沥青法可以让石蜡基渣油原料中的蜡随脱沥青油萃取出，使得到的溶剂沥青的含蜡量大大降低，从而使沥青的性能得到改善
常温稠度	黏稠沥青	针入度小于 300 的石油沥青称为黏稠沥青，其中针入度小于 40 的称为固体沥青，针入度为 40～300 的称为半固体沥青
	液体沥青	用汽油、煤油、柴油等溶剂将石油沥青稀释而成的沥青产品，又称轻制沥青或稀释沥青。液体沥青针入度大于 300

5.1.2 石油沥青的化学组成和结构

1. 石油沥青的元素组成

石油沥青是十分复杂的烃类和非烃类的混合物，它是石油中相对分子质量最大、组成及结构最为复杂的部分。除碳（80%～87%）和氢（10%～15%）两种元素外，还有少量的氧、硫、氮等（<3%），通常称为杂原子。此外，沥青中还富集了原油中的大部分微量金属元素，如镍、钒、铁、镁、锰、钙、钠等，但含量都很少。

2. 石油沥青的化学组分

沥青的化学组成十分复杂，对其进行化学成分分析极为困难，很难根据分子类型或结构划分其组成。目前，通常从工程角度出发，将沥青中化学成分和物理性质相近，并且具有某些共同特征的部分，划分为同一个组，称为组分。这样就可以把沥青看作是由多个组分组成的混合物。我国现行标准《公路工程沥青及沥青混合料试验规程》（JTG E20—2011）规定有三组分和四组分两种分析方法。

1）三组分分析法

三组分分析法是将石油沥青分离为油分、树脂和沥青质三个组分，这三个组分可利用沥青在不同有机溶剂中的选择性溶解分离出来，其三组分的性状见表5.2。

表 5.2　石油沥青三组分分析法的各组分性状

组分 性状	性质与状态	平均分子量	碳氢比	含量（%）	作　用
油分	淡黄至红褐色透明液体，可溶于大部分有机溶剂，具有光学活性，常发现有荧光，相对密度为0.910～0.925	200～700	0.5～0.7	45～60	使沥青具有流动性
树脂	黄至黑色黏稠半固体，温度敏感性强，熔点低于100℃，相对密度大于1.0	800～3000	0.7～0.8	15～30	使沥青具有黏性和塑性
沥青质	深褐至黑色固体粉末粉状微粒，加热不熔化而碳化，使沥青呈黑色，不溶于溶剂，相对密度为1.1～1.5	1000～5000	0.8～1.0	5～30	决定沥青的稳定性

（1）油分。

油分为淡黄色至红褐色的油状液体，是沥青中分子量最小和密度最小的组分，密度为$0.7\sim1.0g/cm^3$。油分赋予沥青以流动性，它能降低沥青的黏度和软化点，含量适当还能增大沥青的延度。

（2）树脂。

树脂为黄色至黑褐色黏稠状物质（半固体），分子量比油分大，密度为$1.0\sim1.1g/cm^3$。

树脂又分为中性树脂和酸性树脂。中性树脂赋予沥青良好的塑性、可流动性和黏结性。其含量增加，沥青的延度和黏结力等性能越好。除中性树脂外，沥青中还含有少量酸性树脂，它是沥青中的表面活性物质，它能改善石油沥青对矿物材料的浸润性，特别是提高了对碳酸盐类岩石的黏附性，并且增加了石油沥青的可乳化性。

（3）沥青质（地沥青质）。

沥青质为深褐色至黑色固态无定形物质（固体粉末），分子量比树脂大，密度为 1.1～1.5g/cm³，沥青质是决定石油沥青温度敏感性、黏性的重要组成部分，其含量越多，则软化点越高，黏性越大，越硬脆。

三组分分析法的优点是组分界限很明确，组分含量能在一定程度上说明它的工程性能，但是它的主要缺点是分析流程复杂，分析时间很长。

2）四组分分析法

四组分分析法是将沥青分离为饱和分、芳香分、胶质和沥青质。其各组分性状见表 5.3。

表 5.3 石油沥青四组分分析法的各组分性状

组分	性 状			
	外观特性	平均相对密度	平均分子量	主要化学结构
饱和分	无色液体	0.89	625	烷烃、环烷烃
芳香分	黄色至红色液体	0.99	730	芳香烃、含 S 衍生物
胶质	棕色黏稠液体	1.09	970	多环结构，含 S、O、N 衍生物
沥青质	深棕色至黑色固体	1.15	3400	缩合环结构，含 S、O、N 衍生物

按照四组分分析法，各组分对沥青性质的影响，根据科尔贝特的研究认为：饱和分含量增加，可使沥青稠度降低（针入度增大）；胶质含量增大，可使沥青的延性增加；在有饱和分存在的条件下，沥青质含量增加，可降低沥青的温度敏感性；胶质和沥青质的含量增加，可使沥青的黏度提高。

3）含蜡量

石油沥青中除了上述组分外，石蜡是经常含有的杂质。石蜡会降低沥青的黏结性、塑性、温度稳定性和耐热性。高温时，石蜡变软，导致沥青路面的高温稳定性降低，出现车辙；另一方面，低温会使沥青变脆、变硬，导致路面低温抗裂性降低，出现裂缝，且蜡会使石料与沥青之间的黏附性降低，使路面的石子与沥青产生剥落，石蜡的存在还会降低沥青路面的抗滑性能，所以蜡是石油沥青的有害成分。蜡存于石油沥青的油分中，故使用时通常需要限制其含量，或采用氯盐处理或用高温吹氧、溶剂脱蜡等方法进行处理。与优质的进口沥青相比，一些国产沥青由于含蜡量高，容易造成沥青稳定性差、路面抗滑性差等问题，限制了其工程应用范围。近年来，随着国产沥青生产工艺的进步，一些国产沥青的性能有了较大的提高，其技术性能也完全能满足工程实际的需要。

石油沥青中的各组分并不是十分稳定的。在阳光、空气、水等外界因素作用下，各组分之间会不断演变，油分、树脂会逐渐减少，沥青质会逐渐增多，这一演变过程称为沥青的老化。沥青老化后，其流动性、塑性变差，脆性增大。

3. 石油沥青的结构

1) 胶体理论

在沥青中，油分和树脂可以互相溶解，树脂能浸润沥青质。因此，石油沥青的结构是以沥青质为核心，周围吸附部分树脂和油分，构成胶团，无数胶团分散在油分中而形成胶体结构。在这个分散体系中，分散相为吸附部分树脂的沥青质，分散介质为溶有树脂的油分。根据沥青中各组分含量的不同，可形成不同类型的胶体结构，表现出不同的性质。

2) 胶体结构类型

根据石油沥青中各组分的化学组成和相对含量的不同，可以形成溶胶型结构、溶-凝胶型结构、凝胶型结构三种不同的胶体结构。

(1) 溶胶型结构 [图 5.9(a)]。

沥青中的沥青质分子量较小，并且含量很少，同时树脂含量较高，构成胶团，这样使胶团能够完全胶溶而分散在油分的介质中。在此情况下，胶团相距较远，它们之间吸引力很小（甚至没有吸引力），胶团可以在分散介质黏度许可范围之内自由运动，这种胶体结构的沥青，称为溶胶型沥青。这类沥青的特点是，当对其施加荷载时，几乎没有弹性效应，所以这类沥青也称为"牛顿流沥青"。通常，大部分直馏沥青都属于溶胶型沥青。这类沥青在性能上，具有较好的自越性和低温时变形能力，但温度感应性较大。

(2) 溶-凝胶型结构 [图 5.9(b)]。

沥青中沥青质含量适当，有较高含量的树脂。这样形成的胶团数量增多，胶体中胶团的浓度增加，胶团距离相对靠近，它们之间有一定的吸引力。这是一种介于溶胶与凝胶之间的结构，称为溶-凝胶型结构，这种胶体结构的沥青，称为溶-凝胶型沥青。这类沥青的特点是，在变形的最初阶段，表现出一定程度的弹性效应，但变形增加至一定数值后，则又表现出一定程度的黏性流动，是一种具有黏弹特性的伪塑性体。这类沥青，有时还有触变性。修筑现代高等级沥青路面用的沥青，都应属于这类胶体结构类型。这类沥青的性能，在高温时具有较小的感温性，低温时又具有较好的变形能力。

(3) 凝胶型结构 [图 5.9(c)]。

沥青中沥青质含量很高，并有相当数量的树脂来形成胶团。这样，沥青中胶团浓度很大程度地增加，它们之间相互的吸引力增加，使胶团靠得很近，形成空间网络结构。此时，液态油分在胶团的网络中成为分散相，连续的胶团成为分散介质。这种胶体结构的沥青，称为凝胶型沥青。这类沥青的特点是，当施加荷载很小时，或在荷载时间很短时，具有明显的弹性变形，有时还具有明显的触变性。这类沥青虽具有较小的温度感应性，但低温变形能力较差。

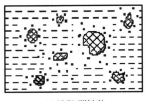 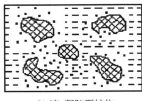 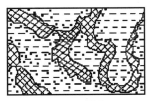

(a) 溶胶型结构　　　　(b) 溶-凝胶型结构　　　　(c) 凝胶型结构

图 5.9　石油沥青的胶体结构示意图

5.1.3 石油沥青的技术性质

由于石油沥青化学组成和结构的特点，使它具有一系列特性，而沥青的性质对沥青路面的使用性能有很大的影响，因此应该对它的基本性能进行研究。

1. 物理常数

1）密度

密度是指在规定温度条件下，单位体积的质量，其单位为 kg/m^3 或 g/cm^3。我国现行试验规程《公路工程沥青及沥青混合料试验规程》（JTG E20—2011）规定，测定 15℃ 时的沥青密度。

2）相对密度

相对密度是指在规定温度下，沥青质量与同体积水质量之比。我国现行试验规程《公路工程沥青及沥青混合料试验规程》（JTG E20—2011）规定，测定 25℃ 时的相对密度。

沥青 15℃ 密度与 25℃ 相对密度之间可以换算，其换算公式如下。

$$沥青与水的相对密度(25℃)＝沥青的密度(15℃)×0.996$$

2. 黏滞性（黏性）

石油沥青的黏滞性是指沥青在外力作用下抵抗变形的一种能力，它是反映沥青材料内部阻碍其相对流动的一种特性。也就是说，它反映了沥青软硬、稀稠的程度，是划分沥青牌号的主要技术指标。当沥青质含量较高，又含适量的树脂和少量油分时，则黏滞性较大。在一定温度范围内，当温度升高时，黏滞性随之降低，反之则增大。沥青的黏滞性通常用黏度表示。

工程上，液体石油沥青的黏滞性用标准黏度指标表示，它表征液体沥青在流动时的内部阻力；对于半固体或固体的石油沥青则用针入度指标表示，它反映石油沥青抵抗剪切变形的能力。

1）沥青的绝对黏度（又称动力黏度）

沥青的绝对黏度采用一种剪切变形的模型来描述，如图 5.10 所示。

互相平行的平面，在两平面之间分布有一沥青薄膜，其厚度为 h。当下层平面固定，外力作用于顶层表面发生位移时，顶层平面移动速度为 u_0，按牛顿定律则可得式(5-1)。

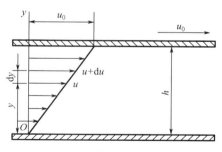

图 5.10 沥青绝对黏度概念图

$$F=\eta \cdot A \cdot \frac{\mathrm{d}u}{\mathrm{d}y} \qquad (5-1)$$

式中：F——移动顶层平面的力（即等于沥青抵抗移动的抗力），N；

A——沥青薄膜层的面积（即接触平面的面积），cm^2；

$\dfrac{\mathrm{d}u}{\mathrm{d}y}$——速度变化梯度（即剪变率）；

η——沥青黏滞性的系数，即绝对黏度，Pa·s。

将式(5-1)进行变换，可得到

$$\tau = \frac{F}{A} = \eta \cdot \frac{\mathrm{d}u}{\mathrm{d}y} \qquad\qquad (5-2)$$

式中：τ——沥青内部的剪切应力，$\mathrm{N/m^2}$。

沥青绝对黏度的测定方法，我国现行试验规程《公路工程沥青及沥青混合料试验规程》（JTG E20—2011）规定，沥青动力黏度采用真空减压毛细管法。其他比较先进的测定沥青动力黏度的方法有布氏旋转黏度计法。

2）沥青的相对黏度（又称条件黏度）

由于绝对黏度测定精密度要求高，操作较复杂，不适于进行工程试验，故一般工程上，多测定沥青的相对黏度。

（1）针入度。

针入度是测定道路石油沥青黏滞性的常用技术指标，一般采用针入度仪测定，其试验示意如图 5.11 所示。

【沥青针入度试验】

沥青的针入度是在规定温度和时间内，附加一定质量的标准针垂直贯入试样的深度，以 0.1mm 表示。试验条件以 $P_{T,m,t}$ 表示，其中 T 是试验温度，m 是荷重，t 是贯入时间。

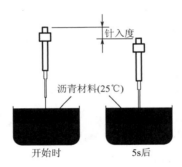

图 5.11　针入度试验示意

我国现行试验规程《公路工程沥青及沥青混合料试验规程》（JTG E20—2011）规定：标准针与针连杆组合件总质量为 (50 ± 0.05)g，另加 (50 ± 0.05)g 砝码一只，试验时总质量为 (100 ± 0.05)g，试验温度为 25℃，标准针贯入时间为 5s。例如，某沥青在上述条件时测得针入度为 60(0.1mm)。可表示为：

$$P_{25℃,100g,5s} = 60(0.1\mathrm{mm})$$

针入度是划分沥青技术等级的主要指标。针入度值越大，表示沥青越软，稠度越小，黏度越小。

（2）黏度。

黏度又称黏滞度，是测定液体石油沥青、乳化沥青和煤沥青等黏滞性的常用技术指标，一般采用道路标准黏度计测定，其试验示意如图 5.12 所示。我国现行试验规程《公路工程沥青及沥青混合料试验规程》（JTG E20—2011）规定：液体状态的沥青材料，在标准黏度计中，于规定的温度条件下（20℃、25℃、30℃或60℃），通过规定的流孔直径（3mm、4mm、5mm及10mm）（根据沥青种类和稠度来选择），流出 50mL 体积所需的时间（s），以 $C_{T,d}$ 表示，其中 C 为黏度，T 为试验温度，d 为流孔直径。例如，某沥青在 60℃时，自

【沥青标准黏度试验】

5mm 孔径流出 50mL 沥青所需时间为 100s，则可表示为 $C_{60,5}=100s$。在相同温度和流孔直径条件下，流出时间越长，表示沥青的黏度越大。我国液体沥青一般采用黏度来划分等级。

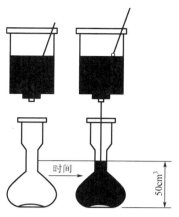

图 5.12 黏滞度试验示意

3. 塑性

塑性是指石油沥青在外力作用时产生变形而不破坏，除去外力后仍然保持变形后的形状不变的性质。它是石油沥青的重要指标之一。

石油沥青的塑性用延度表示。沥青的延度是把沥青制成"8"字形标准试样（中间最小截面积为 $1cm^2$），在规定的拉伸速度（5cm/min 或 1cm/min）和规定温度（25℃，15℃，10℃）下拉断时的伸长长度，以 cm 为单位。延度试验的示意见图 5.13。延度值越大，表示沥青的塑性越好。

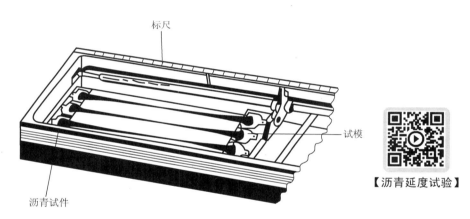

【沥青延度试验】

图 5.13 延度试验示意

一般而言，沥青中油分和地沥青质含量相当，树脂含量越多，延度越大，塑性越好。温度升高，沥青的塑性随之增大。

4. 温度敏感性（温度稳定性）

温度敏感性（温度稳定性）是指石油沥青的黏滞性和塑性随温度升降而变化的性能，是沥青的重要指标之一。

沥青是高分子非晶态热塑性物质的混合物，没有固定的熔点。当温度升高时，沥青由固态或半固态逐渐软化，沥青分子之间发生相对滑动，像液体一样发生黏性流动，这种形态称为黏流态。当温度降低时，沥青又逐渐由黏流态转变为固态（或称高弹态），甚至变硬变脆（像玻璃一样硬脆，这种形态称作玻璃态）。因此，沥青随着温度的上升或者下降，其黏滞性和塑性将发生相应变化。在相同的温度变化间隔里，各种沥青黏滞性和塑性的变化幅度不同，土木工程要求沥青随着温度变化其黏滞性和塑性的变化要小，即温度敏感性要小。

【沥青针入度、延度、软化点试验】

引例解答

引例中（1）的解答：冬季沥青路面易产生横向裂缝的原因主要是低温所致，这种裂缝称之为温度裂缝，这种温度裂缝大多为横向，且上宽下窄。该种路面病害是由于低温时沥青延度减小，低温抗裂性变差引起的，且路表温度最低，故这种裂缝从上往下发展形成上宽下窄的形状。

通常石油沥青中沥青质含量较多，在一定程度上能够减小其温度敏感性。在工程上使用时往往加入滑石粉、石灰石粉或其他矿物填料来减小其温度敏感性。沥青中含蜡量较多时，则会增加温度敏感性。多蜡沥青不能用于直接暴露于阳光和空气中的建筑工程，就是因为该沥青温度敏感性大，当温度不太高（60℃）时就容易发生流淌，在温度较低时又易变硬开裂。

评价温度敏感性的指标很多，常用的是软化点、脆点和针入度指数。

1）高温敏感性用软化点表示

沥青软化点是反映沥青温度敏感性的重要指标。沥青材料从固体转变为黏流态有一定的间隔，因此，规定其中某一状态作为从固态转到黏流态（或某一规定状态）的起点，相应的温度称为沥青软化点。

我国现行试验规程《公路工程沥青及沥青混合料试验规程》（JTG E20—2011）规定：在沥青的常规试验方法中，软化点可采用环球法软化点仪测定，试验如图 5.14 所示。沥青材料装入规定尺寸（内径 19.8mm，下内径 15.9mm，高 6.4mm）的铜环内，上置规定尺寸（9.53mm）和质量（3.5g）的钢球放于水或甘油中，以规定的速度加热，使沥青软化，至钢球下沉达到规定距离（2.54mm）时的温度，即为沥青软化点，以℃表示。

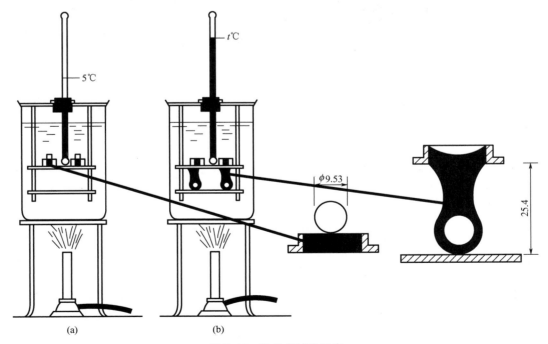

图 5.14　软化点试验示意

软化点是沥青性能随温度变化过程中重要的标志点，在软化点之前，沥青主要表现为黏弹态，而在软化点之后主要表现为黏流态。软化点越高，表明沥青的耐热性越好，即温度稳定性越好，温度敏感性越小。软化点越低，表明沥青在高温下的体积稳定性和承受荷载的能力越差。

引例解答

引例中（2）的解答：夏季城市道路沥青路面出现的这种现象是车辙，可能是由高温时沥青材料软化所致。夏季路面温度高达 60℃ 以上，往往超过沥青的软化点，导致路面抗剪强度降低，路面便产生车辙。

针入度是在规定温度下沥青的条件黏度，而软化点是沥青达到规定条件黏度时的温度，软化点既是反映沥青材料温度敏感性的一个指标，也是沥青黏度的一种量度。

针入度、延度、软化点是评价黏稠石油沥青路用性能的最常用的经验指标，通称为三大指标。

2）低温抗裂性用脆点表示

脆点是指沥青材料由黏塑状态转变为固体状态达到条件脆裂时的温度。

我国现行试验规程《公路工程沥青及沥青混合料试验规程》（JTG E20—2011）规定：沥青脆点采用弗拉斯法测定。试验仪器有弗拉斯脆点仪（图 5.15）和弯曲器（图 5.16）等。

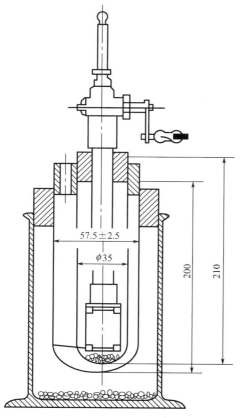

图 5.15　弗拉斯脆点仪（单位：mm）

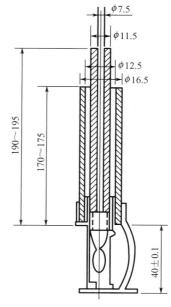

图 5.16　弯曲器（单位：mm）

脆点试验是将 0.4g 沥青涂在金属片上，置于有冷却设备的脆点仪内，摇动脆点仪的曲柄，使涂有沥青的金属片产生弯曲，随着制冷温度降低，沥青薄膜温度逐渐降低，沥青薄膜在规定弯曲条件下产生断裂时的温度即为脆点。脆点低，表明沥青的抗裂性好，脆性大。

在工程应用中，要求沥青具有较高的软化点和较低的脆点，否则容易发生沥青材料夏季流淌或冬季变脆甚至开裂等现象。

3）针入度指数

软化点是人为确定的温度标志点，因此单凭软化点这一指标来反映沥青性能随温度变化的规律并不全面。目前用来反映沥青温度敏感性的常用指标为针入度指数 PI。

（1）针入度-温度感应性系数 A。

根据大量试验结果发现，沥青针入度值的对数与温度具有线性关系，如图 5.17 所示，用式（5-3）表示。

$$\lg P = AT + K \qquad (5-3)$$

式中：P——沥青的针入度，0.1mm；

　　　A——针入度-温度感应性系数，可由针入度和软化点确定；

　　　K——回归系数。

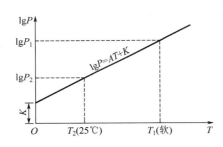

图 5.17　针入度-温度关系图

直线斜率 A 表征沥青针入度（$\lg P$）随温度（T）的变化率，其数值越大，表明温度变化时，沥青的针入度变化得越大，沥青的温度敏感性也越大。因此，可以用直线斜率 A 来表征沥青的温度敏感性，故称 A 为针入度-温度敏感性系数。

根据对多种沥青的研究发现，沥青在软化点温度时，针入度为 600～1000（0.1mm），假定为 800（0.1mm）。因此针入度-温度感应性系数 A 可由式（5-4）表示。

$$A = \frac{\lg 800 - \lg P_{25℃,100g,5s}}{T_{R\&B} - 25} \qquad (5-4)$$

式中：$P_{25℃,100g,5s}$——在 25℃，100g，5s 条件下测定的针入度值，0.1mm；

　　　$T_{R\&B}$——环球法测定的软化点温度，℃。

由于软化点温度时的针入度常与 800 相距甚大，因此斜率 A 应根据不同温度的针入度值来确定，常采用的温度为 15℃、25℃ 及 30℃（或 5℃，必要时增加 10℃、20℃ 等），由式（5-5）计算。

$$A = \frac{\lg P_1 - \lg P_2}{T_1 - T_2} \qquad (5-5)$$

式中：T_1——测定针入度时的某一个试验温度，℃；

　　　T_2——测定针入度时的另一个试验温度，℃；

　　　P_1——试验温度 T_1 时测定的针入度，0.1mm；

　　　P_2——试验温度 T_2 时测定的针入度，0.1mm。

按式（5-5）计算得到的 A 值均为小数，为了使用方便起见，引用针入度指数 PI 来确定。

（2）针入度指数 PI 的确定。

针入度指数可采用实用公式或针入度指数诺模图确定。

① 利用实用公式求针入度指数。

沥青的针入度指数 PI 可按式（5-6）计算

$$PI = \frac{30}{1+50A} - 10 \qquad (5-6)$$

② 查针入度指数诺模图（图 5.18）求针入度指数。

具体方法为：测试沥青在两个温度 T_1 和 T_2 下的针入度 P_1 和 P_2，在图 5.18 中确定 A 点（T_1，P_1）和 B 点（T_2，P_2）的位置，以直线连接 AB 两点。将直线 AB 平行移动至图中的 O 点，与 PI 标尺的交点即为沥青的针入度指数 PI。

（3）按针入度指数可将沥青划分为三种胶体结构。

① 针入度指数 $PI < -2$ 的为溶胶型沥青。

② 针入度指数 $PI > 2$ 的为凝胶型沥青。

③ 针入度指数 $-2 \leqslant PI \leqslant 2$ 的为溶-凝胶型沥青。

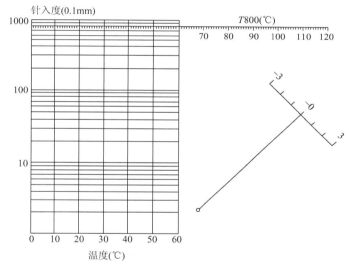

图 5.18　针入度指数诺模图

当 $PI < -2$ 时，沥青的温度敏感性强；当 $PI > 2$ 时，有明显的凝胶特征，耐久性差。一般认为 $-1 \leqslant PI \leqslant 1$ 的溶-凝胶型沥青适宜修筑沥青路面。

5. 加热稳定性（大气稳定性）

沥青在过热或长时间加热过程中，会发生轻质馏分挥发、氧化、裂化、聚合等一系列物理及化学变化，使沥青的化学组成及性质发生变化。这种性质称为沥青加热稳定性。

为了解沥青的耐久性，我国现行试验规程《公路工程沥青及沥青混合料试验规程》（JTG E20—2011）规定：要进行沥青加热后的质量损失和加热后残渣性质的试验，道路石油沥青采用沥青薄膜加热试验，液体石油沥青采用沥青蒸馏试验。

1）道路石油沥青薄膜加热试验

将一定质量的沥青试样装入盛样皿中，使沥青成为厚约 3.2mm 的

【道路石油沥青薄膜加热试验】

薄膜，在163℃的标准薄膜加热烘箱中加热5h后，取出冷却，测定其质量损失，并按规定方法测定残留物的针入度、延度等技术指标。它以沥青试样在加热蒸发前后的蒸发损失百分率和蒸发后的针入度比来评定。蒸发损失百分率越小，蒸发后针入度比越大，则表示沥青大气稳定性越好，即老化越慢。薄膜加热试验（简称 TFOT）可与旋转薄膜加热试验（简称 RTFOT）互相代替。图 5.19 所示为高×宽×深＝(450±50)mm×(450±50)mm×(450±50)mm 的沥青薄膜加热烘箱结构示意，图 5.20 所示为高×宽×深＝381mm×483mm×(445±13)mm 的沥青旋转薄膜加热烘箱结构示意。

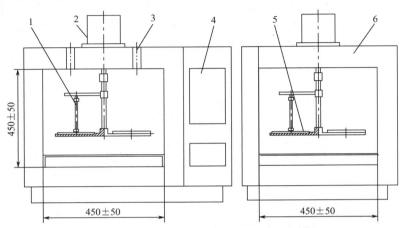

图 5.19　沥青薄膜加热烘箱结构示意（单位：mm）

1—监视温度计；2—转盘电机；3—通气孔；

4—温度控制装置；5—转盘；6—恒温箱体

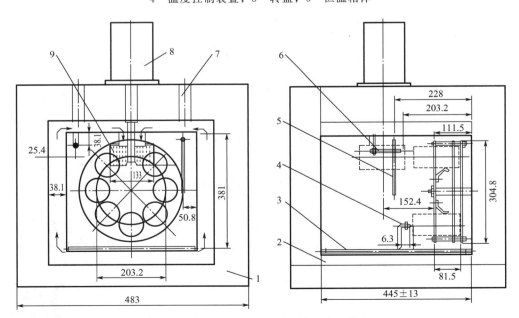

图 5.20　沥青旋转薄膜加热烘箱结构示意（单位：mm）

1—恒温箱体；2—加热电炉；3—盘绕的钢管；4—空气喷嘴；5—监视温度计；

6—温度传感器；7—通气孔；8—风扇风机；9—鼠笼式风扇

2）液体石油沥青蒸馏试验

测定试样受热时，在规定温度（225℃、316℃、360℃）范围内蒸出的馏分含量，以占试样体积百分率表示。每达到规定温度时读取并记录量筒内的馏分体积，计算各温度下馏分的含量。

6. 安全性

沥青材料在使用时必须加热，当加热至一定温度时，沥青材料中挥发的油分蒸气与周围空气组成混合气体，此混合气体遇火焰则易发生闪火。若继续加热，油分蒸气的饱和度增加，由于此种蒸气与空气组成的混合气体遇火焰极易燃烧而引起火灾，为此，必须测定沥青加热闪火和燃烧的温度，即所谓的闪点和燃点。

闪点是指加热沥青挥发出可燃气体与空气组成的混合气体，在规定条件下与火接触，产生闪光时的沥青温度（℃）。燃点是指沥青加热产生的混合气体与火接触，持续燃烧 5s 以上时的沥青温度，一般与闪点相差 10℃。

我国现行试验规程《公路工程沥青及沥青混合料试验规程》（JTG E20—2011）规定：测定沥青的闪点用克利夫兰开口杯式闪点仪，如图 5.21 所示。闪点和燃点是保证沥青加热质量和施工安全的一项重要指标。

7. 溶解度

沥青的溶解度是指石油沥青在三氯乙烯中溶解的百分率。一般来说，不溶物为一些有害物质（如沥青碳或似碳物）的含量，不溶物会降低沥青的黏结性，应加以限制。

8. 含水量

沥青中含有水分，在施工中水分挥发慢，影响施工速度。在加热过程中，如水分过多，易产生"溢锅"现象，引起火灾，造成材料损失。所以在熔化沥青时应加快搅拌速度，使水分蒸发的同时控制加热温度。

9. 非常规的其他性能指标

1）劲度模量

劲度模量是表示沥青材料黏性和弹性两种联合效应的指标。沥青在低温（高黏度）和瞬时荷载作用下，变形量较小，以弹性变形为主；反之，以黏性变形为主。在大多数实际使用情况下，沥青在变形时呈现黏弹性。

范·德·波尔在论述黏弹性材料（沥青）的抗变形能力时，以荷载作用时间（t）和温度（T）作为应力（σ）与应变（ε）之比的函数，即在一定荷载作用时间和温度条件下，应力与应变的比值称为劲度模量（简

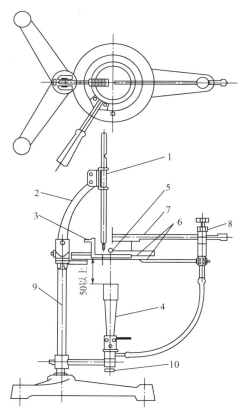

图 5.21　克利夫兰开口杯式闪点仪（单位：mm）
1—温度计；2—温度计支架；3—金属试验杯；
4—器具；5—试验标准球；6—加热板；
7—试验火焰喷嘴；8—试验火焰调节开关；
9—加热板支架；10—加热器调节钮

称劲度），故劲度模量可表示为：

$$S_b = \left(\frac{\sigma}{\epsilon}\right)_{t,T} \tag{5-7}$$

2）黏附性

沥青与集料的黏附性直接影响沥青路面的使用质量和耐久性，所以黏附性是评价沥青技术性能的一个重要指标。沥青裹覆集料后的抗水性（即抗剥性）不仅与沥青的性质密切相关，而且与集料性质有关，一般应优先使用碱性集料。

我国现行试验规程《公路工程沥青及沥青混合料试验规程》（JTG E20—2011）规定：沥青与集料的黏附性试验，由沥青混合料的最大粒径决定，大于 13.2mm 者采用水煮法；小于或等于 13.2mm 者采用水浸法。水煮法是选取粒径为 13.2～19mm、形状接近立方体的规则集料 5 个，经沥青裹覆后，在蒸馏水中沸煮 3min，按沥青膜剥落面积百分率分 5 个等级来评价沥青与集料的黏附性。水浸法是选取 9.5～13.2mm 的集料 100g 与 5.5g 的沥青在规定温度条件下拌和，配制成沥青集料混合料，冷却后浸入 80℃ 的蒸馏水中保持 30min，然后按剥落面积百分率来评定沥青与集料的黏附性。黏附性等级共分 5 个等级，最好的为五级，最差的为一级。

 **特别提示**

经常看到沥青路面上有很多无规律分布的坑洞，并伴随有沥青剥落、集料松散的现象，特别是雨季来临时这种坑洞有增多的趋势。其实这种路面病害与沥青和集料的黏附性有关，黏附性等级低的沥青铺筑的路面，在车辆轮胎与路面之间的动水压力作用下，易形成坑洞等常见水损害现象。

3）老化

沥青在自然因素作用下，产生不可逆的化学变化（变脆、变硬、易于开裂），导致路用性能劣化，称之为老化。老化过程中油分和树脂逐渐减少，而沥青质逐渐增多，因此沥青老化后，在技术性质方面，表现为流动性和塑性逐渐减小，硬度及脆性逐渐增大，具体指标表现为针入度减小、延度降低、软化点升高、绝对黏度提高、脆点降低等。

 **特别提示**

城市里使用时间较长的沥青路面裂缝很多且路面材料松散严重，这主要是由于沥青路面长期暴露于大气中，受各种自然因素的作用产生了老化，导致沥青结合料变脆、变硬，塑性和黏附性减小，从而引起路面开裂和松散。

5.1.4 石油沥青的技术标准

石油沥青按用途不同分为道路石油沥青、建筑石油沥青和液体石油沥青，由于其应用范围不同，分别制定了不同的技术标准。目前我国对建筑石油沥青执行《建筑石油沥青》（GB/T 494—2010）的标准，而道路石油沥青则可按照《公路沥青路面施工技术规范》（JTG F40—2004）中的标准执行。

1. 道路石油沥青的技术标准

1）道路石油沥青的分级

在我国，按现行《公路沥青路面施工技术规范》（JTG F40—2004）的规定，道路石油沥青分为 A 级、B 级、C 级三个等级，适用范围应符合表 5.4 的规定。

表 5.4　道路石油沥青适用范围

沥青等级	适用范围
A 级沥青	各个等级的公路，适用于任何场合和层次
B 级沥青	① 高速公路、一级公路沥青下面层及以下的层次，二级及二级以下公路的各个层次； ② 用作改性沥青、乳化沥青、改性乳化沥青、稀释沥青的基质沥青
C 级沥青	三级及三级以下公路的各个层次

2）道路石油沥青的等级

道路石油沥青按针入度划分为 160 号、130 号、110 号、90 号、70 号、50 号、30 号七个等级。同时对各等级沥青的延度、软化点、闪点、含蜡量、薄膜加热试验等技术指标也提出相应的要求，具体要求见表 5.5。石油沥青的牌号主要根据针入度、延度和软化点等指标划分，并以针入度值表示。同一品种的石油沥青材料，牌号越高，则黏性越小、针入度越大、塑性越好、延度越大、温度敏感性越大、软化点越低。沥青路面采用的沥青等级，宜按照公路等级、气候条件、交通条件、道路类型、在结构层中的层位、受力特点及施工方法等，结合当地的使用经验，经技术论证后确定。

3）道路石油沥青选用的一般原则

（1）对于高速公路、一级公路，夏季温度高、高温持续时间长的地区，重载交通路段、山区及丘陵区上坡路段、服务区、停车场等行车速度慢的路段，尤其是汽车荷载剪应力大的层次，宜采用稠度大、60℃动力黏度大的沥青，也可提高高温气候分区的温度水平选用沥青等级。

（2）对于冬季寒冷的地区或者交通量小的公路、旅游公路宜选用稠度小、低温延度大的沥青。

（3）对于温度日温差、年温差大的地区应选用针入度指数大的沥青。

（4）当缺乏所需等级的沥青时，可采用不同等级掺配的调和沥青，其掺配比例由试验决定，掺配后的沥青质量应符合相应的技术要求（表 5.5）。

2. 道路用液体石油沥青的技术标准

液体石油沥青是指在常温下呈液体状态的沥青，可用于沥青路面施工。它可以是油分含量较高的直馏沥青，也可以是稀释剂稀释后的黏稠沥青。因为稀释剂的挥发速度不同，沥青的凝结速度快慢也不同。根据其凝结速度的快慢，液体石油沥青可分为快凝 AL（R）、中凝 AL（M）和慢凝 AL（S）三个等级。其技术要求见表 5.6。液体石油沥青适用于透层、粘层及拌制冷拌沥青混合料。液体石油沥青宜采用针入度较大的石油沥青，使用前按先加热沥青后加稀释剂的顺序，掺配煤油或轻柴油，经适当的搅拌、稀释制成。掺配比例根据使用要求由试验确定。液体石油沥青在制作、储存、使用的全过程中必须通风良好，并有专人负责，确保安全。基质沥青的加热温度严禁超过 140℃，液体沥青的储存温度不得高于 50℃。

表 5.5　道路石油沥青的主要技术要求

指标	单位	等级	160号④	130号④	110号	90号	70号③	50号	30号④	试验方法①
针入度(25℃,100g,5s)	0.1mm	—	140~200	120~140	100~120	80~100	60~80	40~60	20~40	T0604
适用的气候分区⑥	—	—	—	—	2-1 2-2 3-2	1-1 1-2 1-3 1-4 2-2 2-3 2-4 3-2	1-3 1-4 2-2 2-3 2-4	1-4	—	附录A⑥
针入度指数 PI②	—	A				-1.5~+1.0				T0604
		B				-1.8~+1.0				
软化点(R&B),≥	℃	A	38	40	43	45	46 45	49	55	T0606
		B	36	39	42	43	44 43	46	53	
		C	35	37	41	42	43	45	50	
60℃动力粘度③,≥	Pa·s	A	—	60	120	160	180	200	260	T0620
10℃延度,≥	cm	A	50	50	40	45 30	25 20	15	10	T0605
		B	30	30	30	30 20	20 15	10	8	
15℃延度,≥	cm	A、B				100				
		C	80	80	60	50	40	30	20	
含蜡量(蒸馏法),≤	%	A				2.2				T0615
		B				3.0				
		C				4.5				
闪点,≥	℃	—	230	230	245	245	260	260	260	T0611

指标	单位	等级	沥青等级							试验方法①
			160 号④	130 号④	110 号	90 号	70 号③	50 号④	30 号④	
溶解度，≥	%	—	99.5							T0607
密度（15℃）	g/cm³	—	实测记录							T0603
TFOT（或 RTFOT）后⑤										T0610 或 T0609
质量变化，≤	%	—	±0.8							
残留针入度比，≥	%	A	48	54	55	57	61	63	65	T0604
		B	45	50	52	54	58	60	62	
		C	40	45	48	50	54	58	60	
残留延度（10℃），≥	cm	A	12	12	10	8	6	4	—	T0605
		B	10	10	8	6	4	2	—	
残留延度（15℃），≥	cm	C	40	35	30	20	15	10	—	T0605

① 试验方法按照现行《公路工程沥青及沥青混合料试验规程》（JTG E20—2011）规定的方法执行。用于仲裁试验求取 PI 时的 5 个温度的针入度关系的相关系数不得小于 0.997。

② 经建设单位同意，表中 PI 值、60℃动力黏度、10℃延度可作为选择性指标，也可不作为施工质量检验指标。

③ 70 号沥青可根据需要求供应商提供针入度范围为 60~70 或 70~80 的沥青。50 号沥青可要求提供针入度范围为 40~50 或 50~60 的沥青。

④ 30 号沥青仅适用于沥青稳定基层。130 号和 160 号沥青除寒冷地区可直接在中低级公路上应用外，通常用作乳化沥青、稀释沥青、改性沥青的基质沥青。

⑤ 老化试验以 TFOT 为准，也可以 RTFOT 代替。

⑥ 是指《公路沥青路面施工技术规范》（JTG F40—2004）附录 A：沥青路面使用性能气候分区。

表5.6 道路用液体石油沥青技术要求①

试验项目		单位	快凝		中凝						慢凝						试验方法 JTG E20—2011
			AL(R)-1	AL(R)-2	AL(M)-1	AL(M)-2	AL(M)-3	AL(M)-4	AL(M)-5	AL(M)-6	AL(S)-1	AL(S)-2	AL(S)-3	AL(S)-4	AL(S)-5	AL(S)-6	
黏度②	$C_{25,5}$	s	<20	—	<20	—	—	—	—	—	<20	—	—	—	—	—	T0621
	$C_{60,5}$	s	—	5~15	—	5~15	16~25	26~40	41~100	101~200	—	5~15	16~25	26~40	41~100	101~200	
蒸馏体积	225℃前	%	>20	>15	>10	<7	<3	<2	0	0	—	—	—	—	—	—	T0632
	315℃前	%	>35	>30	<35	<25	<17	<14	<8	<5	—	—	—	—	—	—	
	360℃前	%	>45	>35	<50	<35	<30	<25	<20	<15	<40	<35	<25	<20	<15	<5	
蒸馏后残留物	针入度 (25℃)②	0.1mm	60~200	60~200	100~300	100~300	100~300	100~300	100~300	100~300	—	—	—	—	—	—	T0604
	延度 (25℃)	cm	>60	>60	>60	>60	>60	>60	>60	>60	—	—	—	—	—	—	T0605
	浮漂度 (5℃)	S	—	—	—	—	—	—	—	—	<20	<20	<30	<40	<45	<50	T0631
闪点 (TOC法)③		℃	>30	>30	>65	>65	>65	>65	>65	>65	>70	>70	>100	>100	>120	>120	T0633
含水率,≤		%	0.2	0.2	0.2	0.2	0.2	0.2	0.2	0.2	2.0	2.0	2.0	2.0	2.0	2.0	T0612

① 本表引自中华人民共和国交通行业标准《公路沥青路面施工技术规范》(JTG F40—2004)。

② 黏度使用道路沥青黏度计测定，$C_{T,d}$的脚标第一个数字 T 代表温度(℃)，第二个数字 d 代表孔径(mm)。

③ 闪点(TOC)采用泰格开口杯(Tag Open Cup)法测定。

5.2 煤沥青

引例

我们经常看到有一种和石油沥青非常相似的黑色材料，但这种材料常温下有刺激性臭味，请问这是什么材料？它和石油沥青有什么区别？

煤沥青（图5.22）是炼焦厂或煤气厂的副产品，是由煤干馏产品煤焦油再加工获得的。烟煤在干馏过程中的挥发物质经冷凝而成的黑色黏性液体称为煤焦油，煤焦油经分馏加工提取轻油、中油、重油等组分后所得的残渣即为煤沥青。以高温焦油（700℃以上干馏）为原料可获得数量较多且质量较佳的煤沥青；而低温焦油（450～700℃）则相反，获得的煤沥青数量较少，且往往质量不稳定。

图 5.22　固体煤沥青

5.2.1 煤沥青的化学组成和结构

1. 元素组成

煤沥青的组成主要是芳香族碳氢化合物及其氧、硫和碳的衍生物所组成的混合物。其元素组成主要为 C、H、O、S 和 N。它的元素组成与石油沥青相比较见表5.7。煤沥青元素组成的特点是"碳氢比"较石油沥青大得多，它的化学结构主要是由高度缩聚的芳核及其含氧、氮和硫的衍生物组成，在环结构上带有侧链，但侧链很短。

表 5.7　煤沥青和石油沥青元素组成比较

沥青名称	元素组成					碳氢比（原子比）C/H
	C	H	O	S	N	
煤沥青	93.0	4.5	1.0	0.6	0.9	1.7
石油沥青	86.7	9.7	1.0	2.0	0.6	0.8

2. 化学组成

煤沥青化学组分的分析方法与石油沥青的方法相似。目前煤沥青化学组分分析的方法很多，最常采用的有 E. J. 狄金松法与 B. O. 葛列米尔德方法。E. J. 狄金松法将煤沥青分离为游离碳 C_1、游离碳 C_2、树脂 A、树脂 B 和油分 5 个组分。

各组分的性质简述如下。

1）游离碳

游离碳是高分子的有机化合物的固态碳质微粒，不溶于苯。加热不熔，但高温会分解。煤沥青的游离碳含量增加，可提高其黏度和温度稳定性。但随着游离碳含量的增加，煤沥青的低温脆性也增加。

2）树脂

树脂为环心含氧碳氢化合物。树脂可分为：硬树脂，类似于石油沥青中的沥青质；软树脂，赤褐色黏塑性物质，溶于氯仿，类似于石油沥青中的树脂。

3）油分

油分是液态碳氢化合物。与其他组分比较，油分是结构最简单的物质。除了上述的基本组分外，煤沥青的油分中还含有萘、蒽和酚等。萘和蒽能溶解于油分中，在含量较高或低温时能呈固态晶态析出，影响煤沥青的低温变形能力。酚为苯环中的含羟物质，能溶于水，且易被氧化。煤沥青中酚、萘和水均为有害物质，对其含量必须加以限制。现列举几种道路煤沥青，按 E. J. 狄金松化学组分分析法所分析的结果，示例见表 5.8。

表 5.8　E. J. 狄金松化学组分分析结果

沥青试样	化学组分（%）				
	游离碳 C_1	游离碳 C_2	树脂 A	树脂 B	油分
1	8.25	15.69	20.64	20.65	34.77
2	6.61	9.08	33.85	12.35	38.11
3	8.91	13.37	24.06	16.93	36.73

3. 胶体结构

煤沥青的胶体结构和石油沥青相类似，也是一种复杂胶体分散系，游离碳和硬树脂组成的胶体微粒为分散相，油分为分散介质，而软树脂为保护物质，它吸附于固态分散胶粒周围，逐渐向外扩散，并溶解于油分中，使分散系形成稳定的胶体物质。

5.2.2　煤沥青的技术性质与技术标准

1. 技术性质

煤沥青与石油沥青相比，在技术性质上有下列差异。

1）温度稳定性较低

煤沥青是一种较粗的分散系，由于树脂的可溶性较高，所以表现为热稳定性较低。在一定温度下，当煤沥青的黏度降低时，热稳定性不好的可溶性树脂减少了，而增加了热稳定性好的油分含量。当煤沥青黏度升高时，粗分散相的游离碳含量增加，但不足以补偿由于同时产生的可溶树脂数量的变化带来的热稳定性损失。

2）与矿质集料的黏附性较好

在煤沥青组成中含有较多数量的极性物质，它赋予煤沥青较高的表面活性，所以它与矿质集料具有较好的黏附性。

3）气候稳定性较差

煤沥青化学组成中含有较高含量的不饱和芳香烃，这些化合物有相当大的化学潜能，在周围介质（空气中的氧、日光、温度和紫外线及大气降水）的作用下，老化进程（黏度增加、塑性降低）较石油沥青快。

2. 技术指标

煤沥青的技术指标主要有黏度、蒸馏性能、含水量、甲苯不溶物含量、萘含量、酚含量等项。

1）黏度

黏度是评价煤沥青质量最主要的指标，它表示煤沥青的黏结性。煤沥青的黏度取决于液相组分和固相组分在其组成中的数量比例，当煤沥青中油分含量减少、固态树脂及游离碳含量增加时，则煤沥青的黏度增高。由于煤沥青的温度稳定性和大气稳定性均较差，故当温度变化或老化后其黏度会发生显著变化。煤沥青的黏度测定方法与液体沥青相同，也是用标准黏度计测定。黏度是确定煤沥青等级的主要指标。根据等级不同，常用的温度和流孔有 $C_{30,5}$、$C_{30,10}$、$C_{50,10}$ 和 $C_{60,10}$ 四种。

2）蒸馏性能

煤沥青中含有各种沸点的油分，这些油分的蒸发将影响其性质，因而煤沥青的起始黏滞度并不能完全表达其在使用过程中的黏结性特征。为了预估煤沥青在路面使用过程中的性质变化，在测定其起始黏度的同时，还必须测定煤沥青在各馏程中所含馏分及其蒸馏后残留物的性质。

根据煤沥青的化学组成特征，将其物理化学性质较接近的化合物分为 170℃ 以前的轻油、270℃ 以前的中油和 300℃ 以前的重油 3 个馏程。其中 300℃ 以后的馏分为煤沥青中最有价值的油质部分（主要为蒽油）。煤沥青蒸馏试验是用煤沥青分馏仪，按我国交通行业标准《公路工程沥青及沥青混合料试验规程》（JTG E20—2011）规定采用短颈蒸馏瓶来进行。

煤沥青在分馏出 300℃ 前的油质组分后，其残渣需测软化点（环球法）以表示其性质。

煤沥青各馏分含量的规定，是为了控制其由于蒸发而老化。煤沥青残渣性质试验，是为了保证其残渣具有适宜的黏结性。

3）含水量

煤沥青中含有水分，在施工加热时易产生泡沫或爆沸现象，不易控制。同时，煤沥青作为路面结合料，如含有水分会影响煤沥青与集料的黏附，降低路面强度，因此对煤沥青中的含水量，必须要加以限制。

4）甲苯不溶物含量

甲苯不溶物含量是煤沥青中不溶于热甲苯的物质的含量。这些不溶物主要为游离碳，并含有氧、氮和硫等结构复杂的大分子有机物，以及少量的灰分。这些物质含量过多会降低煤沥青的黏结性，因此必须要加以限制。

5）萘含量

萘在煤沥青中低温时易结晶析出，使煤沥青失去塑性，导致路面冬季易产生裂缝。在常温条件下，萘易挥发、升华，加速煤沥青的老化，并且挥发出的气体对人体有毒害。因此，煤沥青中的萘含量，必须加以限制。

6）酚含量

酚能溶解于水，易导致路面的强度降低；同时酚的水溶物有毒，污染环境，对人类和牲畜有害，因此对其在煤沥青中的含量必须加以限制。

3. 技术要求

煤沥青按其在工程中的应用要求不同，首先是按其稠度分为软煤沥青（液体、半固体的）和硬煤沥青（固体的）两大类。道路工程主要是应用软煤沥青。软煤沥青又按其黏度和有关技术性质分为 9 个等级，见表 5.9。

表 5.9　道路用煤沥青技术要求

试验项目		T-1	T-2	T-3	T-4	T-5	T-6	T-7	T-8	T-9	试验方法
黏度（s）	$C_{30,5}$	5~25	26~70	—	—	—	—	—	—	—	T0621
	$C_{30,10}$	—	—	5~25	26~50	51~120	121~200	—	—	—	
	$C_{50,10}$	—	—	—	—	—	—	10~75	76~200	—	
	$C_{60,10}$	—	—	—	—	—	—	—	—	35~65	
蒸馏试验，馏出量（%）	170℃前	3	3	3	2	1.5	1.5	1.0	1.0	1.0	T0641
	270℃前	20	20	20	15	15	15	10	10	10	
	300℃，≤	15~35	15~35	30	30	25	25	20	20	15	
300℃蒸馏残留物软化点（环球法）（℃）		30~45	30~45	35~65	35~65	35~65	35~65	40~70	40~70	40~70	T0606
水分（%），≤		1.0	1.0	1.0	1.0	1.0	0.5	0.5	0.5	0.5	T0612
甲苯不溶物含量（%），≤		20	20	20	20	20	20	20	20	20	T0646
萘含量（%），≤		5	5	5	4	4	3.5	3	2	2	T0645
焦油酸含量（%），≤		4	4	3	3	2.5	2.5	1.5	1.5	1.5	T0642

煤沥青在道路工程中的适用情况如下。

（1）各种等级公路的各种基层上的透层，宜采用 T-1 或 T-2 级，其他等级不符合喷洒要求时可适当稀释使用。

（2）三级及三级以下的公路铺筑表面处治或贯入式沥青路面，宜采用 T-5、T-6 或 T-7 级。

（3）与道路石油沥青、乳化沥青混合使用，以改善渗透性。

道路用煤沥青严禁用于热拌热铺的沥青混合料，作其他用途时的储存温度宜为 70～90℃，且不得长时间储存。

 引例解答

和石油沥青相似的材料为煤沥青。在工程上使用时，经常容易将煤沥青和石油沥青混淆，表 5.10 简单介绍了石油沥青和煤沥青的简易鉴别方法。

表 5.10　石油沥青和煤沥青的简易鉴别方法

鉴别方法	石油沥青	煤 沥 青
相对密度	接近 1.0	1.25～1.28
燃烧	烟少，无色，有松香味，无毒	烟多，黄色，臭味大，有毒
气味	常温下无刺激性气味	常温下有刺激性臭味
颜色	呈辉亮褐色	浓黑色
溶解试验	可溶于汽油或煤油	难溶于汽油或煤油
锤击	韧性较好，不易碎	韧性差，较脆
大气稳定性	较高	较低
抗腐蚀性	差	强

【煤沥青和石油沥青
的区别和各自用途】

5.3 乳化沥青

引例

道路施工时，基层施工完毕、面层施工之前，有像洒水车一样的车辆在基层上喷洒棕褐色的液体（图 5.23），请问洒布的是什么材料？为什么要洒布这种材料呢？

图 5.23　乳化沥青透层施工

5.3.1　乳化沥青的化学组成和结构

1. 概述

乳化沥青是黏稠沥青经热熔和机械作用后以微滴状态分散于含有乳化剂——稳定剂的

【乳化沥青洒布】

水中，形成水包油（O/W）型的沥青乳液。乳化沥青的应用已有近百年历史，最早用于喷砂除尘，后来逐渐用于道路建筑。由于阳离子乳化剂的采用，乳化沥青得到了更为广泛的应用。乳化沥青不仅可用于路面的维修与养护，也可用于铺筑表面处治、贯入式、沥青碎石、乳化沥青混凝土等各种结构形式的路面，还可用于旧沥青路面的冷再生和防尘处理。

乳化沥青具有许多优越性，主要优点如下。

（1）可冷态施工，节约能源。黏稠沥青通常要加热至160～180℃施工，而乳化沥青可以在常温下进行喷洒、贯入或拌和摊铺，现场无需加热，简化了施工程序，操作简便，节省能源。

（2）可在潮湿基层上使用，能直接与湿集料拌和，黏结力不会减低。而用其他沥青施工，必须在干燥的基层或与干燥的集料拌和才能保证有足够的黏结力。

（3）无毒、无味、不燃、施工安全、保护环境、减少污染。

（4）节省能源、降低成本、增加结构沥青。

（5）可延长施工季节，乳化沥青施工受低温多雨季节影响较少。

同时，乳化沥青也存在如下一些缺点。

（1）稳定性差，储存期不能超过半年，储存期过长容易引起凝聚分层，储存温度必须在0℃以上。

（2）乳化沥青修筑路面成型期较长，最初应控制车辆行驶速度。

2. 组成材料

乳化沥青主要由沥青、乳化剂、稳定剂和水等组成。

1）沥青

沥青是乳化沥青组成的主要材料，占55%～70%，一般采用针入度较大的沥青。

2）乳化剂

乳化剂在乳化沥青中所占的比例较低（一般为千分之几），但对乳化沥青的生产、储存及施工起着关键性的作用。沥青乳化剂是一种表面活性剂，其化学结构由亲油基和亲水基组成。这两个基团具有使互不相溶的沥青与水连接起来的特殊功能。在沥青-水分散体系中，乳化剂分子的亲油基吸引沥青微粒，并以沥青微粒为固体核，乳化剂则包裹在沥青颗粒表面形成吸附层。乳化剂的另一端与水分子吸引，形成一层水膜，它可以机械地阻碍沥青颗粒的聚集。

乳化剂按其能否在溶液中解离生成离子或离子胶束而分为离子型乳化剂和非离子型乳化剂两大类。离子型乳化剂按其解离后亲水端所带的电荷的不同又分为阴离子型、阳离子型和两性离子型乳化剂3类。

（1）阴离子型沥青乳化剂。

阴离子型乳化剂原料易得、生产工艺简单、价格低廉，早在20世纪20年代阴离子型沥青乳化剂就已开始广泛使用。目前该类型乳化剂的使用量虽不及阳离子型乳化剂，但仍在使用。所生产的乳化沥青一般为中裂型，也有部分是慢裂型，可用于稀浆封层、贯入式、表面处治等。

（2）阳离子型沥青乳化剂。

阳离子型乳化沥青比阴离子型乳化沥青的发展要晚一些，但经过多年的实践发现，阴离子沥青的微粒上带有负电荷，与湿润集料表面普遍带有的负电荷相同，由于同性相斥的原因，使得沥青不能尽快黏附到集料表面上，这样会影响路面的早期成型，延迟交通的开放。而阳离子型乳化沥青则克服了以上缺点，所以，近年来阳离子乳化沥青的发展要快得多，用量也大得多。由于我国乳化沥青的生产起步较晚，为赶超世界水平，交通部门是从阳离子型乳化沥青起步的。其标志之一就是原交通部于 1987 年组织力量进行阳离子型乳化沥青及其路用性能的研究。

（3）两性离子型沥青乳化剂。

两性离子型沥青乳化剂的特点是：其带电性是随着溶液的 pH 变化而变化的，但其对氨基酸类乳化剂来说，由于有等电子的存在而在某个 pH 时表现出不带电的状态而溶解度最低，因此应用此类乳化剂时应该注意。由于两性离子的带电状态可随环境的变化而变化，所以这类乳化剂可以在阴离子、阳离子及不同的 pH 环境下应用。这类乳化剂属于高档乳化剂，成本较高，这成为影响其推广应用的主要因素。国内有单位用此类乳化剂进行了乳化沥青的试验研究，但未见有大量应用的报道。

3）稳定剂

为使乳液具有良好的储存稳定性及在施工中（喷洒或拌和机械作用下）的稳定性，应加入适量的稳定剂，可分为有机稳定剂和无机稳定剂。有机稳定剂常用的有聚乙烯醇、聚丙烯酰胺、羧甲基纤维素钠、糊精、MF 废液等，可提高乳液的储存稳定性和施工稳定性。无机稳定剂常用的有氯化钙、氯化镁、氯化铵和氯化铬等，可提高乳液的储存稳定性。稳定剂对乳化剂的协同作用必须通过试验来确定，并且稳定剂的用量不宜过多，一般为沥青乳液的 0.1%～0.05% 为宜。

4）水

水是乳化沥青的主要组成部分，水在乳化沥青中起着润湿、溶解及化学反应的作用，所以要求乳化沥青中的水应当纯净，不含其他杂质，一般要求用每升水中氧化钙含量不得超过 80mg 的洁净水，否则对乳化性能将有很大的影响，并且要多消耗乳化剂。水的用量一般为 30%～70%。

5.3.2　乳化沥青的作用机理

1. 乳化沥青的形成机理

由于沥青与水这两种物质的表面张力相差较大，沥青分散于水中，会因表面张力的作用而使已分散的沥青颗粒重新聚集结成团块。为使沥青能稳定均匀地存在于水中，必须使用乳化剂。沥青能均匀稳定地分散在乳化剂水溶液中的原因主要有以下几个方面。

1）乳化剂降低界面能的作用

由于沥青与水的表面张力相差较大，在一般情况下是不能互溶的，当加入一定乳化剂后，乳化剂能规律地定向排列在沥青和水的界面上，由于乳化剂是一种表面活性物质，分子一端是亲水的，一端是亲油的，亲油的一端吸附于沥青内部，亲水的一端吸附于水中，这样就形成了吸附层，从而降低了沥青和水的表面张力，如图 5.24 所示。

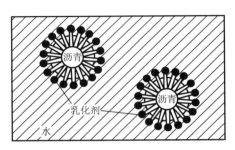

图 5.24　乳化剂在沥青微滴表面形成的界面膜

　　2）界面膜的保护作用

　　乳化剂分子的亲油基吸附在沥青表面，在沥青与水界面形成界面膜，这层界面膜有一定的强度，对沥青起保护作用，使其在相互碰撞时不易聚结。

　　3）界面电荷的稳定作用

　　乳化剂溶于水后发生离解，当亲油基吸附于沥青时，使沥青带有电荷，此时在沥青与水的界面上形成扩散双电层，由于每一个沥青微滴界面都带相同电荷，并且有扩散双电层的作用，故沥青与水的体系称为稳定体系。

　　2. 乳化沥青在集料表面的分裂机理

　　从乳液中分裂出来的沥青微滴在集料表面聚结成一层连续的沥青薄膜，这一过程称为分裂（俗称破乳）。乳液分裂的外观特征是它的颜色由棕褐色变成黑色。

　　1）乳液与集料表面的吸附作用

　　（1）阴离子乳液（沥青微滴带负电荷）与带正电荷的碱性集料（石灰石、玄武石等）具有较好的黏结性。

　　（2）阳离子乳液（沥青微滴带正电荷）与带负电荷的酸性集料（花岗岩、石英石等）具有较好的黏结性，同时与碱性集料也有较好的亲和力。

　　2）水分的蒸发作用

　　洒布在路上的乳化沥青，水分蒸发速度的快慢与温度、湿度、风速等条件有关。在温度较高、有风的环境中，水分蒸发较快，反之较慢。通常当沥青乳液中水分蒸发到沥青乳液的 $80\%\sim90\%$ 时，乳化沥青即开始凝结。

5.3.3　乳化沥青的性质与技术标准

　　乳化沥青在使用时，与砂石集料拌和成型后，在空气中逐渐脱水，水膜变薄，使沥青颗粒靠拢，将乳化剂薄膜挤裂而凝成连续的沥青黏结层，成膜后的乳化沥青具有一定的耐热性、黏结性、抗裂性、韧性及防水性。

　　乳化沥青的性质应符合表 5.11 的规定。在高温条件下宜采用黏度较大的乳化沥青，寒冷条件下宜采用黏度较小的乳化沥青。

表 5.11 乳化沥青的性质

试验项目	单位	阳离子 喷洒用 PC-1	PC-2	PC-3	阳离子 拌和用 BC-1	阴离子 喷洒用 PA-1	PA-2	PA-3	阴离子 拌和用 BA-1	非离子 喷洒用 PN-2	非离子 拌和用 BN-1	试验方法
破乳速度	—	快裂	慢裂	快裂或中裂	慢裂或中裂	快裂	慢裂	快裂或中裂	慢裂或中裂	慢裂	慢裂	T0658
粒子电荷	—	阳离子（＋）				阴离子（－）				非离子		T0653
筛上残留物（1.18mm 筛），≤	%	0.1				0.1				0.1		T0652
黏度 恩格拉黏度计 E_{25}	—	2~10	1~6	1~6	2~30	2~10	1~6	1~6	2~30	1~6	2~30	T0622
黏度 道路标准黏度计 $C_{25.3}$	s	10~25	8~20	8~20	10~60	10~25	8~20	8~20	10~60	8~20	10~60	T0621
蒸发残留物 残留分含量，≥	%	50	50	50	55	50	50	50	55	50	55	T0651
蒸发残留物 溶解度，≥	%	97.5				97.5				97.5		T0607
蒸发残留物 针入度（25℃）	0.1mm	50~200	50~300	45~150		50~200	50~300	45~150		50~300	60~300	T0604
蒸发残留物 延度（15℃）	cm	40				40				40		T0605
与粗集料的黏附性，裹覆面积，≥	—	2/3			—	2/3			—	2/3		T0654
与粗、细粒式集料拌和试验	—	—			均匀	—			均匀	—		T0659
水泥拌和试验的筛上剩余，≤	%	—				—					3	T0657
常温储存稳定性： 1d，≤	%	1				1				1		T0655
常温储存稳定性： 5d，≤		5				5				5		

注：1. P 为喷洒型，B 为拌和型，C、A、N 分别表示阳离子、阴离子、非离子乳化沥青。

2. 黏度可选用恩格拉黏度计或沥青标准黏度计之一测定。

3. 表中的破乳速度、与集料的黏附性、拌和试验的要求与所使用的石料品种有关，质量检验时应采用工程上实际的石料进行试验，仅进行乳化沥青产品质量评定时可不要求此三项指标。

4. 储存稳定性根据施工实际情况选用试验时间，通常采用 5d，乳液生产后能在当天使用时也可用 1d 的稳定性。

5. 当乳化沥青需要在低温冰冻条件下储存或使用时，尚需按 T0656 进行 －5℃ 低温储存稳定性试验，要求没有粗颗粒、不结块。

6. 如果乳化沥青是将高浓度产品运到现场经稀释后使用时，表中的蒸发残留物等各项指标指稀释前乳化沥青的要求。

5.3.4 乳化沥青的应用

乳化沥青适用于沥青表面处治路面、沥青贯入式路面、常温沥青混合料路面，以及透层、粘层与封层。乳化沥青的类型应根据使用目的、矿料种类、气候条件选用。对酸性石料，以及当石料处于潮湿状态或在低温下施工时，宜采用阳离子乳化沥青；对碱性石料，且石料处于干燥状态，或与水泥、石灰、粉煤灰共同使用时，宜采用阴离子乳化沥青。乳化沥青的品种和适用范围宜符合表 5.12 的规定。

表 5.12　乳化沥青品种和适用范围

分　类	品种及代号	适用范围
阳离子乳化沥青	PC－1	表面处治、贯入式路面及下封层用
	PC－2	透层油及基层养生用
	PC－3	粘层油用
	BC－1	稀浆封层或冷拌沥青混合料用
阴离子乳化沥青	PA－1	表面处治、贯入式路面及下封层用
	PA－2	透层油及基层养生用
	PA－3	粘层油用
	BA－1	稀浆封层或冷拌沥青混合料用
非离子乳化沥青	PN－2	透层油用
	BN－1	与水泥稳定集料同时使用（基层路拌或再生）

 知识链接

沥青面层是由沥青材料、矿料及其他外加剂按要求比例混合、铺筑而成的单层或多层式结构层。三层铺筑的沥青面层自上而下称为上面层（也称表面层）、中面层、下面层（也称底面层）。

（1）透层是为使沥青面层与非沥青材料基层结合良好，在基层上浇洒乳化沥青、煤沥青或液体石油沥青而形成的透入基层表面的薄层。

（2）粘层是为加强路面的沥青层之间、沥青层与水泥混凝土路面之间的黏结而洒布的沥青材料薄层。

（3）封层是为封闭表面空隙、防止水分浸入面层或基层而铺筑的沥青混合料薄层。铺筑在面层表面的称为上封层，铺筑在面层下面的称为下封层。

 **引例解答**

在基层上洒布的薄层是乳化沥青，这一薄层称为透层，其作用是使沥青面层与无机结合料稳定材料基层结合良好，使各路面结构层形成一个整体，共同承受车辆荷载。

引例

　　某城市道路沥青路面横向裂缝较多，这种裂缝大部分都是下宽上窄形的，后来在 2002 年道路改造时在基层和面层之间铺设了应力吸收层（图 5.25），2010 年路况调查时则未发现这种下宽上窄形的横向裂缝。请问这种应力吸收层是用什么材料做成的呢？为什么在基层和面层之间铺设了这种材料后原来的横向裂缝病害就没有了？

图 5.25　应力吸收层施工

5.4.1　概述

　　由于现代道路交通流量的迅猛增长、货车的轴载大大增加和交通渠化行驶等因素的影响，要求沥青路面的高温抗车辙能力、低温抗裂能力、抗水损害能力进一步加强，因此，对沥青路面沥青材料的性能提出了更高的要求。通过对沥青材料的改性，可以改善沥青材料以下几方面的性能：提高高温抗变形能力，可以增强沥青路面的抗车辙性能；提高沥青的弹性性能，可以增强沥青的抗低温和抗疲劳开裂性能，改善沥青与石料的黏附性；提高沥青的抗老化能力，可以延长沥青路面的寿命。

　　改性沥青是指掺加橡胶、树脂、高分子聚合物、磨细的橡胶粉或其他填料等外加剂（改性剂），或采用对沥青轻度氧化加工等措施，使沥青的性能得以改善而制成的沥青结合料。改性沥青比普通沥青表现出了明显的优势，其针入度降低，软化点提高，这使得沥青路面的高温稳定性提高，车辙现象减少，同时延度增加，从而减少了路面的低温开裂，提高了沥青路面承受环境不良因素影响的能力，延长了路面的使用寿命。

5.4.2 改性沥青的分类及技术性能

改性沥青的优良性能来源于它所添加的改性剂，这种改性剂在温度和动能的作用下不仅可以互相合并，而且还可以与沥青发生反应，从而极大地改善了沥青的力学性质，犹如在混凝土中加入了钢筋。

改性剂是指在沥青或沥青混合料中加入的天然的或人工的有机或无机材料，可熔融、分散在沥青中，从而改善或提高沥青路面性能（与沥青发生反应或裹覆在集料表面上）。

从狭义上说，现在所指的道路改性沥青一般是指聚合物改性沥青。按照改性剂的不同，一般将其分为以下 3 类。

1. 热塑性橡胶类改性沥青

热塑性橡胶类改性沥青所用的改性剂主要是苯乙烯类嵌段共聚物，如苯乙烯-丁二烯-苯乙烯（SBS）、苯乙烯-异戊二烯-苯乙烯（SIS）、苯乙烯-聚乙烯/丁基-聚乙烯（SE/BS）等嵌段共聚物。由于热塑性橡胶类改性沥青兼具橡胶和树脂两类改性沥青的结构与性质，故也称为橡胶树脂类改性沥青。由于其具有良好的高温、低温和弹性恢复性能（变形的自恢复性及裂缝的自越性），目前已成为世界上最为普遍使用的道路沥青改性剂。1994 年修建的首都机场高速公路及 1996 年修建的北京至八达岭高速公路，用的就是 SBS 改性沥青。

2. 橡胶类改性沥青

橡胶类改性沥青所用的改性剂有天然橡胶（NR）、丁苯橡胶（SBR）、氯丁橡胶（CR）、丁二烯橡胶（BR）、异戊二烯橡胶（IR）、乙丙橡胶（EPR）、丙烯腈-丁二烯橡胶（NBR）、异丁烯-异戊二烯橡胶（IIR）、苯乙烯-异戊二烯橡胶（SIR）等，还有硅橡胶（SR）、氟橡胶（FR）等。其中 SBR 是世界上应用最为广泛的改性剂之一，尤其是胶乳形式的使用越来越广泛。CR 具有极性，常掺入煤沥青中使用，已成为煤沥青的改性剂。SBR 改性沥青抗低温性能好，软化点低，适用于寒冷地区，如青藏公路上就铺筑了 SBR 改性沥青路面。

3. 热塑性树脂类改性沥青

热塑性树脂类改性沥青所用的改性剂有乙烯-乙酸乙烯酯共聚物（EVA）、聚乙烯（PE）、无规聚丙烯（APP）、聚氯乙烯（PVC）、聚苯乙烯（PS）、聚酰胺等，还包括乙烯-丙烯酸乙酯共聚物（EEA）、聚丙烯（PP）、丙烯腈-丁二烯-苯乙烯共聚物（ABS）等，这一类热塑性树脂的共同特点是加热后软化，冷却时硬化变硬。此类改性剂的最大特点是使沥青结合料在常温下黏度增大，从而使沥青的高温稳定性增加，遗憾的是并不能使沥青混合料的弹性增加，且加热后易离析，再次冷却时会产生众多的弥散体。EVA 由于其乙酸乙烯的含量及熔融指数 MI 的不同，分为许多牌号，不同品种的 EVA 改性沥青的性能有较大的差别。APP 由于价格低廉，用于改性沥青油毡较多，其缺点是与集料的黏结力较小。

 知识链接

路面工程中使用改性沥青时，可根据沥青改性的目的和要求选择改性剂，初步选择的改性剂的原则如下。

（1）为提高沥青的抗永久变形能力，宜使用热塑性橡胶类、热塑性树脂类改性剂。

（2）为提高沥青的抗低温变形能力，宜使用热塑性橡胶类、橡胶类改性剂。

（3）为提高沥青的抗疲劳开裂能力，宜使用热塑性橡胶类、橡胶类、热塑性树脂类改性剂。

（4）为提高沥青的抗水损坏能力，宜使用各类抗剥落剂等外掺剂。

5.4.3 改性沥青的应用

目前，改性沥青可用做排水或吸音磨耗层及下面的防水层；在老路面上做应力吸收膜中间层，以减少反射裂缝；在重载交通道路的老路面上加铺薄或超薄的沥青面层，以提高耐久性；在老路面上或新建一般公路上做表面处治，以恢复路面使用性能或减少养护工作量等。

引例解答

城市道路一般为半刚性基层沥青路面，沥青面层厚度较薄，故容易产生上窄下宽的横向裂缝，这种裂缝称之为反射裂缝，它是由于基层开裂并向上发展引起的。在基层和面层之间铺设应力吸收层，可以防止基层裂缝向面层发展，该城市道路的应力吸收层采用了 SBS 改性沥青，由于 SBS 改性沥青具有良好的弹性恢复性能，对防止裂缝开展具有很好的效果。

项目小结

本项目对石油沥青、煤沥青、乳化沥青、改性沥青做了较为详细的阐述。本项目的教学目标是使学生掌握道路石油沥青的化学组分、胶体结构、技术性质和评价方法，熟悉石油沥青的技术标准；简单了解液体石油沥青和煤沥青的技术性质和技术要求，了解乳化沥青的组成、性质、形成机理与技术要求，掌握改性沥青的分类、特性和技术要求。

复习题

一、单选题

1. 沥青产品的纯洁程度用（　　）表示。

A. 密度　　　　　B. 溶解度　　　　　C. 针入度　　　　　D. 残留蒸发损失

2. 在 15℃采用比重瓶测得的沥青密度是沥青的（　　）。

A. 表观密度　　　B. 实际密度　　　　C. 相对密度　　　　D. 毛体积密度

3. 我国现行标准是以（　　）为等级来划分沥青等级的。

A. 延度　　　　　B. 软化点　　　　　C. 针入度　　　　　D. 残留蒸发损失

4. 沥青黏稠性较高，说明沥青（　　）。

A. 等级较低　　　　　　　　　　　　B. 高温时易软化

C. 针入度较大　　　　　　　　　　　D. 更适应我国北方地区

5. 沥青针入度试验时不会用到的仪器是（　　）。

A. 恒温水浴箱　　　B. 秒表　　　　C. 台秤　　　　D. 针入度仪

6. 沥青针入度试验温度控制精度为（　　）℃。

A. ±1　　　　　　B. ±0.5　　　　C. ±0.2　　　　D. ±0.1

7. 下列有关沥青与集料黏附性试验表述正确的内容是（　　）。

A. 偏粗的颗粒采用水浸法　　　　　　B. 偏细的颗粒采用水煮法

C. 试验结果采用定量方法表达　　　　D. Ⅰ级黏附性最差，Ⅴ级最好

8. 按现行交通行业标准，以下指标不属于沥青路面使用性能气候分区的指标是（　　）。

A. 高温指标　　　B. 雨量指标　　　C. 低温指标　　　D. 降雨强度指标

9. 一般用（　　）的大小来评定沥青的塑性。

A. 延度　　　　　B. 针入度　　　　C. 黏滞度　　　　D. 黏度

10. 沥青针入度试验3次测试结果均在60～80之间，其结果最大值和最小值的容许差值是（　　）mm。

A. 2　　　　　　B. 3　　　　　　C. 4　　　　　　D. 5

11. 沥青旋转薄膜加热试验后的沥青性质试验应在（　　）内完成。

A. 72h　　　　　B. 90h　　　　　C. 63h　　　　　D. 1d

12. 做乳化沥青筛上剩余量的试验时，所用滤筛的孔径是（　　）mm。

A. 1　　　　　　B. 1.18　　　　　C. 1.2　　　　　D. 1.25

13. 评价沥青老化性能的试验方法是（　　）。

A. 闪点试验　　　　　　　　　　　　B. 薄膜烘箱试验

C. 加热质量损失试验　　　　　　　　D. 溶解度试验

14. 与沥青黏滞性无关的指标是（　　）。

A. 黏稠性　　　　B. 软化点　　　　C. 针入度　　　　D. 黏附性

15. 沥青的（　　）越大，表示沥青的感温性越低。

A. 软化点　　　　B. 延度　　　　　C. 脆点　　　　　D. 针入度指数

16. 沥青试验时，试样加热的次数不能超过（　　）。

A. 1次　　　　　B. 2次　　　　　C. 3次　　　　　D. 4次

二、多选题

1. 沥青密度或相对密度的试验温度可选（　　）。

A. 20℃　　　　　B. 25℃　　　　　C. 15℃　　　　　D. 30℃

2. 软化点试验时，软化点在80℃以下和80℃以上其加热起始温度不同，分别是（　　）。

A. 室温　　　　　B. 5℃　　　　　C. 22℃　　　　　D. 32℃

3. 针入度试验属条件性试验，其条件主要有3项，即（　　）。

A. 时间　　　　　B. 温度　　　　　C. 针质量　　　　D. 沥青试样数量

4. 评价沥青与集料黏附性的常用方法是（　　）。

A. 水煮法　　　　B. 水浸法　　　　C. 光电分光光度法　D. 溶解-吸附法

5. 评价沥青路用性能最常用的经验指标是（　　　）三项指标。

A. 抗老化性　　　　B. 针入度　　　　　C. 软化点　　　　　　D. 延度

6. 等级较低的沥青在性能上意味着（　　　）。

A. 较小的针入度　　　　　　　　　　B. 具有相对较好的抗变形能力

C. 黏稠性较高　　　　　　　　　　　D. 更适用于华北地区

三、判断题

1. 为保证沥青路用品质，沥青中的含蜡量越低越好。（　　　）

2. 沥青软化点试验时，升温速度为（5±0.5）℃/min。（　　　）

3. 软化点能反映沥青材料的热稳定性，也是沥青黏度的一种表示方式。（　　　）

4. 老化前后沥青的针入度比有可能大于1。（　　　）

5. 沥青针入度值越大，其温度稳定性越好。（　　　）

6. 沥青针入度值越小，表示沥青越硬。（　　　）

7. 评价黏稠石油沥青路用性能最常用的三大技术指标为针入度、软化点及脆点。

（　　　）

8. 沥青软化点试验时，当升温速度超过规定的升温速度时，试验结果将偏高。

（　　　）

9. 沥青与矿料的黏附等级越高，说明沥青与矿料的黏附性越好。（　　　）

10. 软化点既是反映沥青材料热稳定性的一个指标，也是沥青黏性的一种量度。我国采用环球法进行软化点试验。（　　　）

11. 在水煮法测定石料的黏附性试验中，当沥青剥落面积小于30%时可将其黏附性等级评定为4级。（　　　）

12. 目前评价沥青与集料之间黏附性好坏的常规评价方法是水煮法或水浸法。（　　　）

13. 在华北地区修筑公路选用的沥青等级要比华南地区高一些。（　　　）

14. 沥青软化点越低，沥青路面夏季越不易发软。（　　　）

15. 一般根据沥青的三大指标确定沥青的等级。（　　　）

16. 针入度是划分（或确定）沥青等级的唯一指标。（　　　）

17. 沥青加热脱水时，必须防止局部过热。（　　　）

18. 通常，黏稠沥青针入度越大，软化点越小。（　　　）

19. 道路石油沥青黏度越大，其针入度越小。（　　　）

四、简答题

1. 简述水煮法测定沥青与粗集料黏附性的试验步骤。

2. 石油沥青的三大指标是什么？它们表示沥青的哪些性质？

3. 简述石油沥青延度试验的试验条件及注意事项。

4. 简述沥青混凝土高温稳定性的定义及评价指标。如何通过材料性能来提高沥青混凝土的高温稳定性？

5. 沥青混凝土试件密度的试验方法有几种？各适用于何种条件？

6. 试述轮碾法制备车辙试件的步骤。

7. 道路黏稠石油沥青的三大指标指的是什么？其表征的技术性质分别是什么？其单位分别是什么？

8. 沥青的黏滞性对于黏稠沥青用什么表示？

9. 石油沥青的结构有哪三种类型？判定其结构类型的依据是什么？路用优质沥青属于哪种结构？

10. 石油沥青的温度稳定性用什么表示？

11. 我国黏稠沥青的牌号是按什么划分的？测试条件是什么？

12. 乳化沥青的组成材料有哪些？

13. 表征石油沥青安全性的指标有哪些？

14. 普通黏稠石油沥青延度试验的试验温度和拉伸速度各是多少？

15. 道路石油沥青有哪些等级？各自的适用范围是什么？

16. 什么是沥青的老化？说明老化的过程及沥青老化之后的特点。

17. 什么是乳化沥青？它有什么特点？

18. 简述道路石油沥青的化学组分与路用性能的关系。

项目 **6** 沥青混合料

思维导图

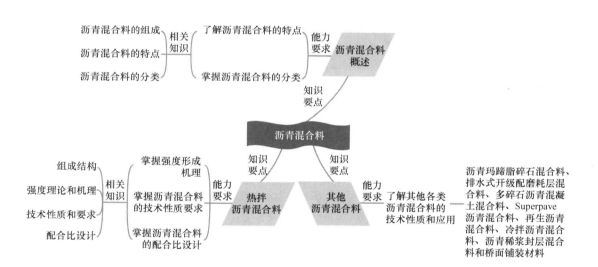

项目导读

　　沥青混合料是由矿质混合料（简称矿料）与沥青结合料拌和而成的混合料的总称，其中矿料起骨架作用，沥青与填料起胶结和填充作用。按照现代沥青路面的施工工艺，沥青混合料可以修建不同结构的沥青路面。最常用的沥青路面包括沥青表面处治、沥青贯入式、沥青碎石和沥青混凝土四种。

6.1 沥青混合料概述

引例

现在高速公路及中大桥桥面铺装已基本全部采用黑色路面，即沥青路面，如图 6.1 和图 6.2 所示。其原因何在？

图 6.1　高速公路沥青路面

图 6.2　沥青混合料桥面铺装

6.1.1　沥青混合料的特点

沥青混合料作为公路和城市道路路面最主要的材料，其优点如下。

（1）沥青混合料是一种黏弹性材料，具有良好的力学性质，铺筑的路面平整无接缝，振动小，噪声低，行车舒适。

（2）沥青混合料具有良好的路用性能，路面平整且具有一定的粗糙度，耐磨性好，路面为黑色，无强烈反光，有利于行车安全。

（3）施工方便，养护期短，能及时开放交通。

（4）沥青混合料路面可分期改造，旧沥青混合料可再生利用。

当然，沥青混合料也有以下一些不足之处。

（1）由于沥青结合料存在老化问题，故在长期的大气因素作用下，因沥青塑性降低，脆性增强，黏聚力减小，导致沥青混合料路面表层产生松散，引起路面破坏。

（2）一些沥青混合料温度稳定性差。夏季高温沥青易软化，路面易产生车辙、波浪等现象；冬季低温时易脆裂，在车辆重复荷载作用下易产生开裂。

 **引例解答**

沥青路面越来越多地被应用于不同等级的公路及城市道路，这主要是因为铺筑沥青路面所用的沥青混合料具有其他材料无法比拟的优越性。其优点前文已介绍。但由于沥青混合料也存在一些缺点，这就需要我们在工程中合理地运用它，以避免或减少路面病害的发生。

6.1.2 沥青混合料的分类

沥青混合料的分类方法取决于矿质混合料的级配、集料的最大粒径、压实孔隙率和沥青品种等。

1. 按结合料的类型分类

根据沥青混合料中所用沥青结合料的不同，可分为石油沥青混合料和煤沥青混合料，但煤沥青对环境污染严重，一般工程中很少采用煤沥青混合料。

2. 按制造工艺分类

（1）热拌热铺沥青混合料。主要采用黏稠石油沥青作为结合料，需要将沥青与矿料在热态下拌和、热态下摊铺碾压成型，简称热拌沥青混合料。

（2）冷拌沥青混合料。采用乳化沥青、改性乳化沥青或液体沥青在常温下与矿料拌和后铺筑而成。

（3）再生沥青混合料。指将需翻修或废弃的旧沥青路面，经翻挖、破碎后回收旧沥青混合料，然后将其与再生剂、新集料、新沥青材料等按一定比例重新拌和，形成具有一定路面性能的再生沥青混合料。

3. 按矿质混合料的级配类型分类

（1）连续级配沥青混合料。矿料按级配原则，从大到小各级粒径都有，按比例相互搭配组成的沥青混合料。

（2）间断级配沥青混合料。矿料级配组成中缺少1个或几个粒径档次（或用量很少）而形成的沥青混合料。

4. 按矿料级配组成及孔隙率大小分类

（1）密级配沥青混合料。指按密实级配原理设计组成的各种粒径颗粒的矿料与沥青结合料拌和而成，设计空隙率较小（对不同交通类型、气候情况及层次可做适当调整）的密实式沥青混凝土混合料和密实式沥青稳定碎石混合料。按关键性筛孔通过率的不同，又可分为细型（C型）、粗型（F型）密级配沥青混合料等。粗集料嵌挤作用较好的也称嵌挤密实型沥青混合料。

（2）半开级配沥青混合料。指由适当比例的粗集料、细集料及少量填料（或不加填料）与沥青结合料拌和而成，经马歇尔标准击实成型的试件剩余空隙率为 6%～12% 的半开式沥青碎石混合料。

（3）开级配沥青混合料。指矿料级配主要由粗集料嵌挤组成，细集料及填料较少，设计空隙率为 18% 的沥青混合料。

知识链接

密级配沥青混合料的主要代表有 AC（沥青混凝土）混合料和 ATB（沥青稳定碎石）混合料类。前者设计空隙率通常为 3%～5%，具体应根据不同的交通类型、气候特点而定，可适用于任何面层结构；后者设计空隙率通常为 3%～6%，但粒径为粗粒式及特粗式，主要适用于基层。此外，间断级配的 SMA（沥青玛蹄脂碎石）混合料也属于密级配，设计空隙率通常为 3%～4%。

半开级配沥青混合料的主要代表有 AM（沥青稳定碎石）混合料，适用于三级及三级以下公路、乡村公路，此时表面应设置致密的上封层。

开级配沥青混合料的主要代表有 OGFC（排水式沥青磨耗层）混合料、ATPB（排水式沥青稳定碎石基层）混合料。

这些代表沥青混合料中，AC、ATB 及 AM 为连续级配，SMA、OGFC 及 ATPB 为间断级配。

5. 按矿料公称最大粒径分类

（1）特粗式沥青混合料。集料公称最大粒径等于或大于 31.5mm 的沥青混合料。

（2）粗粒式沥青混合料。集料公称最大粒径为 26.5mm 的沥青混合料。

（3）中粒式沥青混合料。集料公称最大粒径为 16mm 或 19mm 的沥青混合料。

（4）细粒式沥青混合料。集料公称最大粒径为 9.5mm 或 13.2mm 的沥青混合料。

（5）砂粒式沥青混合料。集料公称最大粒径小于 9.5mm 的沥青混合料。

知识链接

集料最大粒径是指筛分试验中，通过率为 100% 的最小标准筛筛孔尺寸。例如 AC16，其最大粒径为 19mm。集料公称最大粒径是指全部通过或允许少量不通过的最小一级标准筛筛孔尺寸。例如 AC16，其公称最大粒径为 16mm。实际上沥青混合料名称中的数值即为公称最大粒径，通常公称最大粒径比最大粒径小一个粒级。

6.2 热拌沥青混合料

引例

某公路路面出现了许多坑槽（图 6.3），并伴有沥青从集料表面剥落、沥青混合料松散等现象，请问这是什么原因造成的？

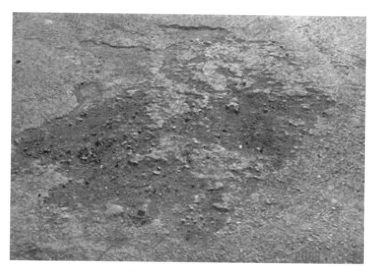

图 6.3　沥青路面坑槽

热拌沥青混合料（简称 HMA）是经人工组配的矿质混合料与黏稠沥青在专门设备中加热拌和而成，用保温运输工具运送至施工现场，并在热态下进行摊铺和压实的混合料。热拌沥青混合料适用于各种等级公路的沥青路面。其种类按集料公称最大粒径、矿料级配、空隙率划分，具体见表 6.1。

表 6.1　热拌沥青混合料种类

混合料类型	密级配			开级配		半开级配	公称最大粒径（mm）	最大粒径（mm）
	连续级配		间断级配	间断级配				
	沥青混凝土	沥青稳定碎石	沥青玛蹄脂碎石	排水式沥青磨耗层	排水式沥青稳定碎石基层	沥青稳定碎石		
特粗式	—	ATB－40	—	—	ATPB－40	—	37.5	53.0
粗粒式	—	ATB－30	—	—	ATPB－30	—	31.5	37.5
	AC－25	ATB－25	—	—	ATPB－25	—	26.5	31.5
中粒式	AC－20	—	SMA－20	—	—	AM－20	19.0	26.5
	AC－16	—	SMA－16	OGFC－16	—	AM－16	16.0	19.0
细粒式	AC－13	—	SMA－13	OGFC－13	—	AM－13	13.2	16.0
	AC－10	—	SMA－10	OGFC－10	—	AM－10	9.5	13.2
砂粒式	AC－5	—	—	—	—	AM－5	4.75	9.5
设计孔隙率（%）	3～5	3～6	3～4	＞18	＞18	6～12	—	—

注：孔隙率可按配合比设计要求适当调整。

6.2.1 沥青混合料的组成结构和强度理论

1. 沥青混合料的组成结构

沥青混合料是由粗集料、细集料、矿粉、沥青及外加剂所组成的一种复合材料。受组成材料质量、矿质混合料级配类型、沥青用量等因素的影响，沥青混合料可以形成不同的组成结构并表现出不同的力学性能。

目前，在沥青混合料组成结构研究方面存在着两种不同的理论，即表面理论和胶浆理论。表面理论认为沥青混合料由粗集料、细集料和填料组成密实的矿质骨架，沥青结合料分布在其表面，从而形成一个具有强度的整体。强度形成的关键在于矿质集料的强度和密实度。胶浆理论则认为沥青混合料是一种多级空间网状结构的分散系，其组成结构决定沥青混合料的高温稳定性能和低温变形能力。

由于材料组成分布、矿料与矿料及矿料与沥青间的相互作用、剩余空隙率的大小等的不同，混合料可分为悬浮-密实结构、骨架-空隙结构、骨架-密实结构三大类。

1）悬浮-密实结构

如图 6.4（a）所示，该结构类型采用连续级配，矿料颗粒从大到小连续存在，而且细集料含量较多，将较大颗粒挤开，使大颗粒不能形成骨架，而较小颗粒与沥青胶浆结合比较充分，将空隙填充密实，使大颗粒悬浮于较小颗粒与沥青胶浆之间，形成悬浮-密实结构。按照连续密级配原理设计的沥青混凝土混合料是典型的悬浮-密实结构。

2）骨架-空隙结构

如图 6.4（b）所示，该结构类型采用连续开级配，粗集料含量高，彼此相互接触形成骨架，但细集料含量很少，不能充分填充粗集料间的空隙，形成所谓的骨架-空隙结构。半开级配沥青碎石混合料和开级配排水式沥青磨耗层混合料是典型的骨架-空隙结构。

3）骨架-密实结构

如图 6.4（c）所示，该结构类型采用间断级配，粗、细集料含量较高，中间料含量很少，使得粗集料能形成骨架，细集料和沥青胶浆又能充分填充骨架间的空隙，形成骨架-密实结构。间断级配沥青玛蹄脂碎石混合料是典型的骨架-密实结构。

 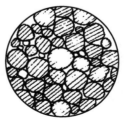 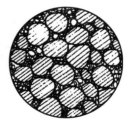

(a) 悬浮-密实结构　　　(b) 骨架-空隙结构　　　(c) 骨架-密实结构

图 6.4　三种典型沥青混合料组成结构示意图

知识链接

三种典型沥青混合料组成结构路用性能特点如下。

（1）悬浮-密实结构。

由于压实后密实度大，该类混合料水稳定性、低温抗裂性和耐久性较好；但其高温性能对沥青的品质依赖性较大，由于高温时沥青黏度降低，往往导致混合料高温稳定性变差。

（2）骨架-空隙结构。

由于粗集料的骨架作用，使之高温稳定性好；由于细集料含量少，空隙未能充分填充，耐水害、抗疲劳和耐久性能较差，所以一般要求采用高黏稠沥青，以防止沥青老化和剥落。

（3）骨架-密实结构。

该类混合料高、低温性能均较好，具有较强的抗疲劳耐久特性；但间断级配在施工拌和过程中易产生离析现象，施工质量难以保证，使得混合料很难形成骨架-密实结构。随着施工技术的发展，这类结构得以普遍使用，但一定要防止混合料拌和生产、运输和摊铺等施工过程中混合料产生离析。

2. 沥青混合料的强度理论

1）沥青路面的主要破坏原因

高温时，由于沥青混合料抗剪强度不足，引起塑性变形过大（塑性变形为不可恢复变形，随着时间产生累积），使路面产生波浪、车辙、壅包与推移等高温变形破坏。

低温时，由于抗拉强度或抗变形能力不足，混合料收缩受阻产生的拉应力超过了混合料的抗拉强度，而在混合料内产生裂缝。

2）强度理论

沥青混合料属于分散体系，是由强度很高的粒料与黏结力较弱的沥青材料所构成的混合体。根据沥青混合料的颗粒性特征，可以认为沥青混合料的强度构成起源于两个方面。

（1）由于沥青的存在而产生的黏结力。

（2）由于集料的存在而产生的内摩阻力。

目前，对沥青混合料强度构成特性开展研究时，许多学者普遍采用了摩尔-库仑理论作为分析沥青混合料的强度理论，并引用两个强度参数——黏结力 c 和内摩擦角 φ，作为其强度理论的分析指标，即沥青混合料的结构强度由矿料之间的嵌锁力（内摩阻力）、沥青与矿料的黏结力及沥青自身的内聚力构成，可由式（6-1）表示。

$$\tau = c + \sigma\tan\varphi \qquad (6-1)$$

式中：τ——沥青混合料的抗剪强度，MPa；

    c——沥青混合料的黏结力，MPa；

    φ——沥青混合料的内摩擦角，rad；

    σ——试验时的正应力，MPa。

 知识链接

对于悬浮-密实结构，由于大颗粒未形成骨架，内摩擦角 φ 值较小；小颗粒与沥青胶浆含量充分，黏结力 c 值较大。

对于骨架-空隙结构，由于大颗粒形成骨架，内摩擦角 φ 值较大；小颗粒与沥青胶浆含量不充分，黏结力 c 值较低。

对于骨架-密实结构，由于粗集料的骨架作用，内摩擦角 φ 值较大；小颗粒与沥青胶浆含量充分，黏结力 c 值也较大，综合力学性能较优。

6.2.2 影响沥青混合料抗剪强度的因素

1. 影响沥青混合料强度的内因

1）沥青结合料黏度的影响

将沥青混凝土作为一个具有多级网络结构的分散系来看待，从最细一级网络结构来看，它是各种矿质集料分散在沥青中的分散系，因此它的强度与分散相的浓度和分散介质的黏度有着密切的关系。在其他因素固定的条件下，沥青混合料的黏结力是随着沥青黏度的提高而增大的。因为沥青的黏度即沥青内部沥青胶团产生相互位移时，其分散介质抵抗剪切作用的抗力，所以沥青混合料受到剪切作用时，特别是受到短暂的瞬时荷载时，具有高黏度的沥青能赋予沥青混合料较大的黏滞阻力，因而具有较高的抗剪强度。在相同的矿料性质和组成条件下，随着沥青黏度的提高，沥青混合料黏结力有明显的提高，同时内摩擦角也稍有提高。

2）沥青与矿料化学性质的影响

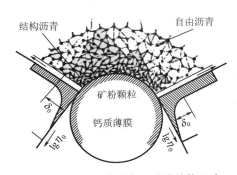

图 6.5　沥青在矿料表面重排结构示意

苏联 Л.A. 列宾捷尔研究认为，沥青与矿料相互作用后，沥青在矿料表面产生化学组分的重新排列，在矿料表面形成一层扩散结构膜，如图 6.5 所示。在此膜厚度以内的沥青称为结构沥青，此膜以外的沥青称为自由沥青。结构沥青与矿料之间发生相互作用，并且沥青的性质有所改变；而自由沥青与矿料距离较远，没有与矿料发生相互作用，仅将分散的矿料黏结起来，并保持原来的性质。

如果颗粒之间接触处由结构沥青所联结，如图 6.6(a) 所示，则促成沥青具有更高的黏滞度和更大的扩散结构膜的接触面积，从而可以获得更大的颗粒黏结力。反之，如果颗粒之间接触处为自由沥青所联结，如图 6.6(b) 所示，则具有较小的黏结力。

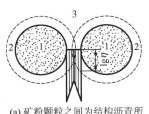
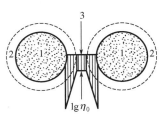

(a) 矿粉颗粒之间为结构沥青所联结，其黏结力为 $\lg\eta$　(b) 矿粉颗粒之间为自由沥青所联结，其黏结力为 $\lg\eta_0 (\lg\eta_0 < \lg\eta)$

图 6.6　沥青与矿粉相互作用结构示意

沥青与矿料的相互作用不仅与沥青的化学性质有关，而且与矿料的性质有关。当碱性矿料与含有足够数量酸性表面活性物质的活化沥青黏结时，会发生化学吸附过程，这种表面活性物质能在沥青与矿料的接触面上形成新的化合物。而当沥青与酸性矿料（SiO_2含量大于65％的岩石）黏结时，不会形成化学吸附化合物，故其间的黏结强度较低。H. M. 鲍尔雷曾采用紫外线分析法对两种最典型的矿粉进行研究，在石灰石矿粉和石英石矿粉的表面上会形成一层吸附溶化膜，如图6.7所示。研究认为，在不同性质矿粉表面会形成不同组成结构和厚度的吸附溶化膜，所以在沥青混合料中，当采用石灰石矿粉时，由于化学吸附作用，矿粉之间更有可能通过结构沥青来联结，因而具有较高的黏结力。

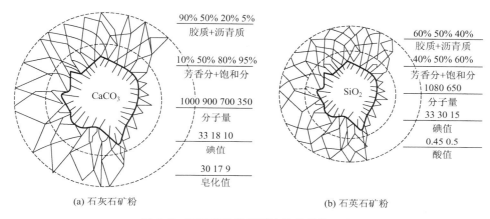

图 6.7　不同矿粉的吸附溶化膜结构图式

3）沥青用量的影响

在固定质量的沥青和矿料的条件下，沥青与矿料的比例（即沥青用量）是影响沥青混合料抗剪强度的重要因素，沥青用量与沥青混合料黏结力及内摩擦角的关系如图6.8所示。

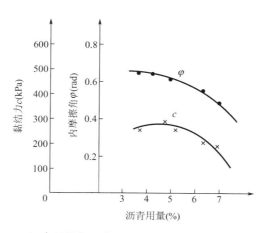

图 6.8　沥青用量与沥青混合料黏结力及内摩擦角的关系

在沥青用量很少时，沥青不足以形成结构沥青的薄膜来黏结矿料颗粒。随着沥青用量的增加，结构沥青逐渐形成。沥青更为完满地包裹在矿料表面，使沥青与矿料间的黏附力随着沥青用量的增加而增加。当沥青用量足以形成薄膜并充分黏附在矿料颗粒表面时，沥青胶浆即具有最优的黏结力。随后，如沥青用量继续增加，则会由于沥青用量过多，逐渐将矿料颗粒推开，在颗粒间填充未与矿料交互作用的自由沥青，使沥青胶浆的黏结力随着自由沥青的增加而降低。当沥青用量增加至某一用量后，沥青混合料的黏结力主要取决于自由沥青，所以抗剪强度几乎不变。随着沥青用量的增加，沥青不仅起着黏结剂的作用，而且起着润滑剂的作用，降低了粗集料的相互密排作用，因而降低了沥青混合料的内摩擦角。

沥青用量不仅影响沥青混合料的黏结力，同时也影响沥青混合料的内摩擦角。通常当沥青薄膜达最佳厚度（即主要以结构沥青黏结）时，具有最大的黏结力；随着沥青用量的增加，沥青混合料的内摩擦角逐渐降低。

4）矿质集料的级配类型、粒度、表面性质的影响

沥青混合料的强度与矿质集料在沥青混合料中的分布情况有密切关系。如前所述，沥青混合料有密级配、开级配和间断级配等不同组成结构类型，因此矿料级配类型是影响沥青混合料强度的因素之一。

此外，沥青混合料中，矿质集料的粗度、形状和表面粗糙度对沥青混合料的强度都具有极为明显的影响。因为颗粒形状及其粗糙度，在极大程度上将决定混合料压实后颗粒间相互位置的特性和颗粒接触有效面积的大小。通常具有显著的面和棱角，各方向尺寸相差不大，近似立方体，以及具有明显细微凸出的粗糙表面的矿质集料，在碾压后能相互嵌挤锁结而具有很大的内摩擦角。在其他条件相同的情况下，这种矿料所组成的沥青混合料较之圆形而表面平滑的颗粒具有较高的抗剪强度。

许多试验证明，要想获得具有较大内摩擦角的矿质混合料，必须采用粗大、均匀的颗粒。在其他条件相同的情况下，矿质集料颗粒越粗，所配制的沥青混合料越具有较高的内摩擦角。相同粒径组成的集料，卵石的内摩擦角较碎石低。

5）矿料的比表面积的影响

由前述沥青与矿粉交互作用的原理可知，结构沥青的形成主要是由于矿料与沥青的交互作用而引起沥青化学组分在矿料表面的重新分布。所以，在相同沥青用量的条件下，与沥青产生交互作用的矿料表面积越大，形成的沥青膜越薄，则在沥青中结构沥青所占的比例越大，因而沥青混合料的黏结力也越高。通常在工程应用上，以单位质量集料的总表面积来表示表面积的大小，称为比表面积。例如1kg的粗集料的表面积约为 $0.5\sim3m^2$，它的比表面积即为 $0.5\sim3m^2/kg$，而矿粉用量虽只占7％左右，而其表面积却占矿质混合料的总表面积的80％以上，所以矿粉的性质和用量对沥青混合料的强度影响很大。为增加沥青与矿料物理-化学作用的表面积，在沥青混合料配料时，必须掺入适量的矿粉。提高矿粉细度可增加矿粉比表面积，所以对矿粉细度也有一定的要求。小于0.075mm粒径的含量不要过少；但是小于0.005mm部分的含量也不宜过多，否则将使沥青混合料结成团块，不易施工。

2. 影响沥青混合料强度的外因

1）温度的影响

沥青混合料是一种热塑性材料，它的抗剪强度随着温度的升高而降低。在材料参数

中，黏结力随温度升高而显著降低，但是内摩擦角受温度变化的影响较小。温度对沥青混合料抗剪强度的影响如图 6.9 所示。

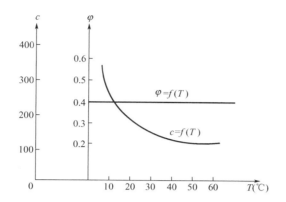

图 6.9　温度对沥青混合料抗剪强度的影响

2）变形速率的影响

沥青混合料是一种黏弹性材料，它的抗剪强度与变形速率有密切关系。在其他条件相同的情况下，变形速率对沥青混合料的内摩擦角影响较小，而对沥青混合料的黏结力影响较为显著。试验资料表明，黏结力随变形速率的减小而显著提高，而内摩擦角随变形速率的变化很小。变形速率对沥青混合料抗剪强度的影响如图 6.10 所示。

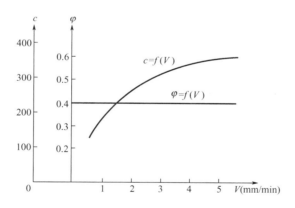

图 6.10　变形速率对沥青混合料抗剪强度的影响

综上所述可以认为，得到高强度沥青混合料的基本条件是：密实的矿物骨架，这可以通过适当地选择级配和使矿物颗粒最大限度地相互接近来取得；对所用的混合料、拌制和压实条件都适合的最佳沥青用量；能与沥青起化学吸附的活性矿料。

过多的沥青量和矿物骨架空隙率的增大，都会使削弱沥青混合料结构黏结力的自由沥青量增多。显然，为使沥青混合料产生最高的强度，应设法使自由沥青含量尽可能地少或完全没有。但是，也必须有一定数量的自由沥青，以保证应有的耐侵蚀性，以及使沥青混合料具有最佳的塑性。

> **特别提示**
>
> 应指出的是，最好的沥青混合料结构，不是用最高强度来表示，而是用所需要的合理强度来表示。这种强度应配合沥青混合料在低温下具有充分的变形能力及耐侵蚀性。随着沥青混合料的拌制与压实工艺的进一步完善，也能大大减少自由沥青量，并大大提高沥青混合料的结构强度。

6.2.3 沥青混合料的路用性能

沥青混合料作为沥青路面的面层材料，在使用过程中将承受车辆荷载反复作用及环境因素的作用，因此沥青混合料应具备足够的高温稳定性、低温抗裂性、耐久性、抗滑性、施工和易性等技术性能，以保证沥青路面优良的服务性能，且经久耐用。

1. 高温稳定性

沥青混合料是一种典型的流变性材料，它的强度和劲度模量随着温度的升高而降低。所以沥青混凝土路面在夏季高温时，在重交通的重复作用下，由于交通的渠化，轮迹带逐渐变形下凹，两侧鼓起出现车辙，这是现代高等级沥青路面最常见的病害。

沥青混合料的高温稳定性，是指沥青混合料在夏季高温（通常为60℃）条件下，经车辆荷载长期重复作用后，不产生车辙和波浪等病害的性能。

我国现行标准《公路沥青路面施工技术规范》（JTG F40—2004）规定，采用马歇尔稳定度试验（包括稳定度、流值、马歇尔模数）来评价沥青混合料的高温稳定性；对高速公路、一级公路、城市快速路、主干路所用沥青混合料，还应通过动稳定度试验检验其抗车辙能力。

【热拌沥青混合料
复合试验系统介绍】

1）马歇尔稳定度试验

马歇尔稳定度试验方法是由美国密西西比州公路局布鲁斯·马歇尔（Bruce Marshell）提出的，最初是为了美国工程兵团快速确定沥青用量而使用，后来经过多人改进，形成目前的马歇尔设计体系。马歇尔稳定度试验最大的特点是设备简单、操作方便，现在已被世界上许多国家采用。

马歇尔稳定度试验用于测定沥青混合料试件的破坏荷载和抗变形能力，得到马歇尔稳定度、流值和马歇尔模数。

在实验室将沥青混合料制备成规定尺寸的圆柱状试件，并将试件横向置于两个半圆形压模中，使试件受到一定的侧限。在规定的温度和加荷速度下，对试件施加压力，记录试件所受压力与变形曲线，如图6.11所示。马歇尔稳定度试验的主要力学指标为马歇尔稳定度和流值，稳定度是标准尺寸试件在规定温度和加荷速度下，在马歇尔仪中最大的破坏荷载，以kN计；流值是达到最大破坏荷载时试件的垂直变形，以0.1mm计。马歇尔模数是稳定度除以流值的商，即

$$T=\frac{MS}{FL} \tag{6-2}$$

式中：T——马歇尔模数，kN/mm；

MS——稳定度，kN；

FL——流值，mm。

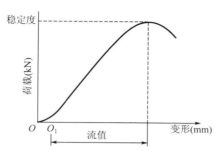

图6.11 马歇尔稳定度试验曲线

2）车辙试验

车辙试验方法首先是英国运输与道路研究试验所（TRRL）开发的，并经过了法国、日本等道路工作者的改进与完善。车辙试验是一种模拟车辆轮胎在路面上滚动形成车辙的工程试验方法，试验结果较为直观，与沥青路面车辙深度之间有着较好的相关性。

【车辙试验】

我国现行标准《公路沥青路面施工技术规范》（JTG F40—2004）规定，对用于高速公路和一级公路的公称最大粒径等于或小于13mm的AC、SMA及OGFC混合料，必须在规定的试验条件下进行车辙试验。

我国车辙试验方法是采用标准方法成型沥青混合料板状试件（通常尺寸为300mm×300mm×50mm），在规定的温度条件下（一般为60℃），试验轮以（42±1）次/min的频率，沿着试件表面统一轨迹上反复行走，测试试件表面在试验轮反复作用下所形成的车辙深度。以产生1mm车辙变形所需要的行走次数，即动稳定度指标评价沥青混合料的抗车辙能力，动稳定度由式(6-3)计算。

$$DS = \frac{(t_2 - t_1) \cdot N}{d_2 - d_1} \cdot c_1 \cdot c_2 \tag{6-3}$$

式中：DS——沥青混合料动稳定度，次/mm；

d_1，d_2——时间 t_1 和 t_2 的变形量，mm；

N——每分钟行走次数，次/mm；

c_1，c_2——试验机或试样修正系数。

特别提示

在我国沥青路面工程中，马歇尔稳定度与流值既是沥青混合料配合比设计的主要指标，也是沥青路面施工质量控制的重要试验项目。然而各国的试验和实践已证明，用马歇尔稳定度试验指标预估沥青混合料性能是不够的，它是一种经验型指标，具有一定的局限性，不能确切反映沥青混合料永久变形产生的机理，与沥青路面的抗车辙能力相关性不好。多年的实践和研究表明：对于某些沥青混合料，即使马歇尔稳定度和流值都满足技术要求，也无法避免沥青路面出现车辙。因此在评价沥青混合料的高温抗车辙能力时，还需要进行车辙试验。

3）影响高温稳定性的主要因素

沥青混合料高温稳定性的形成主要来源于矿质集料颗粒间的嵌锁作用及沥青的高温黏度。

在沥青混合料的组成材料中，矿料性质对沥青混合料高温性能的影响是至关重要的。配制沥青混合料时应采用表面粗糙、多棱角、颗粒接近立方体的碎石集料。

沥青的高温黏度越大，与集料的黏附性越好，相应的沥青混合料的抗高温变形能力就越强。可以使用合适的改性剂来提高沥青的高温黏度，降低感温性，提高沥青混合料的黏结力，从而改善沥青混合料的高温稳定性。

沥青用量也对沥青混合料的高温稳定性有较大影响。随着沥青用量的增加，沥青膜增厚，自由沥青比例增加，在高温条件下，易发生明显的流动变形，从而导致沥青混合料抗高温变形能力降低。随着沥青膜厚度的增加，车辙深度随之增加。

 知识链接

细粒式和中粒式密级配沥青混合料，适当减少沥青用量有利于抗车辙能力的提高，当采用马歇尔稳定度试验进行沥青混合料配合比设计时，沥青用量应选择最佳沥青用量范围的下限。但对于粗粒式或开级配沥青混合料，则不能简单地采用减少沥青用量来提高抗车辙能力。

2. 低温抗裂性

低温抗裂性是保证沥青路面在低温时不产生裂缝的能力。当冬季气温较低时，沥青面层将产生体积收缩，而在基层结构与周围材料的约束作用下，沥青混合料不能自由收缩，将在结构层中产生温度应力。由于沥青混合料具有一定的应力松弛能力，当降温速率较慢时，所产生的温度应力会随着时间松弛减小，不会对沥青路面产生较大的危害。但当气温骤降时，所产生的温度应力来不及松弛，当温度应力超过沥青混合料的容许应力值时，沥青混合料会被拉裂，从而导致沥青路面出现裂缝，造成路面的损坏。因此要求沥青混合料具备一定的低温抗裂性能，即要求沥青混合料具有较高的低温强度或较强的低温变形能力。

我国现行标准《公路沥青路面施工技术规范》（JTG F40—2004）规定，宜对密级配沥青混合料在温度−10℃、加载速率50mm/min的条件下进行弯曲试验，测定其破坏强度、破坏应变、破坏劲度模量，并根据应力-应变曲线的形状，综合评价沥青混合料的低温抗裂性能。

1）低温弯曲试验

低温弯曲试验方法是在试验温度−10℃下，以50mm/min的速率，对小梁试件（尺寸为30mm×35mm×250mm）跨中施加集中荷载至断裂破坏，记录试件跨中荷载与挠度的关系曲线。由破坏时的跨中挠度按式（6-4）计算沥青混合料的破坏弯拉应变。沥青混合料在低温下破坏弯拉应变越大，低温柔韧性越好，抗裂性越好。

$$\varepsilon_B = \frac{6hd}{L^2} \qquad (6-4)$$

式中：ε_B——试件破坏时的最大弯拉应变；

       h——试件跨中断面的高度，mm；

       d——试件破坏时的跨中挠度，mm；

       L——试件的跨径，mm。

2）影响沥青混合料低温性能的主要因素

沥青的低温劲度对沥青混合料低温性能的影响取决于沥青黏度和温度敏感性。在寒冷地区，可采用稠度较低、劲度较低的沥青，或选择松弛性能较好的橡胶类改性沥青来提高沥青混合料的低温抗裂性。

有观点认为级配对沥青混合料低温性能也有影响，即密级配的沥青混合料的低温抗拉强度高于开级配的沥青混合料。但是粒径大、空隙率大的沥青混合料内部微空隙发达，应力松弛能力略强，温度应力有所减小，两方面的影响相互抵消，故级配类型与沥青路面开裂程度之间没有显著关系。

3. 耐久性

耐久性是指沥青混合料在使用过程中抵抗环境因素（风、日光、温度、水分等）及行车荷载反复作用的能力，它包括沥青混合料的抗老化性、水稳定性、抗疲劳性等综合性能。

1）抗老化性

在沥青混合料使用过程中，会受到空气中氧、水、紫外线等介质的作用，促使沥青发生诸多复杂的物理化学变化，逐渐老化或硬化，致使沥青混合料变脆易裂，从而导致沥青路面出现各种与沥青老化有关的裂纹或裂缝。

影响沥青混合料老化的因素主要有沥青的老化程度、外界环境因素和压实空隙率等。在气候温暖、日照时间较长的地区，沥青的老化速度快；而在气温较低、日照时间短的地区，沥青的老化速度相对较慢。沥青混合料的空隙率越大，环境介质对沥青的作用就越强烈，其老化程度也越高。故在配制沥青混合料时应选择耐老化沥青，沥青用量要充足；施工过程中，应控制拌和加热温度，并保证沥青路面的压实密度。

 知识链接

压实空隙率越大，老化程度越高。道路中部车辆作用次数较高，对路面的压密作用较大，中部的沥青比边缘部位沥青的老化程度轻些。

2）水稳定性

水稳定性是指沥青混合料抵抗由于水侵蚀而逐渐产生沥青膜剥离、松散、坑槽等破坏的能力。

我国现行标准《公路沥青路面施工技术规范》（JTG F40—2004）规定，对用于高速公路和一级公路的公称最大粒径等于或小于 13mm 的 AC、SMA 及 OGFC 混合料，必须在规定的试验条件下进行浸水马歇尔稳定度试验和冻融劈裂试验检验沥青混合料的水稳定性。

（1）浸水马歇尔稳定度试验。通过测定浸水 48h 的马歇尔试件的

【沥青混合料马歇尔
稳定度试验】

稳定度与未浸水的马歇尔试件的稳定度的比值，即残留稳定度（％），以此作为评价水稳性好坏的指标。残留稳定度越大，混合料的水稳性越高。残留稳定度由式(6-5)计算。

$$MS_0 = \frac{MS_1}{MS} \times 100\% \qquad (6-5)$$

式中：MS_0——沥青混合料的残留稳定度，％；

$\quad MS$——试件常规马歇尔稳定度（浸水 0.5h），kN；

$\quad MS_1$——试件浸水 48h（或真空饱水后浸水 48h）后的稳定度，kN。

（2）冻融劈裂试验。将沥青混合料试件分为两组，一组试件用于测定常规状态下的劈裂强度，另一组试件首先进行真空饱水，然后置于-18℃条件下冷冻16h，再在水中浸泡24h，最后进行劈裂强度测试，在冻融过程中，沥青混合料的劈裂强度降低。沥青混合料试件的冻融劈裂强度比采用式(6-6)计算。

$$TSR = \frac{\sigma_1}{\sigma_0} \times 100\% \qquad (6-6)$$

式中：TSR——沥青混合料的冻融劈裂强度比，％；

$\quad \sigma_1$——试件经冻融后的劈裂强度，MPa；

$\quad \sigma_0$——未经冻融试件的劈裂强度，MPa。

（3）影响沥青混合料水稳定性的因素。沥青混合料的水稳定性与沥青和集料的黏附性有关，在很大程度上取决于集料的化学组成。酸性集料花岗岩与沥青的黏附性明显低于碱性集料，石灰岩与沥青的黏附性，也明显低于中性集料玄武岩与沥青的黏附性。沥青混合料的压实空隙率大小及沥青膜厚度也对沥青混合料的水稳定性有影响，当沥青混合料空隙率较大、沥青膜较薄时水稳定性较差。开级配的沥青混合料的压实空隙率较大，往往对水稳定性不利。当沥青用量不足时，即使是密级配的沥青混合料也会出现水稳定性低的问题。此外，沥青路面成型温度较低，导致压实度达不到要求，也会使混合料水稳定性下降。

 引例解答

这是因为沥青混合料水稳定性不足，导致沥青剥离，黏结强度降低，集料松散，形成了坑槽，即水损坏。其主要原因是压实空隙率较大、沥青路面排水系统不完善，动水压力对沥青产生的剥离作用，加剧了沥青路面的水损害病害。

3）抗疲劳性

沥青混合料的疲劳是材料在荷载重复作用下产生不可恢复的强度衰减积累所引起的一种现象。荷载的重复作用次数越多，强度的损伤就越剧烈，沥青混合料所能承受的应力或应变值就越小。通常，把沥青混合料出现疲劳破坏的重复应力值称作疲劳强度，相应的应力重复作用次数称为疲劳寿命。沥青混合料的抗疲劳性能即指混合料在反复荷载作用下抵抗疲劳破坏的能力。在相同的荷载重复作用次数下，疲劳强度降低幅度小的沥青混合料或是疲劳强度变化率小的沥青混合料，其抗疲劳性能好。

沥青混合料的疲劳试验方法主要有：实际路面在真实汽车荷载作用下的疲劳破坏试

验；足尺路面结构在模拟汽车荷载作用下的疲劳试验研究，包括大型环道试验和加速加载试验；试板试验法；实验室小型试件的疲劳试验研究。前两种试验研究方法耗资大、周期长，因此试验周期短、费用较少的室内小型疲劳试验通常采用较多。

影响沥青混合料疲劳寿命的因素很多，包括加载速率、施加应力或应变波普的形式、荷载间歇时间、试验和试件成型方法、混合料劲度、混合料的沥青用量、混合料的空隙率、集料的表面性状、温度、湿度等。

4. 抗滑性

沥青路面的抗滑性对于保障道路交通安全至关重要，而沥青路面的抗滑性能必须通过合理地选择沥青混合料组成材料、正确地设计与施工来保证。

沥青路面的抗滑性与所用矿料的表面构造深度、颗粒形状与尺寸、抗磨光性有着密切的关系。

矿料表面构造深度取决于矿料的矿物组成、化学成分及风化程度；颗粒形状与尺寸既受到矿物组成的影响，也与矿料的加工方法有关；抗磨光性则受到上述所有因素加上矿物成分硬度的影响。因此表层的粗集料应选用粗糙、坚硬、耐磨、抗冲击性好、磨光值大的碎石集料。

【沥青路面抗滑试验】

矿料级配影响路面的宏观构造，一般用压实后路表构造深度试验来评价。增加粗集料含量有助于提高沥青路面的宏观构造深度。

 **特别提示**

提高沥青路面抗滑性能首要的是采用磨光值大的集料，在保证路面有符合要求的横向力系数（摩擦系数）的前提下，尽量争取有较大的构造深度。

我国有很多地方对级配做了各种调整，有些采用间断级配混合料，加大粗碎石和矿粉用量，但施工难度较大，受级配和油石比波动的影响比较敏感，稍有变化就容易造成不均匀，致使路面不是泛油就是透水，实际效果并不理想。因此目前对抗滑的规定还有较大的争议。

另外，片面追求构造深度，会严重影响压实度和密水性。

5. 施工和易性

沥青混合料施工和易性是指沥青混合料在施工过程中是否容易拌和、摊铺和压实的性能。

沥青混合料施工和易性主要取决于组成材料的技术品质、用量比例及施工条件等。目前尚无直接评价混合料施工和易性的方法和指标。

影响沥青混合料施工和易性的主要因素是矿料级配和沥青用量。在间断级配的矿质混合料中，粗细集料的颗粒尺寸相差过大，中间尺寸颗粒缺乏，混合料容易离析。如果细料太少，或矿粉用量过多，混合料则容易产生疏松且不易压实；反之，如果沥青用量过多，或矿粉质量不好，则容易使混合料结团，不易摊铺。

施工时沥青混合料温度对施工和易性也有较大影响。较高温度可保证沥青的流动性，拌和中能够充分均匀地黏附在矿料颗粒表面；在压实期间，矿料颗粒能相互移动就位，达到规定的压实密度。但温度过高既会引起沥青老化，也会严重影响沥青混合料的使用性能。

此外，当地气温越高，沥青混合料的施工和易性越好。

6.2.4　热拌沥青混合料的技术标准

我国现行规范《公路沥青路面施工技术规范》（JTG F40—2004）对热拌沥青混合料的技术要求见表 6.2～表 6.6。

表 6.2　密级配沥青混凝土混合料马歇尔稳定度试验技术标准

试验指标		单位	高速公路、一级公路				其他等级公路	行人道路
			夏炎热区 （1-1、1-2、1-3、1-4区）		夏热区及夏凉区 （2-1、2-2、2-3、2-4、3-2区）			
			中轻交通	重载交通	中轻交通	重载交通		
击实次数（双面）		次	75				50	50
试件尺寸		mm	$\phi 101.6 \times 63.5$					
空隙率 W	深约 90mm 以内	%	3～5	4～6	2～4	3～5	3～6	2～4
	深约 90mm 以下	%	3～6		2～4	3～6	3～6	—
稳定度 MS，≥		kN	8				5	3
流值 FL		mm	2～4	1.5～4	2～4.5	2～4	2～4.5	2～5
矿料间隙率 VMA（%），≥	设计空隙率（%）	相应于以下公称最大粒径（mm）的最小 VMA 及 VFA 技术要求（%）						
		26.5	19	16	13.2	9.5	4.75
	2	10	11	11.5	12	13	15
	3	11	12	12.5	13	14	16
	4	12	13	13.5	14	15	17
	5	13	14	14.5	15	16	18
	6	14	15	15.5	16	17	19
沥青饱和度 VFA（%）			55～70	65～75			70～85	

注：1. 本表适用于公称最大粒径≤26.5mm 的密级配沥青混凝土混合料，对空隙率大于 5%的夏炎热区重载交通路段，施工时应至少提高压实度 1%。

　　2. 当设计的空隙率不是整数时，由内插确定要求的 VMA 最小值。

　　3. 对改性沥青混合料，马歇尔稳定度试验的流值可适当放宽。

表6.3　沥青稳定碎石混合料马歇尔稳定度试验配合比设计技术标准

试验指标	单位	密级配基层（ATB）		半开级配面层（AM）	开级配排水式磨耗层（OGFC）	开级配排水式基层（ATPB）
公称最大粒径	mm	26.5	≥31.5	≤26.5	≤26.5	所有尺寸
马歇尔试件尺寸	mm	$\phi101.6\times63.5$	$\phi152.4\times95.3$	$\phi101.6\times63.5$	$\phi101.6\times63.5$	$\phi152.4\times95.3$
击实次数（双面）	次	75	112	50	50	75
空隙率 W	%	3～6		6～10	不小于18	不小于18
稳定度 MS，≥	kN	7.5	15	3.5	3.5	
流值 FL	mm	1.5～4	实测	—	—	
沥青饱和度 VFA	%	55～70		40～70		

密级配基层（ATB）的矿料间隙率 VMA（%），≥	设计空隙率（%）	ATB-40	ATB-30	ATB-25
	4	11	11.5	12
	5	12	12.5	13
	6	13	13.5	14

注：在干旱地区，可将密级配沥青稳定碎石基层的空隙率适当放宽到8%。

表6.4　沥青混合料车辙试验动稳定度技术要求

气候条件与技术指标	相应于下列气候分区所要求的动稳定度（次/mm）									试验方法
七月平均最高气温（℃）及气候分区	＞30				20～30				＜20	
	1. 夏炎热区				2. 夏热区				3. 夏凉区	
	1-1	1-2	1-3	1-4	2-1	2-2	2-3	2-4	3-2	
普通沥青混合料，≥	800	1000		600	800				600	T0719
改性沥青混合料，≥	2400	2800	2000		2400				1800	
SMA 混合料 非改性，≥	1500									
SMA 混合料 改性，≥	3000									
OGFC 混合料	1500（一般交通路段）、3000（重交通量路段）									—

注：1. 如果其他月份的平均最高气温高于七月时，可使用该月平均最高气温。

2. 在特殊情况下，如钢桥面铺装、重载车特别多或纵坡较大的长距离上坡路段、厂矿专用道路，可酌情提高动稳定度的要求。

3. 对因气候寒冷确需使用针入度很大的沥青（如大于100），动稳定度难以达到要求，或因采用石灰岩等不很坚硬的石料，改性沥青混合料的动稳定度难以达到要求等特殊情况，可酌情降低要求。

4. 为满足炎热地区及重载车要求，在配合比设计时采取减少最佳沥青用量的技术措施时，可适当提高试验温度或增加试验荷载进行试验，同时增加试件的碾压成型密度和施工压实度要求。

5. 车辙试验不得采用二次加热的混合料，试验必须检验其密度是否符合试验规程的要求。

6. 如需要对公称最大粒径大于和等于26.5mm的混合料进行车辙试验，可适当增加试件的厚度，但不宜作为评定合格与否的依据。

表 6.5　沥青混合料水稳定性检验技术要求

气候条件与技术指标	相应于下列气候分区的技术要求（%）				试验方法
年降雨量（mm）及气候分区	＞1000	500～1000	250～500	＜250	
	潮湿区	湿润区	半干区	干旱区	
浸水马歇尔稳定度试验残留稳定度（%），≥					
普通沥青混合料	80		75		
改性沥青混合料	85		80		T0709
SMA 混合料　普通沥青	75				
SMA 混合料　改性沥青	80				
冻融劈裂试验的残留强度比（%），≥					
普通沥青混合料	75		70		
改性沥青混合料	80		75		T0729
SMA 混合料　普通沥青	75				
SMA 混合料　改性沥青	80				

表 6.6　沥青混合料低温弯曲试验破坏应变技术要求

气候条件与技术指标	相应于下列气候分区所要求的破坏应变（με）								试验方法
年极端最低气温（℃）及气候分区	＜−37.0	−21.5～−37.0			−9.0～−21.5		＞−9.0		
	冬严寒区	冬寒区			冬冷区		冬温区		
	1-1	2-1	1-2	2-2	3-2	1-3	2-3	1-4	2-4	
普通沥青混合料，≥	2600		2300			2000				T0728
改性沥青混合料，≥	3000		2800			2500				

🔧➤ **特别提示**

　　我国现行规范规定的指标是最起码的、较低的要求。规范必须兼顾全国各种不同的情况，包括不同的气候条件、不同的交通条件、不同的道路等级、不同的经济基础、不同的材料资源、不同的技术水平。将那么多的不同都统一到一个规范中，规范就不可能有明确的针对性，不能满足每个具体工程的要求。

　　执行规范的时候，必须考虑当地的实际情况，允许对技术要求做适当的调整，所有这些往往都反映在工程的设计文件和招标文件中。各地应该根据当地的材料、施工水平、经济实力、习惯，尤其是使用多年的成功经验，规定更具体的指标。

6.2.5　沥青混合料原材料技术要求及组成设计

1. 原材料技术要求

沥青混合料的技术性质决定于组成材料的质量品质、用量比例及沥青混合料的制备工艺等因素，其中组成材料的质量是首先需要关注的问题。

1）沥青

沥青路面所用的沥青材料应根据气候条件和沥青混合料类型、道路等级、交通性质、路面类型、施工方法及当地使用经验等，经技术论证后确定。

黏度较大的黏稠沥青混合料具有较高的力学强度和稳定性，但黏度过高，则混合料的低温变形能力较差，路面易开裂。反之，黏度较低的沥青的混合料在低温时变形能力较好，但在高温时往往会产生较大的高温变形。一般来说，可参照 5.1.4 节介绍的道路石油沥青选用的技术标准和表 5.4 选择沥青。在夏季温度高或高温持续时间长的地区，应采用黏度高的沥青；而在冬季寒冷地区，则宜采用稠度低、低温延度大的沥青。对于日温较大的地区还应考虑选择针入度指数较大、温度敏感性较低的沥青。

2）粗集料

沥青层用粗集料包括碎石、破碎砾石、筛选砾石、钢渣、矿渣等，但高速公路和一级公路不得使用筛选砾石和矿渣。

粗集料应该洁净、干燥、表面粗糙，质量应符合表 6.7 的规定。当单一规格集料的质量指标达不到表中要求，而按照集料配合比计算的质量指标符合要求时，工程上允许使用。对受热易变质的集料，宜采用经拌和机烘干后的集料进行检验。

表 6.7 沥青混合料用粗集料质量技术要求

指　标	单位	高速公路和一级公路		其他等级公路	试验方法
		表面层	其他层次		
石料压碎值，≤	%	26	28	30	T0316
洛杉矶磨耗损失，≤	%	28	30	35	T0317
表观相对密度，≥	t/m³	2.60	2.50	2.45	T0304
吸水率，≤	%	2.0	3.0	3.0	T0304
坚固性，≤	%	12	12		T0314
针片状颗粒含量（混合料），≤	%	15	18	20	T0312
其中粒径大于 9.5mm，≤		12	15	—	
其中粒径小于 9.5mm，≤		18	20	—	
水洗法小于 0.075mm 颗粒含量，≤	%	1	1	1	T0310
软石含量，≤	%	3	5	5	T0320

注：1. 坚固性试验可根据需要进行。

2. 用于高速公路、一级公路时，多孔玄武岩的视密度可放宽至 2.45t/m³，吸水率可放宽至 3%，但必须得到建设单位的批准，且不得用于 SMA 路面。

3. 对 S14，即公称粒径为 3～5mm 规格的粗集料，针片状颗粒含量可不予要求，<0.075mm 的含量可放宽到 3%。

沥青混合料用粗集料的粒径规格应按表 6.8 的规定生产和使用。

表 6.8　沥青混合料用粗集料的粒径规格

规格名称	公称粒径（mm）	通过下列筛孔（mm）的质量百分率（%）												
		106	75	63	53	37.5	31.5	26.5	19.0	13.2	9.5	4.75	2.36	0.6
S1	40~75	100	90~100	—	—	0~15	—	0~5	—	—	—	—	—	—
S2	40~60	—	100	90~100	—	0~15	—	0~5	—	—	—	—	—	—
S3	30~60	—	100	90~100	—	—	0~15	—	0~5	—	—	—	—	—
S4	25~50	—	—	100	90~100	—	—	0~15	—	0~5	—	—	—	—
S5	20~40	—	—	—	100	90~100	—	—	0~15	—	0~5	—	—	—
S6	15~30	—	—	—	—	100	90~100	—	—	0~15	—	0~5	—	—
S7	10~30	—	—	—	—	100	90~100	—	—	—	0~15	0~5	—	—
S8	10~25	—	—	—	—	—	100	90~100	—	0~15	—	0~5	—	—
S9	10~20	—	—	—	—	—	—	100	90~100	—	0~15	0~5	—	—
S10	10~15	—	—	—	—	—	—	—	100	90~100	0~15	0~5	—	—
S11	5~15	—	—	—	—	—	—	—	100	90~100	40~70	0~15	0~5	—
S12	5~10	—	—	—	—	—	—	—	—	100	90~100	0~15	0~5	—
S13	3~10	—	—	—	—	—	—	—	—	100	90~100	40~70	0~20	0~5
S14	3~5	—	—	—	—	—	—	—	—	—	100	90~100	0~15	0~3

　　高速公路、一级公路沥青路面的表面层或磨耗层的粗集料的磨光值应符合表 6.9 的要求。除 SMA、OGFC 路面外，允许在硬质粗集料中掺加部分较小粒径的磨光值达不到要求的粗集料，其最大掺加比例由磨光值试验确定。

表 6.9　粗集料与沥青的黏附性、磨光值的技术要求

雨量气候区		1（潮湿区）	2（湿润区）	3（半干区）	4（干旱区）	试验方法
年降雨量（mm）		＞1000	1000～500	500～250	＜250	附录 A[①]
高速公路、一级公路表面层粗集料的磨光值 PSV，≥		42	40	38	36	T0321
粗集料与沥青的黏附性，≥	高速公路、一级公路表面层	5	4	4	3	T0616
	高速公路、一级公路的其他层次及其他等级公路的各个层次	4	4	3	3	T0663

① 是指《公路沥青路面施工技术规范》（JTG F40—2004）附录 A。

　　粗集料与沥青的黏附性应符合表 6.9 的要求，当使用不符合要求的粗集料时，宜掺加消石灰、水泥，或用饱和石灰水处理后使用，必要时可同时在沥青中掺加耐热、耐水、长期性能好的抗剥落剂，也可采用改性沥青的措施，使沥青混合料的水稳定性检验达到要求。掺加外加剂的剂量由沥青混合料的水稳定性检验确定。

　　破碎砾石应采用粒径大于 50mm、含泥量不大于 1% 的砾石轧制，破碎砾石的破碎面应符合表 6.10 的要求。筛选砾石仅适用于三级及三级以下公路的沥青表面处治路面。经过破碎且存放期超过 1 个月以上的钢渣可作为粗集料使用。除吸水率允许适当放宽外，各项质量指标应符合表 6.7 的要求。钢渣在使用前应进行活性检验，要求钢渣中的游离氧化钙含量不大于 3%，浸水膨胀率不大于 2%。

表 6.10　破碎砾石的破碎面的要求

路面部位或混合料类型		具有一定数量破碎面颗粒的含量（%）		试 验 方 法
		1 个破碎面	2 个或 2 个以上破碎面	
沥青路面表面层	高速公路、一级公路	100	90	T0361
	其他等级公路	80	60	
沥青路面中下面层、基层	高速公路、一级公路	90	80	
	其他等级公路	70	50	
SMA 混合料		100	90	
贯入式路面		80	60	

　　3）细集料

　　沥青路面的细集料包括天然砂、机制砂、石屑。细集料应洁净、干燥、无风化、无杂质，并有适当的颗粒级配，其质量应符合表 6.11 的要求。细集料的洁净程度，天然砂以小于 0.075mm 含量的百分数表示，石屑和机制砂以砂当量（适用于 0～4.75mm）或亚甲蓝值（适用于 0～2.36mm 或 0～0.15mm）表示。

　　天然砂可采用河砂或海砂，通常宜采用粗、中砂，其规格应符合表 6.12 的规定。砂的含泥量超过规定时应水洗后使用，海砂中的贝壳类材料必须筛除。热拌密级配沥青混合料中

天然砂的用量通常不宜超过集料总量的 20%，SMA 和 OGFC 混合料不宜使用天然砂。

表 6.11　沥青混合料用细集料质量要求

项　　目	单位	高速公路和一级公路	其他等级公路	试验方法
表观相对密度，≥	t/m³	2.50	2.45	T0328
坚固性（大于 0.3mm 部分），≥	%	12	—	T0340
含泥量（小于 0.75mm 的含量），≤	%	3	5	T0333
砂当量，≥	%	60	50	T0334
亚甲蓝值，≤	g/kg	25	—	T0346
棱角性（流动时间），≥	s	30	—	T0345

注：坚固性试验可根据需要进行。

表 6.12　沥青混合料用天然砂规格

筛孔尺寸（mm）	通过各孔筛的质量百分率（%）		
	粗砂	中砂	细砂
9.5	100	100	100
4.75	90～100	90～100	90～100
2.36	65～95	75～90	85～100
1.18	35～65	50～90	75～100
0.6	15～30	30～60	60～84
0.3	5～20	8～30	15～45
0.15	0～10	0～10	0～10
0.075	0～5	0～4	0～4

石屑是采石场破碎石料时通过 4.75mm 或 2.36mm 的筛余部分，其规格应符合表 6.13 的要求。采石场在生产石屑的过程中应具备抽吸设备，高速公路和一级公路的沥青混合料，宜将 S14 与 S16 组合使用，S15 可在沥青稳定碎石基层或其他等级公路中使用。机制砂宜采用专用的制砂机制造，并选用优质石料生产，其级配应符合 S16 的要求。

表 6.13　沥青混合料用机制砂或石屑规格

规格	公称粒径（mm）	水洗法通过各筛孔的质量百分率（%）							
		9.5	4.75	2.36	1.18	0.6	0.3	0.15	0.075
S15	0～5	100	90～100	60～90	40～75	20～55	7～40	2～20	0～10
S16	0～3	—	100	80～100	50～80	25～60	4～45	0～25	0～15

注：当生产石屑采用喷水抑制扬尘工艺时，应特别注意含粉量不得超表中要求。

4）填料

沥青混合料的矿粉必须采用石灰岩或岩浆岩中的强基性岩石等憎水性石料经磨细得到的矿粉，原石料中的泥土杂质应除净。矿粉应干燥、洁净，能自由地从矿粉仓流出，其质量应符合表 6.14 的要求。拌和机的粉尘可作为矿粉的一部分回收使用。但每盘用量不得超过填料总量的 25%，掺有粉尘填料的塑性指数不得大于 4%。粉煤灰作为填料使用时，用量不得超过填料总量的 50%，粉煤灰的烧失量应小于 12%，与矿粉混合后的塑性指数应小于 4%，其余质量要求与矿粉相同。高速公路和一级公路的沥青面层不宜采用粉煤灰作填料。

表 6.14 沥青混合料用矿粉质量要求

项　　目		单位	高速公路和一级公路	其他等级公路	试验方法
表观相对密度，≥		t/m³	2.50	2.45	T0352
含水量，≤		%	1	1	T0103 烘干法
粒度范围	＜0.6mm	%	100	100	T0351
	＜0.15mm	%	90～100	90～100	
	＜0.075mm	%	75～100	70～100	
外观		—	无团粒结块		—
亲水系数		—	＜1		T0353
塑性指数		—	＜4		T0354
加热安定性		—	实测记录		T0355

2. 沥青混合料配合比设计方法（马歇尔法）

沥青混合料配合比设计包括三个阶段：目标配合比设计、生产配合比设计和生产配合比验证（即试验路试铺阶段）。后两个阶段是在目标配合比的基础上进行的，需要借助于施工单位的拌和设备、摊铺和碾压设备完成。通过三个阶段的配合比设计过程，可以确定沥青混合料中组成材料的品种、矿质集料级配和沥青用量。本节着重介绍目标配合比设计。

1）目标配合比设计

目标配合比设计可分为矿质混合料配合组成设计和沥青最佳用量确定两部分。密级配沥青混合料的目标配合比设计应按图 6.12 所示的流程进行。

（1）矿质混合料的配合组成设计。

① 确定沥青混合料类型。

混合料类型应根据道路等级与所处位置的功能要求进行选择。矿料的最大粒径宜从上至下逐渐增大，并与结构层的设计厚度相匹配。表 6.15 是各种等级道路沥青路面的各层结构所用沥青混合料的建议类型。

表 6.15 沥青混合料类型的选择

层　　位	混合料类别	高速公路和一级公路	二级及二级以下公路
表面层	细粒式	AC - 13	AC - 13，AM - 13
	中粒式	AC - 16	AC - 16
中面层	中粒式	AC - 20	—
	粗粒式	AC - 25	—
下面层	中粒式	—	AC - 20
	粗粒式	AC - 25	AC - 25，AM - 25

② 确定工程设计级配范围。

沥青混合料的矿料级配应符合工程规定的设计级配范围。密级配沥青混合料宜根据公路等级、气候及交通条件按表 6.16 选择采用粗型（C 型）或细型（F 型）混合料，并

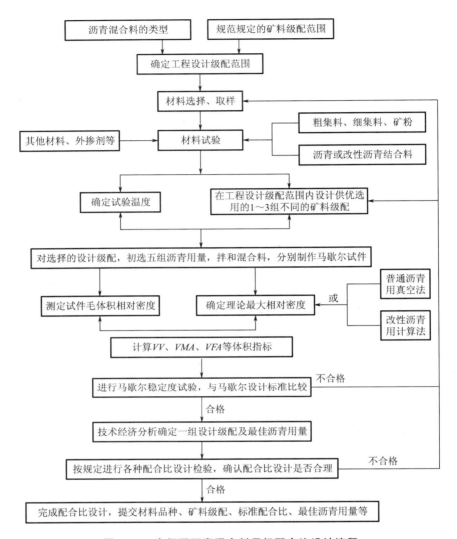

图 6.12　密级配沥青混合料目标配合比设计流程

在表 6.17 的范围内，根据公路等级、工程性质、气候条件、交通条件、材料品种，通过对条件大体相当的工程的使用情况进行调查研究后调整确定，必要时允许超出表 6.17 要求的级配范围。其他类型的混合料宜直接以表 6.18～表 6.22 作为工程设计级配范围。

表 6.16　粗型和细型密级配沥青混凝土混合料的关键性筛孔通过率

混合料类型	公称最大粒径（mm）	用以分类的关键性筛孔（mm）	粗型密级配		细型密级配	
			名称	关键性筛孔通过率（%）	名称	关键性筛孔通过率（%）
AC-25	26.5	4.75	AC-25C	<40	AC-25F	>40
AC-20	19	4.75	AC-20C	<45	AC-20F	>45
AC-16	16	2.36	AC-16C	<38	AC-16F	>38
AC-13	13.2	2.36	AC-13C	<40	AC-13F	>40
AC-10	9.5	2.36	AC-10C	<45	AC-10F	>45

表 6.17 密级配沥青混凝土混合料矿料级配范围

级配类型		通过下列筛孔 (mm) 的质量百分率 (%)												
		31.5	26.5	19	16	13.2	9.5	4.75	2.36	1.18	0.6	0.3	0.15	0.075
粗粒式	AC-25	100	90~100	75~90	65~83	57~76	45~65	24~52	16~42	12~33	8~24	5~17	4~13	3~7
	AC-20	—	100	90~100	78~92	62~80	50~72	26~56	16~44	12~33	8~24	5~17	4~13	3~7
中粒式	AC-16	—	—	100	90~100	76~92	60~80	34~62	20~48	13~36	9~26	7~18	5~14	4~8
	AC-13	—	—	—	100	90~100	68~85	38~68	24~50	15~38	10~28	7~20	5~15	4~8
细粒式	AC-10	—	—	—	—	100	90~100	45~75	30~58	20~44	13~32	9~23	6~16	4~8
砂粒式	AC-5	—	—	—	—	—	100	90~100	55~75	35~55	20~40	12~28	7~18	5~10

表 6.18 密级配沥青稳定碎石混合料矿料级配范围

级配类型		通过下列筛孔 (mm) 的质量百分率 (%)														
		53	37.5	31.5	26.5	19	16	13.2	9.5	4.75	2.36	1.18	0.6	0.3	0.15	0.075
特粗式	ATB-40	100	90~100	75~92	65~85	49~71	43~63	37~57	30~50	20~40	15~32	10~25	8~18	5~14	3~10	2~6
	ATB-35	—	100	90~100	70~90	53~72	44~66	39~60	31~51	20~40	15~32	10~25	8~18	5~14	3~10	2~6
粗粒式	ATB-20	—	—	100	90~100	60~80	48~68	42~62	32~52	20~40	15~32	10~25	8~18	5~14	3~10	2~6

表 6.19 半开级配沥青稳定碎石混合料矿料级配范围

级配类型		通过下列筛孔 (mm) 的质量百分率 (%)											
		26.5	19	16	13.2	9.5	4.75	2.36	1.18	0.6	0.3	0.15	0.075
中粒式	AM-20	100	90~100	60~85	50~75	40~65	15~40	5~22	2~16	1~12	0~10	0~8	0~5
	AM-16	—	100	90~100	60~85	45~68	18~40	6~25	3~18	1~14	0~10	0~8	0~5
细粒式	AM-13	—	—	100	90~100	50~80	20~45	8~28	4~20	2~16	0~10	0~8	0~6
	AM-10	—	—	—	100	90~100	35~65	10~35	5~22	2~16	0~12	0~9	0~6

表 6.20 开级配排水式沥青磨耗层混合料矿料级配范围

级配类型		通过下列筛孔 (mm) 的质量百分率 (%)										
		19	16	13.2	9.5	4.75	2.36	1.18	0.6	0.3	0.15	0.075
中粒式	OGFC-16	100	90~100	70~90	45~70	12~30	10~22	6~18	4~15	3~12	3~8	2~6
	OGFC-13	—	100	90~100	60~80	12~30	10~22	6~18	4~15	3~12	3~8	2~6
细粒式	OGFC-10	—	—	100	90~100	50~70	10~22	6~18	4~15	3~12	3~8	2~6

表 6.21 开级配排水式沥青稳定碎石混合料矿料级配范围

级配类型		通过下列筛孔 (mm) 的质量百分率 (%)														
		53	37.5	31.5	26.5	19	16	13.2	9.5	4.75	2.36	1.18	0.6	0.3	0.15	0.075
特粗式	ATPB-40	100	70~100	65~90	55~58	43~75	32~70	20~65	12~50	0~3	0~3	0~3	0~3	0~3	0~3	0~3
粗粒式	ATPB-30	—	100	80~100	70~95	53~85	36~80	26~75	14~60	0~3	0~3	0~3	0~3	0~3	0~3	0~3
	ATPB-25	—	—	100	80~100	60~100	45~90	30~82	16~70	0~3	0~3	0~3	0~3	0~3	0~3	0~3

表 6.22 间断级配沥青玛蹄脂碎石混合料矿料级配范围

级配类型		通过下列筛孔 (mm) 的质量百分率 (%)											
		26.5	19	16	13.2	9.5	4.75	2.36	1.18	0.6	0.3	0.15	0.075
中粒式	SMA-20	100	90~100	72~92	62~82	40~55	18~30	13~22	12~20	10~16	9~14	8~13	8~12
	SMA-16	—	100	90~100	65~85	45~65	20~32	15~24	14~22	12~18	10~15	9~14	8~12
细粒式	SMA-13	—	—	100	90~100	50~75	20~34	15~26	14~24	12~20	10~16	9~15	8~12
	SMA-10	—	—	—	100	90~100	28~60	20~32	14~26	12~22	10~18	9~16	8~13

调整工程设计级配范围具体宜遵循下列原则。

a. 对夏季温度高、高温持续时间长、重载交通多的路段，宜选用粗型密级配沥青混凝土混合料（AC-C型），并取较高的设计空隙率。对冬季温度低且低温持续时间长的地区，或者重载交通较少的路段，宜选用细型密级配沥青混凝土混合料（AC-F型），并取较低的设计空隙率。

b. 为确保高温抗车辙能力，同时兼顾低温抗裂性能的需要。配合比设计时宜适当减少公称最大粒径附近的粗集料用量，减少0.6mm以下部分细粉的用量，使中等粒径集料较多，形成S形级配曲线，并取中等或偏高水平的设计空隙率。

c. 确定各层的工程设计级配范围时应考虑不同层位的功能需要，经组合设计的沥青路面应能满足耐久、稳定、密水、抗滑等要求。

d. 根据公路等级和施工设备的控制水平，确定的工程设计级配范围应比表6.17中的级配范围窄，其中4.75mm和2.36mm通过率的上下限差值宜小于12%。

e. 沥青混凝土混合料的配合比设计应充分考虑施工性能，使沥青混凝土混合料容易摊铺和压实，避免造成严重的离析。

③ 材料的选择与准备。

配合比设计所用的各种材料必须符合气候和交通条件的需要。其质量应符合规范规定的技术要求。当单一规格的集料某项指标不合格，但不同粒径规格的材料按级配组成的集料混合料指标能符合规范要求时，允许使用。

④ 矿质混合料配合比设计。

a. 测定组成材料的原始数据。根据现场取样，对粗集料、细集料和矿粉进行筛析试验，按筛析结果分别绘出各组成材料的筛分曲线。同时测出各组成材料的相对密度，以供计算物理常数使用。

b. 计算组成材料的配合比。根据各组成材料的筛析试验资料，采用图解法或试算法（电算），计算符合要求级配范围的各组成材料用量比例。

c. 调整配合比。计算得到的合成级配应根据下列要求做必要的配合比调整。

通常情况下，合成级配曲线宜尽量接近设计级配中限，尤其应使0.075mm、2.36mm和4.75mm筛孔的通过量尽量接近设计级配范围的中限。

高速公路、一级公路、城市快速路、主干路等交通量大、轴载重的道路，宜偏向级配范围的下（粗）限；对一般道路、中小交通量或人行道路等宜偏向级配范围的上（细）限。

合成级配曲线应接近连续的或有合理的间断级配，但不应有过多的犬牙交错。当经过再三调整，仍有两个以上的筛孔超出级配范围时，必须对原材料进行调整或更换原材料重新试验。

（2）确定沥青混合料的最佳沥青用量。

沥青混合料的最佳沥青用量（OAC），可以通过各种理论计算的方法求得。但是由于实际材料性质的差异，按理论公式计算得到的最佳沥青用量，仍然要通过试验方法修正，因此理论法只能得到一个供试验的参考数据。采用试验的方法确定沥青最佳用量，目前最常用的是马歇尔法。

我国现行规范《公路沥青路面施工技术规范》（JTG F40—2004）规定的方法，是采用马歇尔法确定沥青最佳用量。其具体步骤如下。

① 测定沥青与矿料的相对密度。

沥青的相对密度 γ_b 的测定可按照《公路工程沥青及沥青混合料试验规程》（JTG E20—2011）规定的方法测定。矿料的毛体积相对密度 γ 与表观相对密度 γ' 可按照《公路工程集料试验规程》（JTG E42—2005）规定的方法测定。

② 预估沥青混合料适宜的油石比或沥青用量。

a. 按式（6-7）计算矿质混合料的合成毛体积相对密度 γ_{sb}。

$$\gamma_{sb}=\frac{100}{\dfrac{P}{\gamma_1}+\dfrac{P}{\gamma_2}+\cdots+\dfrac{P}{\gamma_n}} \tag{6-7}$$

式中：P_1，P_2，$\cdots$，P_n——各种矿料成分的配合比，其和为 100；

γ_1，γ_2，$\cdots$，γ_n——各种矿料相应的毛体积相对密度。

b. 按式（6-8）计算矿质混合料的合成表观相对密度 γ_{sa}。

$$\gamma_{sa}=\frac{100}{\dfrac{P}{\gamma_1'}+\dfrac{P}{\gamma_2'}+\cdots+\dfrac{P}{\gamma_n'}} \tag{6-8}$$

式中：P_1，P_2，$\cdots$，P_n——各种矿料成分的配合比，其和为 100；

γ_1'，γ_2'，$\cdots$，γ_n'——各种矿料按试验规程方法测定的表观相对密度。

c. 按式（6-9）或按式（6-10）预估沥青混合料的最佳油石比（P_a）或最佳沥青用量（P_b）。

$$P_a=\frac{P_{a1}\gamma_{sb1}}{\gamma_{sb1}} \tag{6-9}$$

$$P_b=\frac{P_a}{100+\gamma_{sb}}\times100\% \tag{6-10}$$

式中：P_a——预估的最佳油石比（与矿料总量的百分比），%；

P_b——预估的最佳沥青用量（占混合料总量的百分数），%；

P_{a1}——已建类似工程沥青混合料的标准油石比，%；

γ_{sb}——集料的合成毛体积相对密度；

γ_{sb1}——已建类似工程集料的合成毛体积相对密度。

③ 制备试样。

按照确定的矿料比例配料，以预估的最佳油石比为中值，按一定间隔（对密级配沥青混合料通常为 0.5%，对密级配沥青碎石混合料可适当缩小间隔为 0.3%～0.4%），取 5 个或 5 个以上不同的油石比分别成型马歇尔试件。每一组试件的试样数按现行试验规程的要求确定，对粒径较大的沥青混合料，宜增加试件数量。

④ 测定物理指标。

a. 压实沥青混合料试件的毛体积相对密度测定。通常采用表干法测定马歇尔试件的毛体积相对密度；对于吸水率大于 2% 的试件，宜改用蜡封法测定毛体积相对密度。

b. 确定矿料的有效相对密度。对非改性沥青混合料，宜以预估的最佳油石比拌和两组混合料，采用真空法实测最大相对密度，取平均值，然后由式（6-11）反算合成矿料的有效相对密度 γ_{se}。

$$\gamma_{se}=\frac{100-P_b}{\dfrac{100}{\gamma_t}-\dfrac{P}{\gamma_b}} \tag{6-11}$$

式中：γ_{se}——合成矿料的有效相对密度，无量纲；

P_b——试验采用的沥青用量（占混合料总量的百分数），%；

γ_t——试验沥青用量条件下实测得到的最大相对密度，无量纲；

γ_b——沥青的相对密度（25℃），无量纲。

对改性沥青及 SMA 等难以分散的混合料，有效相对密度宜直接由矿料的合成毛体积相对密度与合成表观相对密度按式(6-12)计算确定，其中沥青吸收系数 C 根据材料的吸水率由式(6-13)求得，材料的合成吸水率按式(6-14)计算。

$$\gamma_{se} = C\gamma_{sa} + (1-C)\gamma_{sb} \qquad (6-12)$$

$$C = 0.033W_X^2 - 0.2936W_X + 0.9339 \qquad (6-13)$$

$$W_X = \left(\frac{1}{\gamma_{sb}} - \frac{1}{\gamma_{sa}}\right) \times 100 \qquad (6-14)$$

式中：γ_{se}——合成矿料的有效相对密度；

C——合成矿料的沥青吸收系数；

W_X——合成矿料的吸水率，%；

γ_{sb}——材料的合成毛体积相对密度，按式(6-7)求得，无量纲；

γ_{sa}——材料的合成表观相对密度，按式(6-8)求得，无量纲。

c. 确认沥青混合料的最大理论相对密度。对非改性的普通沥青混合料，在成型马歇尔试件的同时，用真空法实测各组沥青混合料的最大理论相对密度，当只对其中一组油石比测定最大理论相对密度时，也可按式(6-15)或式(6-16)计算其他不同油石比时的最大理论相对密度。

对改性沥青和 SMA 混合料宜按式(6-15)或式(6-16)计算各个不同沥青用量混合料的最大理论相对密度。

$$\gamma_{ti} = \frac{100 + P_{ai}}{\dfrac{100}{\gamma_{se}} + \dfrac{P_{ai}}{\gamma_b}} \qquad (6-15)$$

$$\gamma_{ti} = \frac{100}{\dfrac{P_{si}}{\gamma_{se}} - \dfrac{P}{\gamma_b}} \qquad (6-16)$$

式中：γ_{ti}——相对于计算沥青用量时沥青混合料的最大理论相对密度，无量纲；

P_{ai}——所计算的沥青混合料中的油石比，%；

P_{si}——所计算的沥青混合料的矿料含量，$P_{si} = 100 - P_{bi}$，%；

P_{bi}——所计算的沥青混合料的沥青用量，$P_{bi} = P_{ai}/(1+P_{ai})$，%；

γ_{se}——矿料的有效相对密度，按式(6-11)或式(6-12)计算，无量纲；

γ_b——沥青的相对密度（25℃），无量纲。

d. 马歇尔物理指标计算。按式(6-17)～式(6-19)计算沥青混合料试件的空隙率（VV）、矿料间隙率（VMA）、沥青的饱和度（VFA）等体积指标，取一位小数，进行体积组成分析。

$$VV = \left(1 - \frac{\gamma_f}{\gamma_t}\right) \times 100 \qquad (6-17)$$

$$VMA = \left(1 - \frac{\gamma_f}{\gamma_{sb}} \times P_s\right) \times 100 \qquad (6-18)$$

$$VFA = \frac{VMA - VV}{VMA} \times 100 \qquad (6-19)$$

式中：VV——试件的空隙率，%；

$\quad VMA$——试件的矿料间隙率，%；

$\quad VFA$——试件的有效沥青饱和度（有效沥青含量占矿料间隙率的体积比例），%；

$\quad \gamma_f$——试件的毛体积相对密度，无量纲；

$\quad \gamma_t$——沥青混合料的最大理论相对密度，无量纲；

$\quad P_s$——各种矿料占沥青混合料总质量的百分率之和，即 $P_s = 100 - P_b$，%；

$\quad \gamma_{sb}$——矿质混合料的合成毛体积相对密度，按式（6-7）计算。

⑤ 测定力学指标。

为确定沥青混合料的沥青最佳用量，应测定沥青混合料的力学指标，如马歇尔稳定度、流值、马歇尔模数。

⑥ 确定最佳沥青用量。

a. 绘制沥青用量的物理-力学指标关系图。以油石比或沥青用量为横坐标，以马歇尔稳定度试验的各项指标为纵坐标，将试验结果绘入图中，连成圆滑的曲线。确定均符合规范规定的沥青混合料技术标准的沥青用量范围 $OAC_{min} \sim OAC_{max}$，选择的沥青用量范围必须涵盖设计空隙率的全部范围，并尽可能涵盖沥青饱和度的要求范围，并使密度及稳定度曲线出现峰值，如果没有涵盖设计空隙率的全部范围，则必须扩大沥青用量范围重新进行试验。

 **特别提示**

绘制曲线时含矿料间隙率指标，且应为下凹形曲线，但确定 $OAC_{min} \sim OAC_{max}$ 时不包括矿料间隙率。

b. 根据试验曲线的走势，按下列方法确定沥青混合料的最佳沥青用量 OAC_1。

在图 6.13 上求取相应于毛体积密度最大值、稳定度最大值、目标空隙率（或中值）、有效沥青饱和度范围的中值的沥青用量 a_1、a_2、a_3、a_4。按式（6-20）取平均值作为 OAC_1。

$$OAC_1 = (a_1 + a_2 + a_3 + a_4)/4 \qquad (6-20)$$

如果在所选择的沥青用量范围未能涵盖沥青饱和度的要求范围，按式（6-21）求取三者的平均值作为 OAC_1。

$$OAC_1 = (a_1 + a_2 + a_3)/3 \qquad (6-21)$$

对所选择试验的沥青用量范围，密度或稳定度没有出现峰值（最大值经常在曲线的两端）时，可直接以目标空隙率所对应的沥青用量 a_3 作为 OAC_1，但 OAC_1 必须在 $OAC_{min} \sim OAC_{max}$ 的范围内，否则应重新进行配合比设计。

c. 以各项指标均符合技术标准（不含矿料间隙率）的沥青用量范围 $OAC_{min} \sim OAC_{max}$ 的中值作为 OAC_2。

$$OAC_2 = (OAC_{min} + OAC_{max})/2 \qquad (6-22)$$

d. 通常情况下取 OAC_1 及 OAC_2 的中值作为计算的最佳沥青用量 OAC。

$$OAC = (OAC_1 + OAC_2)/2 \qquad (6-23)$$

e. 按式（6-23）计算的最佳油石比 OAC，从图 6.13 中得出所对应的空隙率和矿料间隙率值，检验是否能满足表 6.2 或表 6.3 关于最小矿料间隙率值的要求。OAC 宜位于矿料间隙率凹形曲线最小值的贫油一侧。当空隙率不是整数时，最小矿料间隙率按内插法确定，并将其画入图 6.13 中。

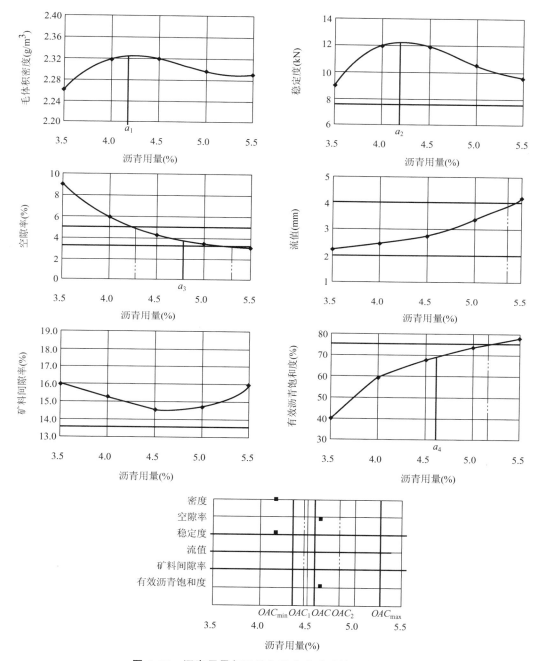

图 6.13 沥青用量与马歇尔稳定度试验结果关系图

注：图中 $a_1 = 4.2\%$，$a_2 = 4.25\%$，$a_3 = 4.8\%$，$a_4 = 4.7\%$，$OAC_1 = 4.49\%$（由四个平均值确定），$OAC_{min} = 4.3\%$，$OAC_{max} = 5.3\%$，$OAC_2 = 4.8\%$，$OAC = 4.64\%$。此例中相对于空隙率 4% 的油石比为 4.6%。

f. 检查图 6.13 中相应于此 OAC 的各项指标是否均符合马歇尔稳定度试验技术标准。

g. 根据实践经验、公路等级、气象条件和交通情况，调整确定最佳沥青用量 OAC。

调整当地各项条件相接近的工程的沥青用量及使用效果，论证适宜的最佳沥青用量。检查计算得到的最佳沥青用量是否相近，如相差甚远，应查明原因，必要时应重新调整级配，进行配合比设计。

对炎热地区公路，高速公路和一级公路的重载交通路段，以及山区公路的长大坡度路段，预计有可能产生较大车辙时，宜在空隙率符合要求的范围内将计算的最佳沥青用量减小 0.1%～0.5% 作为设计沥青用量。此时，除空隙率外的其他指标可能会超出马歇尔稳定度试验配合比设计技术标准，配合比设计报告或设计文件必须予以说明。但配合比设计报告必须要求采用重型轮胎压路机和振动压路机组合等方式加强碾压，以使施工后路面的空隙率达到未调整前的原最佳沥青用量时的水平，且渗水系数符合要求。如果试验段试拌试铺达不到此要求时，宜调整所减小的沥青用量的幅度。

对寒区公路、旅游公路、交通量很少的公路，最佳沥青用量可以在 OAC 的基础上增加 0.1%～0.3%，以适当减小设计空隙率，但不得降低压实度要求。

h. 按式（6-24）和式（6-25）计算沥青结合料被集料吸收的比例及有效沥青含量。

$$P_{ba} = \frac{\gamma_{se} - \gamma_{sb}}{\gamma_{se} \times \gamma_{sb}} \times \gamma_b \times 100 \tag{6-24}$$

$$P_{be} = P_b - \frac{P_{ba}}{100} \times P_s \tag{6-25}$$

式中：P_{ba}——沥青混合料中被集料吸收的沥青结合料比例，%；

$\quad\quad P_{be}$——沥青混合料中的有效沥青用量，%；

$\quad\quad \gamma_{se}$——集料的有效相对密度，无量纲；

$\quad\quad \gamma_{sb}$——材料的合成毛体积相对密度，无量纲；

$\quad\quad \gamma_b$——沥青的相对密度（25%），无量纲；

$\quad\quad P_b$——沥青含量，%；

$\quad\quad P_s$——各种矿料占沥青混合料总质量的百分率之和，即 $P_s = 100 - P_b$，%。

i. 检验最佳沥青用量时的粉胶比和有效沥青膜厚度。沥青混合料的粉胶比按式（6-26）计算，宜符合 0.6～1.6。对常用的公称最大粒径为 13.2～19mm 的密级配沥青混合料，粉胶比宜控制在 0.8～1.2。

$$FB = \frac{P_{0.075}}{P_{be}} \tag{6-26}$$

式中：FB——粉胶比，沥青混合料的矿料中 0.075mm 通过率与有效沥青含量的比值，无量纲；

$\quad\quad P_{0.075}$——矿料级配中 0.075mm 的通过率（水洗法），%；

$\quad\quad P_{be}$——有效沥青含量，%。

按式（6-27）计算集料的比表面积，按式（6-28）估算沥青混合料的沥青膜有效厚度。

$$SA = \sum (P_i \times FA_i) \tag{6-27}$$

$$DA = \frac{P_{be}}{\gamma_b \times SA} \times 10 \tag{6-28}$$

式中：SA——集料的比表面积，m^2/kg；

  P_i——各种粒径的通过百分率，%；

  FA_i——相应于各种粒径的集料的表面积系数，可查表 6.23；

  DA——沥青膜的有效厚度，μm；

  P_{be}——有效沥青含量，%；

  γ_b——沥青的相对密度（25℃），无量纲。

表 6.23　集料的表面积系数

筛孔尺寸（mm）	19	16	13.2	9.5	4.75	2.36	1.18	0.6	0.3	0.15	0.075
表面积系数 *FA*	0.0041	—	—	—	0.0041	0.0082	0.0164	0.0287	0.0614	0.1229	0.3277

注：各种公称最大粒径混合料中大于 4.75mm 尺寸集料的表面积系数 *FA* 均取 0.0041，且只计算一次。

⑦ 配合比设计检验。

a. 对用于高速公路和一级公路的密级配沥青混合料，需在配合比设计的基础上按规范要求进行各种使用性能的检验，不符合要求的沥青混合料，必须更换材料或重新进行配合比设计。其他等级公路的沥青混合料可参照执行。

b. 高温稳定性检验。对公称最大粒径小于或等于 19mm 的混合料，按最佳沥青用量制作车辙试件进行车辙试验，动稳定度应符合表 6.4 的要求。

c. 水稳定性检验。按规定的试验方法进行浸水马歇尔稳定度试验和冻融劈裂试验，残留稳定度及残留强度比均必须符合表 6.5 的要求。

d. 低温抗裂性能检验。对公称最大粒径小于或等于 19mm 的混合料，按规定方法进行低温弯曲试验，其破坏应变宜符合表 6.6 的要求。

e. 渗水系数检验。利用轮碾机成型的车辙试件进行渗水试验，检验的渗水系数宜符合表 6.24 的要求。

表 6.24　沥青混合料试件渗水系数的要求

级 配 类 型	渗水系数要求（mL/min）	试 验 方 法
密级配沥青混凝土，≤	120	
SMA 混合料，≤	80	T0730
OGFC，≥	实测	

2）生产配合比设计

以上决定的矿料级配及最佳沥青用量为目标配合比设计阶段的数据，对间歇式拌和机，应按规定方法取样测试各热料仓的材料级配，确定各热料仓的配合比，供拌和机控制室使用。同时选择适宜的筛孔尺寸和安装角度，尽量使各热料仓的供料大体平衡，并取目标配合比设计的最佳沥青用量 OAC、$OAC\pm0.3\%$ 三个沥青用量进行马歇尔稳定度试验和试拌，通过室内试验及从拌和机取样试验综合确定生产配合比的最佳沥青用量，由此确定的最佳沥青用量与目标配合比设计的结果的差值不宜大于 $\pm0.2\%$。对连续式拌和机可省略生产配合比设计步骤。

3）生产配合比验证

拌和机按生产配合比结果进行试拌、铺筑试验段，并取样进行马歇尔稳定度试验，同时从路上钻取芯样观察空隙率的大小，由此确定生产用的标准配合比。标准配合比的矿料合成级配中，至少应包括 0.075mm、2.36mm、4.75mm 及公称最大粒径筛孔的通过率接近优选的工程设计级配范围的中值，并避免在 0.3～0.6mm 处出现"驼峰"。对确定的标准配合比，宜再次进行车辙试验和水稳定性检验。

 特别提示

沥青混合料的配合比设计是沥青路面施工过程中一件十分重要的工作。绝不是通过一次马歇尔稳定度试验，满足规范的技术要求，配合比设计就完成了。现行规范的指标并不一定与沥青路面的性能有很直接的关联。满足规范要求只不过是一个起码的要求，不等于就是一个好的设计。一个好的设计必须经过实践考验，证明沥青混合料具有良好的使用性能。同时所设计的混合料必须是有利于施工的，它的质量变异性要小、没有大的离析、容易控制操作、容易摊铺压实，不致稍有变化就导致沥青路面的损坏。

6.2.6 沥青混合料配合比设计工程实例

【题目】

试设计某高速公路沥青混凝土路面用沥青混合料的配合组成。

【原始资料】

1. 道路等级

高速公路。

2. 路面类型

AC-16 沥青混凝土。

3. 结构层位

三层式沥青混凝土的上面层。

4. 气候条件

最低月平均气温 $-8℃$，最高月平均气温 $32℃$，年降雨量 1800mm。

5. 材料性能

1）沥青材料

可供应 A 级 70 号和 90 号两种道路石油沥青，经检验各项技术性能均符合要求。

2）矿质材料

（1）碎石和石屑：石灰石轧制碎石，饱水抗压强度为 120MPa，磨耗度为 12%，黏附性（水煮法）为 V 级，视密度为 $2.70g/cm^3$。

（2）砂：黄砂（中砂），含泥量及泥块量均<1%，视密度为 $2.65g/cm^3$。

（3）矿粉：石灰石磨细石粉。粒度范围符合技术要求，无团粒结块，视密度为 $2.58g/cm^3$。

【设计要求】

（1）根据道路等级、路面类型和结构层位，确定沥青混凝土类型，并选择矿质混合料的级配范围。根据现有各种矿质材料的筛析结果，采用图解法确定各种矿料的配合比，并依据题意对高速公路要求组配的矿质混合料的级配进行调整。

（2）通过马歇尔稳定度试验，确定最佳沥青用量。

（3）最佳沥青用量按水稳定性检验和抗车辙能力校核。

【解析】

1. 确定沥青混合料类型

由题意可知，为使高速公路上面层具有较好的抗滑性，选用中粒式 AC-16 型沥青混凝土混合料。

2. 确定矿质混合料级配范围

按表 6.17 查出中粒式 AC-16 型沥青混凝土的矿质混合料级配范围，经调整后的工程级配范围见表 6.25。

表 6.25　矿质混合料工程级配范围

级配类型		筛孔尺寸（方孔筛）（mm）									
		16.0	13.2	9.5	4.75	2.36	1.18	0.6	0.3	0.15	0.075
AC-16 沥青混凝土工程级配范围	下限	90	76	60	34	20	13	9	7	5	4
	上限	100	92	80	62	48	36	26	18	14	8

3. 矿质混合料配合比设计

（1）矿质集料筛分试验。

根据现场取样，三种规格碎石（10～20mm、5～10mm、3～5mm）、石屑、黄砂、矿粉共六种矿集料的筛分结果见表 6.26。

表 6.26　各种矿质集料的筛分结果

级配类型		筛孔尺寸（方孔筛）（mm）									
		16.0	13.2	9.5	4.75	2.36	1.18	0.6	0.3	0.15	0.075
		通过百分率（%）									
碎石	10～20mm	100	88.6	16.6	0.4	0.3	0.3	0.3	0.3	0.3	0.2
	5～10mm	100	100	99.7	8.7	0.7	0.7	0.7	0.7	0.7	0.6
	3～5mm	100	100	100	94.7	3.7	0.5	0.5	0.5	0.5	0.3
石屑		100	100	100	100	97.2	67.2	40.5	30.2	20.6	4.2
黄砂		100	100	100	100	87.9	62.2	46.4	3.7	3.1	1.9
矿粉		100	100	100	100	100	100	100	99.8	96.2	84.7

（2）组成材料配合比设计计算。

采用图解法设计组成材料配合比，如图 6.14 所示。由图解法确定各种材料用量为 10～20mm 碎石：5～10mm 碎石：3～5mm 碎石：石屑：黄砂：矿粉＝34.5%：24%：10.5%：11.5%：13%：6.5%。

（3）调整配合比。

从图 6.14 可以看出，计算的合成级配曲线接近级配范围中值。由于高速公路交通量大、轴载重，为使沥青混合料具有较高的高温稳定性，合成级配曲线应偏向级配曲线范围的下限，为此配合比应做调整。

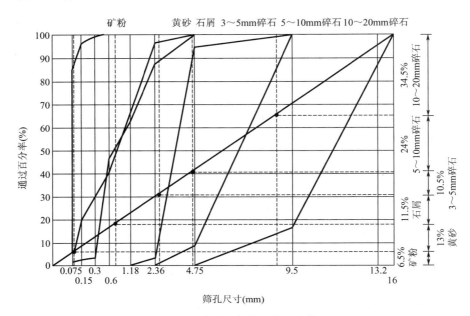

图 6.14　矿质混合料配合比计算图

经调整，各种材料的用量比例为 10～20mm：5～10mm 碎石：3～5mm 碎石：石屑：黄砂：矿粉＝42%：20%：14%：9%：10%：5%。合成级配绘于图 6.15，从图 6.15 可以看出，调整后合成级配曲线光滑平顺，且接近级配曲线的下限。

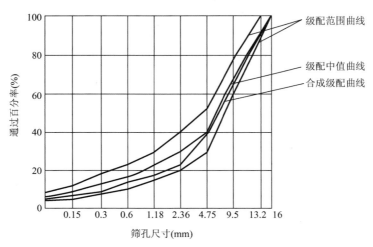

图 6.15　矿质混合料合成级配曲线图

4. 马歇尔稳定度试验结果分析

（1）绘制沥青用量-物理、力学指标关系图。

根据马歇尔稳定度试验结果汇总表（表6.27），绘制沥青用量与毛体积密度、空隙率、矿料间隙率、沥青饱和度、稳定度、流值的关系图，如图6.16所示。

表6.27 马歇尔稳定度试验结果汇总表

试件组号	沥青用量（%）	技术指标					
		毛体积密度（g/m³）	空隙率（%）	矿料间隙率（%）	沥青饱和度（%）	稳定度（kN）	流值（mm）
1	4.0	2.328	5.8	17.9	62.5	8.7	2.1
2	4.5	2.346	4.7	17.6	69.8	9.7	2.3
3	5.0	2.356	3.6	17.4	77.5	10.5	2.5
4	5.5	2.353	2.9	17.7	80.2	10.2	2.8
5	6.0	2.348	2.5	18.4	83.5	9.8	3.7
技术标准为《公路沥青路面施工技术规范》（JTG F40—2004）		—	3~6	≥13	65~75	≥8	1.5~4

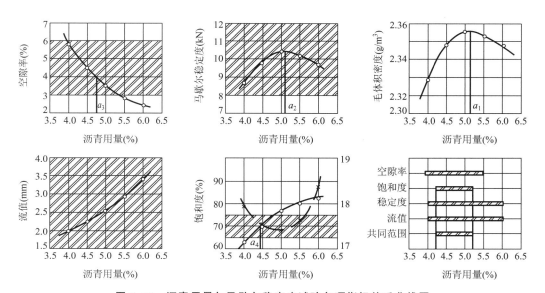

图6.16 沥青用量与马歇尔稳定度试验各项指标关系曲线图

由图6.16得，相应于毛体积密度，沥青用量最大值 $a_1=5.20\%$；相应于稳定度，沥青用量最大值 $a_2=5.15\%$；相应于规定空隙率范围，沥青用量中值 $a_3=4.75\%$；相应于规定饱和度范围，沥青用量中值 $a_4=4.40\%$。

（2）确定最佳沥青用量初始值（OAC_1）。
$$OAC_1=(5.20\%+5.15\%+4.75\%+4.40\%)/4=4.87\%$$

（3）确定最佳沥青用量初始值（OAC_2）。由图6.16得，各指标符合沥青料技术指标主要的沥青用量范围为 $OAC_{min}\sim OAC_{max}=4.20\%\sim5.20\%$。
$$OAC_2=(4.20\%+5.20\%)/2=4.70\%$$

（4）综合确定最佳沥青用量（OAC）。

$$OAC = (OAC_1 + OAC_2)/2 = (4.87\% + 4.70\%)/2 = 4.8\%$$

按 OAC＝4.8％检查矿料间隙率符合要求，且位于贫油沥青一侧，也满足其他指标的要求。

5. 配合比设计检验

（1）抗车辙能力检验。

以沥青用量为 4.8％制备沥青混合料试件，进行车辙试验，其试验结果见表 6.28。

表 6.28　沥青混合料车辙试验结果

最佳沥青用量（%）	试验温度（℃）	试验轮压（MPa）	试验条件	动稳定度（次/mm）	规范要求动稳定度（次/mm）
4.8	60	0.7	不浸水	1300	≥1000

从表 6.28 的试验结果可知，该沥青混合料的动稳定度大于或等于 1000 次/mm，符合高速公路抗车辙能力的规定。

（2）水稳定性检验。

采用沥青用量为 4.8％制备马歇尔试件，测定标准马歇尔稳定度及浸水（48h 后）马歇尔稳定度，其试验结果见表 6.29。

从表 6.29 的试验结果可知，OAC＝4.8％的沥青混合料残留稳定度大于 80％，符合水稳定性标准要求。

表 6.29　沥青混合料水稳定性试验结果

最佳油石比（%）	马歇尔稳定度 MS（kN）	浸水马歇尔稳定度 MS_1（kN）	浸水残留稳定度 MS_0（%）	规范要求残留稳定度（%）
4.8	8.3	7.6	92	80

根据以上试验结果，参考以往工程试验经验，结合考虑经济因素，综合决定采用最佳沥青用量为 4.8％。

6.3　其他新型沥青混合料

引例

（1）某连续密级配沥青混凝土混合料路面使用才两年就出现了严重的车辙，而某沥青混凝土碎石混合料路面使用了 10 年仍然完好无损，如图 6.17～图 6.19 所示，请分析其原因。

（2）如图 6.20 所示，下雨时，在左侧普通沥青混凝土混合料路面上行驶的汽车周围都是水雾，而在右侧排水式沥青磨耗层混合料路面上行驶的汽车周围没有水雾，请分析其原因。

图 6.17　使用两年的连续密级配沥青
混凝土混合料路面

图 6.18　使用 10 年的沥青混凝土
碎石混合料路面

(a) 沥青混凝土混合料路面

(b) 沥青混凝土碎石混合料路面

图 6.19　沥青混凝土混合料与沥青混凝土碎石混合料路面实例对比

图 6.20　普通沥青混凝土混合料路面（左）与排水式沥青磨耗层混合料路面（右）效果对比

6.3.1 沥青玛蹄脂碎石混合料

沥青玛蹄脂碎石混合料是一种新型的沥青混合料结构，它是以沥青结合料与少量的纤维稳定剂、细集料及较多的填料（矿粉）组成的沥青玛蹄脂，填充于间断的粗集料骨架间隙中，组成一体所形成的沥青混合料，简称 SMA 混合料。SMA 混合料属于骨架密实结构，具有耐磨抗滑、密实耐久、抗疲劳、抗高温车辙、减少低温开裂等优点，适用于高等级道路沥青路面的上面层。

1. SMA 混合料的形成背景

20 世纪 60 年代的德国交通十分发达，根据本国的气候特点（夏季气温 20℃左右，冬季不太冷），习惯修筑浇筑式沥青混凝土路面。这种结构中沥青含量为 12% 左右，矿粉含量高。使用中发现该结构路面的车辙十分严重，另外当时德国的汽车为了防滑要求，经常使用带钉的轮胎（欧洲一些国家相似），其结果是使路面磨耗十分严重（1 年可减薄 4cm 左右）。为了克服日益严重的车辙，减少路面的磨耗，公路工作者对沥青混合料的配合比进行调整，增大粗集料的比例，添加纤维稳定剂，形成 SMA 混合料结构的雏形。1984 年德国交通部门正式制定了一个 SMA 混合料路面的设计及施工规范，SMA 混合料路面结构形式基本得以完善。这种新型的路面结构先后在德国及欧洲一些国家逐渐被推广、运用。20 世纪 90 年代初，美国公路界认为其公路路面质量不如欧洲国家的路面质量好，经考察发现存在两个方面的差距：①在改性沥青的运用上；②在路面的结构形式上（即 SMA）。1991—1992 年，SMA 混合料这种结构形式开始加以研究、推广，最典型的是 1995 年亚特兰大市为举办奥运会对公路网进行改建和新建，全部采用了 SMA 混合料这种结构形式做路面。

2. SMA 混合料的结构组成原理

SMA 混合料的组成特征主要包括两个方面：①含量较多的粗集料互相嵌锁组成高稳定性（抗变形能力强）的结构骨架；②细集料矿粉、沥青和纤维稳定剂组成的沥青玛蹄脂将骨架胶结在一起，并填充于骨架空隙，使混合料有较好的柔性及耐久性。

SMA 混合料的结构组成可概括为"三多一少"，即粗集料多、矿粉多、沥青多、细集料少。具体来讲，SMA 混合料是一种间断级配的沥青混合料，5mm 以上的粗集料比例高达 80%，矿粉的用量达 13%，粉胶比可超出通常值 1.2 的限制。由此形成的间断级配，很少使用细集料；为加入较多的沥青，一方面增加矿粉用量，同时使用纤维作为稳定剂；SMA 混合料的沥青用量较多，高达 7%，黏结性要求高，并希望选用针入度小、软化点高、温度稳定性好的沥青，最好采用改性沥青。

3. SMA 混合料的路用性能

1）抗高温稳定性

在 SMA 混合料的组成中，粗集料骨架占 70% 以上，混合料中粗集料相互之间的接触面很多，细集料很少，玛蹄脂部分仅填充了粗集料之间的空隙，交通荷载主要由粗集料骨架承受，由于粗集料之间互相良好的嵌挤作用，使沥青混合料具有非常好的抵抗荷载变形的能力，即使在高温条件下，沥青玛蹄脂的黏度下降，对这种抵抗能力的影响也比较小，因而有较强的高温抗车辙能力。

2）抵抗低温稳定性

低温条件下的沥青混合料抗裂性能主要由结合料的拉伸性能决定。由于 SMA 混合料的集料之间填充了丰富的沥青玛蹄脂，它包在粗集料表面，随着温度的下降，混合料收缩变形使集料被拉开时，玛蹄脂有较好的黏连作用，它的韧性和柔性使混合料有较好的低温抗变形性能。

3）良好的水稳定性

沥青混合料的水稳定性主要是防止水的侵蚀，提高沥青与集料之间的黏附性。SMA 混合料的空隙率很小，几乎不透水。混合料受水的影响很小，再加上玛蹄脂与集料的黏结力好，使得混合料的水稳定性有较大的改善。

4）良好的耐久性

SMA 混合料的内部被沥青玛蹄脂充分填充，且沥青膜较厚，混合料的空隙率很小，沥青与空气的接触少，因而沥青混合料的耐老化性能好，同时由于内部空隙小，其变形率小，因此有良好的耐久性。另外，由于 SMA 混合料基本上是不透水的，对下面的沥青层和基层都有较强的保护作用和隔水作用，能使路面保持较高的整体强度和稳定性。

5）优良的表面特性

沥青混凝土路面的低噪声、抗滑、防止雨天行车溅水及车后产生水雾等性能，直接影响交通安全和环境保护。SMA 混合料的集料方面要求采用坚硬、粗糙、耐磨的优质石料；在级配上采用间断级配，粗集料含量高，路面压实后表面构造深度大，抗滑性能好，拥有良好的横向排水性能；雨天行车不会产生较大的水雾，能增加雨天行车的可见度，并减少夜间的路面反光，路面噪声可降低 3～5dB，从而使 SMA 混合料路面具有良好的表面特性。

 **引例解答**

引例（1）的解答：连续密级配沥青混凝土混合料是悬浮密实结构，其粗集料用量较少，粗集料间没有形成良好的嵌挤作用，高温稳定性差，虽然使用时间才两年，但形成了严重的车辙；SMA 混合料路面虽然使用时间较长，但 SMA 混合料是骨架密实结构，其粗集料用量较多，粗集料之间嵌挤良好，混合料抗变形能力强，高温稳定性好，故不易产生高温病害。

4. SMA 混合料对组成材料的要求

1）集料

集料包括粗集料和细集料。公称最大粒径小于或等于 9.5mm 的 SMA 混合料，以 2.36mm 作为粗集料骨架的分界筛孔；公称最大粒径大于或等于 13.2mm 的 SMA 混合料，以 4.75mm 作为粗集料骨架的分界筛孔。

粗集料是构成 SMA 混合料骨架的主体材料，要求选用质地坚硬、表面粗糙、抗磨耗、耐磨光、形状接近立方体、有良好的嵌挤能力的破碎石料。破碎率一般要求为 100%。SMA 混合料对粗集料的抗压碎性能要求高，必须使用坚韧的、有棱角的优质石料，并严格限制其针片状颗粒的含量。

SMA 混合料的细集料在 SMA 混合料中所占比例往往不超过 10%。一般宜采用专用的细料破碎机生产的机制砂。当采用普通石屑代替时，宜采用与沥青黏附性好的石灰岩石屑，且不得含有泥土、杂物。与天然砂混用时，天然砂的用量不宜超过机制砂或石屑的用量。天然砂具有较好的耐久性，但由于天然砂棱角不够，往往与沥青的黏附性较差，这对SMA混合料的高温抗车辙能力不利。

2）填料

SMA混合料需要的填料数量远远超过普通沥青混凝土混合料，这是由于纤维帮助矿粉沥青团粒起到了分散作用。填料必须采用由石灰石等碱性岩石磨细的矿粉，矿粉必须保持干燥，能从石粉仓自由流出，其质量要符合要求。

3）沥青

SMA混合料需要采用比常规沥青混凝土混合料黏度（稠度）更大的沥青结合料。我国《公路沥青玛蹄脂碎石路面技术指南》（SHC F40—01—2002）规定如下。

（1）用于SMA混合料的沥青结合料必须具有较高的黏度，与集料有良好的黏附性，以保证有足够的高温稳定性和低温韧性。对高速公路等承受繁重交通的重大工程，夏季特别炎热或冬季特别寒冷的地区，宜采用改性沥青。

（2）当不使用改性沥青结合料时，沥青的质量必须符合《公路沥青路面施工技术规范》（JTG F40—2004）中A级沥青的技术要求，并采用比当地常用沥青等级稍硬1级或2级的沥青。

（3）当使用改性沥青时，用于改性沥青的基质沥青必须符合《公路沥青路面施工技术规范》（JTG F40—2004）中关于基质沥青的技术要求，其等级应通过试验确定，通常采用与普通沥青等级相当或针入度稍大的等级。

（4）用于SMA混合料的聚合物改性沥青应符合《公路沥青路面施工技术规范》（JTG F40—2004）规定的要求。以提高沥青混合料的抗车辙能力作为主要目的时，宜要求改性沥青的软化点温度高于年最高路面温度。

4）纤维稳定剂

SMA混合料的纤维稳定剂一般有木质素纤维、矿物纤维、聚合物化学纤维三大类。由于木质素纤维防漏效果显著，且价格合理，因此SMA混合料普遍采用木质素纤维作为稳定剂。其质量应符合规范要求的质量标准。

5．SMA混合料配合比设计方法

SMA混合料配合比设计任务就是确定粗集料骨架和玛蹄脂部分各种材料的规格和比例，以便保证真正形成粗集料骨架，骨架的间隙又恰到好处地填充玛蹄脂，玛蹄脂也能真正发挥胶结作用使混合料成为坚实的整体。设计内容包括目标配合比设计、生产配合比设计及生产配合比验证三个阶段，以确定矿料级配及最佳沥青用量。

1）SMA混合料目标配合比设计

（1）SMA混合料矿质混合料设计。SMA混合料矿质混合料配合比设计按现行《公路沥青路面施工技术规范》（JTG F40—2004）推荐的矿质混合料标准级配范围，确定级配范围。

（2）选择设计沥青用量。一般来讲，SMA混合料的沥青用量比沥青混凝土的沥青用量约大1%或更大，沥青含量不足会直接影响路面的耐久性，但过多的沥青也会使路面产生泛油或车辙等病害，所以SMA混合料希望沥青用量有一个最低限值。SMA混合料马歇尔稳定度试验配合比设计技术要求见表6.30。

表 6.30 SMA 混合料马歇尔稳定度试验配合比设计技术要求

试 验 项 目	单位	技 术 要 求		试验方法
		不使用改性沥青	使用改性沥青	
马歇尔试件尺寸	mm	$\phi101.6\times63.5$		T0702
马歇尔试件击实次数	次	两面击实 50		T0702
空隙率 VV	%	3~4		T0708
矿料间隙率 VMA，≥	%	17.0		T0708
粗集料骨架间隙率 VCA，≤	—	VCA_{DRC}		T0708
沥青饱和度 VFA	%	75~85		T0708
稳定度，≥	kN	5.5	6.0	T0709
流值	mm	2~5	—	T0709
谢伦堡沥青析漏试验的结合料损失	%	≤0.2	≤0.1	T0732
肯塔堡飞散试验的混合料损失或浸水飞散试验	%	≤20	≤15	T0733

注：1. 对集料坚硬不易击碎，通行重载交通的路段，也可将击实次数增加为双面 75 次。

2. 对高温稳定性要求较高的重交通路段或炎热地区，设计空隙率允许放宽到 4.5%，VMA 允许放宽到 16.5%（SMA-16）或 16%（SMA-19），VFA 允许放宽到 70%。

3. 试验 VCA 的关键性筛孔，对 SMA-19、SMA-16 是指 4.75mm，对 SMA-13、SMA-10 是指 2.36mm。

4. 稳定度难以达到要求时，容许放宽到 5.0kN（非改性）或 5.5kN（改性），但动稳定度检验必须合格。

混合料设计级配一经选定，即需要增加或减少沥青含量来获得混合料的设计空隙率，根据设计级配用初试沥青含量试验的空隙率情况，以 0.2%~0.4% 为间隔，调整 3 个以上不同的沥青含量，拌制混合料，制作马歇尔试件，每一组试件不宜少于 4 个，另有两个用作真空法实测理论最大相对密度的试件。若初试沥青含量的空隙率及各项体积指标恰好符合设计要求，则可直接作为最佳沥青含量，符合规范要求。进行马歇尔稳定度试验，得出每一种沥青含量时混合料的马歇尔特性，包括 VV、VMA、VFA、VCA_{mix}，以及马歇尔稳定度和流值，看是否符合表 6.30 的要求。绘制以上各项体积指标与沥青含量的关系曲线，根据希望的设计空隙率，确定最佳沥青含量。

（3）目标配合比设计检验。

① 高温稳定性检验。SMA 混合料必须进行车辙试验，对混合料的高温抗车辙能力进行验证，并满足表 6.4 的要求。

② 水稳定性能检验。SMA 混合料必须进行水稳定性试验，并满足表 6.5 的要求。

③ 低温抗裂性检验。SMA 混合料必须进行低温弯曲试验，并满足表 6.6 的要求。

④ 渗水系数检验。SMA 混合料必须进行渗水系数试验，并满足表 6.24 的要求。

⑤ 析漏性能检验。SMA 混合料应进行谢伦堡沥青析漏试验，析漏损失不得超过表 6.30 规定的容许值。

⑥ 飞散性能试验。SMA 混合料应进行肯塔堡飞散试验，混合料损失不得超过表 6.30 规定的容许值。

2）SMA 混合料生产配合比设计和生产配合比验证

对 SMA 混合料的生产配合比设计和试拌试铺验证，与普通的热拌沥青混合料没有什么区别，可参照通用的办法进行，SMA 混合料应根据目标配合比设计的结果，按现行《公路沥青路面施工技术规范》（JTG F40—2004）规定的方法进行生产配合比设计和试拌试铺检验。

6. SMA 混合料在我国的应用

我国首次使用改性沥青是 1994 年首都机场高速公路，使用了奥地利技术 NO-VOPHALT。其关键技术在于利用间隙可不断调整的大型胶体膜使改性剂反复多次通过膜体，而达到非常均匀地与沥青共混，并用 400 倍显微镜观察切片晶体结构是否混合均匀。聚乙烯（PE）对改善高温稳定性较好，而苯乙烯-丁二烯-苯乙烯（SBS）对改善低温稳定性较好。1996 年首都机场东跑道罩面掺入 4%PE＋2%SBS，另外还掺入 4% 石棉纤维，使用改性剂以后，针入度比原来沥青减少了一个等级，软化点大为升高，黏度增加了 7 倍，说明沥青的高温稳定性有显著提高。

6.3.2 开级配排水式沥青磨耗层混合料

【全国排水沥青路面宣传推广片】

开级配排水式抗滑磨耗层（Open Graded Friction Course，OGFC）是指用大空隙的沥青混合料铺筑，能迅速从其内部排走路表雨水，具有抗滑、抗车辙及降噪的路面。其设计空隙率大于 18%，具有较强的结构排水能力，适用于多雨地区修筑沥青路面的表层或磨耗层。用于铺筑开级配排水式抗滑磨耗层的沥青混合料简称 OGFC 混合料。

1. OGFC 混合料的形成背景

OGFC 混合料最早出现在欧洲，通常称为 PFC（Porous Friction Course）混合料，也称为 PEM（Porous European Mixes）混合料，传到美国、日本后才被称为 OGFC 混合料。OGFC 混合料是由 20 世纪 60 年代美国西部几个州的混合料封层发展而来的。通常封层由最大公称尺寸为 9.5mm 和 12.5mm 的粒料，与较高用量的沥青拌和而成。铺设厚度为 15～20mm。这种厂拌封层（也叫玉米花混合料）具有碎石密封层同样的优点，美国西部几个州就开始在一般基层上铺筑厂拌封层，并解决了诸如碎石松散的问题。

在 20 世纪 70 年代早期，为提高道路表面的抗滑性，美国联邦公路局（FHWA）进行了研究，认为厂拌混合料封层是达到道路抗滑目的的手段之一，并且第一次提出 OGFC 混合料这一术语。在沥青路面上铺筑 OGFC 混合料的主要目的是使道路使用者行车更为舒适和安全，以及保护其他结构层不受水和行车的破坏。

2. OGFC 混合料的结构组成原理

OGFC 混合料主要由大量粗集料相互挤压密实，较大的空隙间仅有少量的细集料和胶结料填充，由此形成了特有的骨架空隙结构。其强度主要是由骨架间的嵌挤力所产生的。

3. OGFC 混合料的路用性能

1）减少水雾和眩光

因为在 OGFC 混合料路面没有残留水，它几乎可以消除水雾。雨天在 OGFC 混合料路面上开车，司机会感到安全。OGFC 混合料的另一个好处是减少在潮湿状态下前灯的眩光。很显然，这有利于改善能见度，减少驾驶疲劳。

2）降低噪声

为评价 OGFC 混合料降低噪声的能力，在美国和欧洲进行了许多研究。据欧洲报道：与密级配热拌沥青（HMA）混合料路面相比，其噪声降低 3dB；与水泥混凝土（PCC）混合料路面相比，其噪声降低 7dB。用于城郊公路附近的防音墙通常能降低 3dB 左右的噪声，当噪声改变 3dB 时，大多数人都能感受到显著的差异。铺筑 OGFC 混合料也许是一种代替防音墙，缓减交通噪声的合理方案。防音墙每 0.305m 造价为 15～20 美元，能减少噪声 3～5dB。当降低 3dB 噪声时，相当于交通量减少了一半或者将防音墙到公路的距离加大了一倍。防音墙或土护坡可用来减少噪声，但它们四周防噪的效果并不相同。

3）防水漂

由于雨水透过 OGFC 混合料层，在路表无连续的水膜，故 OGFC 混合料可防水漂。即使长时间下雨，可能使 OGFC 混合料饱和，但由于 OGFC 混合料的多孔结构，使得车辆与轮胎间不会产生水压，这样仍然不会发生水漂。

4）改善路面标志的可见度

OGFC 混合料表面层的标志线可见度高，尤其是在潮湿天气，这有利于安全。

5）提高潮湿路面的抗滑性

美国、加拿大和欧洲的研究表明，与密级配 HMA 混合料和 PCC 混合料路面相比，OGFC 混合料路面具有优良的抗滑性，雨天交通事故大大减少。

 引例解答

引例（2）的解答：普通沥青混凝土混合料路面空隙率较小，雨水往往滞留在路面上，不能下渗，汽车快速行驶时易形成水雾，影响行车安全；而 OGFC 混合料路面空隙率很大，雨水可透过路面下渗，不会在路表形成连续水膜，因而可以消除水雾。

4. OGFC 混合料对组成材料的要求

1）沥青

OGFC 混合料宜采用高黏度改性沥青，使用的基质沥青通常要比当地气候条件使用的沥青高两个等级。高黏度改性沥青的技术要求宜符合表 6.31 的规定。当实践证明采用普通改性沥青或纤维稳定剂后能符合当地条件时也允许使用。

表 6.31　高黏度改性沥青的技术要求

试 验 项 目	单位	技 术 要 求
针入度（25℃，100g，5s），≥	0.1mm	40
软化点，≥	℃	80
延度（15℃），≥	cm	50
闪点，≥	℃	260
薄膜加热试验（TFOT）后的质量变化，≤	%	0.6
黏韧性（25℃），≥	N·m	20
韧性（25℃），≥	N·m	15
60℃黏度，≥	N·m	20000

2）集料

OGFC 混合料的集料包括碎石、轧制砾石和人工砂。用于 OGFC 混合料的粗集料、细集料的质量应符合《公路沥青路面施工技术规范》（JTG F40—2004）对表面层材料的技术要求。

3）填料

OGFC 混合料的填料要求使用石灰石粉，OGFC 混合料宜在使用石灰石粉的同时掺用消石灰、纤维等添加剂，石灰石粉的质量应符合《公路沥青路面施工技术规范》（JTG F40—2004）的技术要求。

5. OGFC 混合料配合比设计方法

OGFC 混合料的配合比设计采用马歇尔试件的体积设计方法进行，并以空隙率作为配合比设计的主要指标。OGFC 混合料配合比设计指标应符合表 6.32 的要求。

表 6.32　OGFC 混合料配合比设计指标

试 验 项 目	单　位	技 术 要 求	试 验 方 法
马歇尔试件尺寸	mm	$\phi 101.6 \times 63.5$	T0702
马歇尔试件击实次数	次	两面击实 50	T0702
空隙率	%	18～25	T0708
马歇尔稳定度	kN	≥3.5	T0709
析漏试验	%	<0.3	T0732
肯塔堡飞散试验	%	<20	T0733

OGFC 混合料进行配合比设计后必须对设计沥青用量进行析漏试验及肯塔堡飞散试验，并对混合料的高温稳定性、水稳定性等进行检验。配合比设计检验应符合各项技术要求。

6. OGFC 混合料在我国的应用

OGFC 混合料在我国首先是在城市道路上应用的，北京、广州等大城市在 20 世纪 90 年代都先后铺设了试验路和实体工程。公路行业是在 20 世纪 90 年代后期开始研究使用的。交通运输部公路科学研究院先后在济青高速公路、京沪高速公路（河北段）铺设了试验路。

 知识链接

AC、OGFC、SMA 三种沥青混合料结构特点不同，性能指标也就不同，从而形成了各自的优缺点。三种沥青混合料性能的比较见表 6.33。

表 6.33　三种沥青混合料性能的比较

性 能 指 标	沥青混凝土（AC）混合料	排水式沥青磨耗层（OGFC）混合料	沥青玛蹄脂碎石（SMA）混合料
成本	○	+	+
抗车辙、路面变形	○	++	++
疲劳耐久性	○	○	+

续表

性 能 指 标	沥青混凝土 （AC）混合料	排水式沥青磨耗层 （OGFC）混合料	沥青玛蹄脂碎石 （SMA）混合料
抗反射裂缝	○	×	＋
抗温缩裂缝	○	×	＋
表面构造深度、抗滑	○	++	＋
路面放光、溅水、水雾	○	++	＋
噪声	○	++	＋
抗剥落、水稳定性	○	×	++
抗老化	○	×	++
抗磨损	○	×	++

注：表中○表中正常情况，＋表示良好，＋＋表示非常好，×表示不好。

6.3.3 多碎石沥青混凝土混合料

多碎石沥青混凝土混合料（简称 SAC 混合料）是采用较多的粗碎石形成骨架，并用沥青胶砂填充骨架中的孔隙使骨架胶合在一起而形成的沥青混合料。

1. SAC 混合料的形成背景

较大流量的车辆在高速公路上安全、舒适高速地通行，沥青面层必须具有良好的抗滑性能。这就要求沥青面层不但要有较大的摩擦系数，而且要有较深的表面构造深度（是高速行车减低噪声和减少水漂、溅水影响司机视线的主要因素）。近年来的研究成果表明：沥青面层的抗滑性能是由面层结构的微观构造和宏观构造两部分形成的。其中宏观构造来源于沥青混合料的配合比，主要由集料的粗细、级配形式决定。20 世纪 80 年代中期我国开始修筑高等级公路，从沥青面层的结构形式来看：Ⅰ型沥青混凝土，空隙率为 3%～6%，透水性小、耐久性好、表面层的摩擦系数能达到要求，但表面构造深度较小，远不能达到要求；Ⅱ型沥青混凝土，空隙率为 6%～10%，表面构造深度较大，抗变形能力较强，但其透水性、耐久性较差。为了解决沥青面层的抗滑性能（特别是表面层在构造深度较大的情况下，又具有良好的防水性的结构形式），SAC 混合料面层被加以研究和使用。

2. SAC 混合料的特点

众所周知，Ⅰ型沥青混凝土是一种密实型沥青混凝土结构，其矿料级配按最大密实原则设计，属于连续性级配，强度和稳定性主要取决于混合料的黏结力和内摩阻力，因为结构密实、空隙率小，所以Ⅰ型路面的水稳定性较好。但是，由于其表面不够粗糙，耐磨、抗滑、高温抗车辙等性能明显不足，并且矿料间隙率也难以满足要求，所以通常采用减少沥青用量的方法来满足间隙率的要求，但这样又会使沥青路面的耐久性降低。Ⅱ型沥青混凝土的碎石含量大，细料和填料的含量少，表面构造深度较大，而且抗变形能力较强；其缺点是透水性过大。如果沥青混凝土下层或中下层也是采用空隙率较大的Ⅱ型沥青混凝土甚至沥青碎石，雨水将容易透过沥青面层滞留在半刚性基层的表面和混合料的内部。停留在基层表面的自由水容易冲刷基层表面的细料并导致"唧浆"现象，使面层与基层脱开，面层表面产生网裂和变形，甚至发生局部坑洞。存留在沥青混凝土中的水，在夏季行车的作用下容易促使沥青剥落甚至出现松散现象，使面层沥青混凝土稳定性降低并形成较严重的辙槽。在冰冻地区的冬季，存留在面层沥青混凝土中的水，使沥青混凝土在泡水的情况下反复冻融，将严重影响沥青混凝土的强度，并缩短其抗疲劳寿命。因此表面层使用 I 型或 II 型沥青混凝土都将影响其使用性能或使用寿命。

SAC 混合料将 I 型和 II 型沥青混凝土两种级配组成的特点结合在一起形成一种新的矿料级配，提高了沥青混凝土表面层的耐久性能，降低了空隙率和透水性。

SAC 混合料具体材料组成如下：粗集料含量 69%～78%，矿粉含量 6%～10%，油石比 5%左右。经几条高等公路的实践证明，SAC 混合料面层既能提供较大的表面构造深度，又具有传统 I 型沥青混凝土那样较小的空隙率及较小的透水性，同时还具有较好的抗变形能力（动稳定度较高）。换言之，SAC 混合料既具有传统 I 型沥青混凝土的优点，又具有 II 型沥青混凝土的优点，同时又避免了两种传统沥青混凝土结构形式的不足。

3. SAC 混合料在我国的应用

"七五"期间 SAC 混合料试验成功后，"八五"期间在海南东线高速公路一期工程、济青高速公路、青岛—黄岛高速公路及石太高速公路河北段得到推广应用。根据上述高速公路的使用经验，1996 年沪宁高速公路江苏段约 248km（表面层厚 4cm），全部采用 SAC-16 做表面层。

6.3.4　Superpave 沥青混合料

Superpave 沥青混合料是美国战略公路研究计划的研究成果之一。Superpave 是 Superior Performing Asphalt Pavement 的缩写，中文意思就是高性能沥青路面。Superpave 沥青混合料设计法是一种全新的沥青混合料设计法，包含沥青结合料规范、沥青混合料体积设计方法、计算机软件及相关的使用设备、试验方法和标准。

1. Superpave 沥青混合料的形成背景

美国公路战略研究计划是根据美国国家科学研究委员会运输研究委员会为美国联邦公路局提出的一项特别研究报告——"美国公路：加速寻求新技术"而制定的。1982 年，美国各州和联邦公路部门的研究经费只是 1973 年费用的一半，由于经费有限，公路研究只能解决一些局部问题，一些与公路性能和安全有关的、能产生巨大经济效益的关键问题由于没有足够的经费支持而终止，这引起了美国相关机构的注意。

1984 年，美国各州公路与运输官员协会开始游说美国国会支持战略公路研究计划，并在联邦公路管理局的资助下，用了两年时间在沥青、路面长期性能、混凝土与结构、公路营运、冰雪控制、养护 6 个研究领域（后来压缩到 4 个）内制订了详细的研究计划，于1986 年 5 月提出了战略公路研究计划的最终报告。

1987 年，战略公路研究计划进行了一项为期 5 年耗资 5000 万美元的沥青课题研究，旨在制定一个新的沥青和沥青混合料规范、试验和设计方法。战略公路研究计划沥青课题的最终研究成果称为 Superpave，即高性能沥青路面，它由胶结料（PG 分级）规范、混合料设计体系和分析方法等部分组成。美国联邦公路局负责对 Superpave 沥青混合料的推广，并得到了美国各州公路与运输官员协会的全力支持。

1993 年，当战略公路研究计划结束时，热拌沥青工业界对于 Superpave 沥青混合料的推广面临着没有退路的局面。老路走不通，因为许多路面仍在产生早期破坏，新路还须探索。在美国公路界的努力下，Superpave 沥青混合料体系的一些"漏洞"不断得到修补，美国联邦公路局也准备在全美推广应用这种技术。

经过近 10 年的努力，美国除了加利福尼亚州、犹他州等三个州还没有决定何时推广胶结料（PG 分级）规范外，其余所有州都已在 2000 年完成了胶结料（PG 分级）的推广工作。Superpave 混合料设计方法推广虽然没有预期的那样快，但全美已有 75％的州开始使用这种混合料设计方法。

战略公路研究计划吸引了全世界公路研究者的注意与兴趣，引起了许多国家的重视，总共有 26 个国家任命了国际协调员，有 14 个国家设立了路面长期性能平行研究项目。

2. Superpave 沥青混合料的技术简介

Superpave 沥青混合料全套技术是由一个庞大的体系构成，具体来说包含五个方面：①胶结料与集料规范；②混合料体积设计；③混合料施工；④混合料性能预测；⑤相关的软件、试验方法及设备等。这些体系一起组成了完整的 Superpave 沥青混合料技术，孤立地应用其中部分技术很难达到 Superpave 沥青混合料整体应用应有的效果。

1）Superpave 沥青混合料的胶结料与集料规范

与现行的沥青针入度和黏度规范相比，Superpave 沥青混合料的胶结料性能规范具有下列重要特性。

（1）增加了测量沥青动态的黏弹性指标。

（2）增加了低温指标。

（3）既考虑了施工期的老化，又考虑了试用期的老化。

（4）既适用于未改性沥青，也适用于改性沥青。

（5）指标固化，变化试验温度。

在 PG 分级规范里，沥青性能用高、低温两个指标来表征，如 PG64－22，其中"64"表示 7 天平均路面最高设计温度，"－22"表示路面最低设计温度。根据工程项目所在地区的气温，可以计算出当地的最高、最低路面设计温度，而且这个温度具有一定的保证率。实际使用沥青性能等级必须满足项目所需的性能等级，这就是说，在选择沥青时就保证了路面使用时不会产生不希望的过量车辙、疲劳和低温开裂。当然，路面的破坏，尤其是车辙，主要取决于集料和级配的性质。

矿质集料的特性对沥青混合料性能的影响是显著的，集料的技术标准也因此成为 Superpave 沥青混合料规范中的重要内容。在进行 Superpave 沥青混合料的设计时对集料的选择主要考虑了两种类型的集料特性。Superpave 沥青混合料系统中需要使用两种集料特性，即认同特性和料源特性。认同特性包括粗集料棱角性、细集料棱角性、扁平与细长颗粒和黏土含量等物理性质。除了集料的共性要求外，战略公路研究计划的研究者还建议了一组"料源特性"，由各州地方当局制定规定值。当这些特性与混合料设计关联时，也可以用作为验收控制标准。

Superpave 沥青混合料对有关集料尺寸采用了如下定义：①集料公称最大尺寸，即筛余大于 10％的筛子尺寸的上一级筛子尺寸；②集料最大尺寸，即大于集料公称最大尺寸的

筛子尺寸。

2）Superpave 沥青混合料体积设计法

与现在密级配沥青混合料马歇尔设计方法相比，Superpave 沥青混合料体积设计法有以下几个不同之处。

（1）旋转压实机更接近现场的压实过程，其工程性质更接近于现场岩心试件；

（2）增加了混合料短期老化，压实和空隙率计算更加符合实际；

（3）加大了试件尺寸（直径 150mm），使其更适合于大粒径（25～50mm）的集料；

（4）实时测量试件高度与旋转次数，画出压实曲线，从而能评价混合料的压实特性；

（5）在最大压实次数时规定了一个最大压实度，使混合料的抗车辙能力更有保障；

（6）在初始压实次数时规定了一个最大压实度，避免了不稳定混合料的产生。

这些都是马歇尔方法不可比拟的，另外，现行马歇尔设计方法多数采用规定级配的中值作为设计级配，实际公路工程证明，满足马歇尔方法规定级配的中值的混合料不一定是最好的结构。

Superpave 沥青混合料体积设计包括四个步骤：①材料选择；②设计集料结构的选择；③设计沥青用量的选择；④水敏感性评价。

Superpave 沥青混合料体积设计的级配选择是通过设置控制点和限制区来进行的。设置控制点是希望集料级配不得超出规定的区间，控制点分别放设于公称最大尺寸筛、中等筛（2.36mm）和最小筛（0.75mm）处。限制区在最大密度级配线中等筛和 0.3mm 筛之间，是一个级配不能通过的带。由于限制区特有的驼峰形，所以通过这个区域的级配称为驼峰级配。设置限制区的目的有两个：一是为了限制砂的用量；二是为了提供足够的矿料间隙率。在多数情况下，驼峰级配表示为一种多砂混合料，或相对于总砂量来说细砂太多的混合料，这种级配的混合料在施工期间常会出现压实问题，并表现为在使用期间抗永久变形能力不足等问题。而且，集料级配通过限制区容易造成矿料间隙率过小，这种级配对沥青含量过分敏感。因此，设计集料结构时，应使设计级配处于控制点间并避开限制区，以满足 Superpave 沥青混合料的要求。

胶结料、集料和级配一旦选定，使用 Superpave 沥青混合料旋转压实机评价至少要采用 3 种试验级配，每种级配要准备 4 个试件，两个用于压实，两个用于测量最大理论密度，从而分析混合料体积性质并与 Superpave 沥青混合料设计标准进行比较，只要符合标准，就可选为设计集料结构。

确定集料结构后就要确定该结构下的设计沥青用量，一般情况下选定在设计压实次数时空隙率为 4% 的沥青用量作为混合料设计沥青用量。

最后一步就是用压实沥青混合料抗水损害阻力的试验方法评价设计沥青混合料的水敏感性。6 个用旋转压实机压实试件的空隙率为（7±1）%，并按空隙率大小分成两组，一组用真空饱水冻融循环加以处理，另一组不处理，用两组试件的间接抗拉强度比（TSR）大于或等于 80% 作为判断混合料水敏感性的标准。

3. Superpave 沥青混合料的应用

江苏省交通科学研究院率先从美国引进了第一批 Superpave 沥青混合料的相关试验设备，并首先对沪宁高速公路所使用的沥青及沥青混合料按 Superpave 沥青混合料的方法进行了检验，提出了一些很有意义的新看法。我国一些高速公路已开始推广美国高性能沥青路面，苏嘉杭高速公路率先在全线沥青路面三层结构上使用这一技术。不过，这种路面引入我国的时间相对较短，国内经验还相对缺乏。

6.3.5 再生沥青混合料

再生沥青混合料是指将旧沥青路面经过翻挖、回收、破碎、筛分后，与再生剂、新沥青材料、新集料等按一定比例重新拌和成的能够满足一定路用性能的混合料。沥青路面的再生利用，能够节约大量的沥青、砂石等原材料，节省工程投资，同时有利于处理废料、保护环境，因而具有显著的经济效益和社会、环境效益。随着近年来人们对环保、社会效益的关注，沥青路面再生利用技术也越来越受到人们的关注，已成为公路工程建设中有待进一步发展的重要实用技术。

【乳化沥青冷再生技术】

1. 再生沥青混合料的形成背景

国外对沥青路面再生利用的研究，最早是从 1915 年在美国开始的，但由于以后大规模的公路建设，对这方面的研究投入较少。直到 1973 年石油危机爆发后，美国对这项技术才引起足够的重视，并且迅速在全国范围内进行了广泛的研究，并取得了丰硕的成果。到 20 世纪 80 年代末，美国再生沥青混合料的用量几乎为全部路用沥青混合料的一半，并且在再生剂开发、再生混合料设计、施工设备等方面的研究也日趋深入，先后出版了《沥青路面热拌再生技术手册》《路面废料再生指南》《沥青路面冷拌再生技术手册》等书。日本由于其能源匮乏，一直很重视再生技术的研究，从 1976 年至今，其路面废料再生利用率已超过 70%。

西欧国家也十分重视这项技术，联邦德国是最早将再生料应用于高速公路路面养护的国家，该国 1978 年就已将全部废弃沥青路面材料加以回收利用，芬兰几乎所有的城镇都组织了旧路面材料的收集和储存工作。过去再生材料主要用于低等级公路的路面和基层，近几年已开始应用于重交通道路上。法国现在对再生技术的研究也颇为重视，在高速公路和一些重交通道路的路面修复工程中开始逐步推广应用这项技术。苏联对沥青路面再生技术研究较早，先后出版了《沥青混凝土废料再生利用技术》《旧沥青混凝土再生混合料技术准则》等规范，提出了适用于各种条件下再生利用的方法，规定再生沥青混合料只适用于高等级路面的基层和低等级路面的面层。

我国在 20 世纪 50—70 年代，曾在不同程度上利用过废旧沥青混合料来修路，但均作为废物利用考虑，所得的成品一般只用于轻交通道路、人行道或道路的垫层。山西、湖北、河北等省的公路养护单位，是国内较早回收利用旧油路面的部门，他们在 20 世纪 70 年代初期就将开挖的废旧油面层用于维修养护时铺作基层。到 1982 年山西省结合油路的大中修工程共铺筑重点试验段约 80km，湖北省公路局发动全省各公路养护单位进行了广泛系统的再生利用试验研究，对各种等级的路面、各种交通量、各种地形气候条件、各种路面结构类型的旧油面层的再生利用进行了系统的试验研究，共铺筑各种类型的试验路 88km。1983 年原建设部开启了"废旧沥青混合料再生利用"的研究项目，由上海市政工程研究所、武汉市市政工程设计研究院、天津市市政工程研究所等单位承担。当时的主攻方向是把旧渣油路面加入适当的轻油使之软化，来代替常规沥青混合料，铺筑层次是解决用量较多的面层下层，拌和设备方面则应用现有设备做适当改装，经过 3 年的努力，在苏州、武汉、天津、南京 4 个城市共铺筑了约 $3000m^2$ 的试验路。经路用效果观测证明，再生路面的综合使用品质不低于常规热拌沥青混凝土路面。湖南省公路部门将乳化沥青加入旧渣油表面处治面层料，并分别用拌和法和层铺法修筑了再生试验路，也证明了其技术可行性和经济性。其他省份，如山东、河北、辽宁、广东、安徽等在 20 世纪 80 年代初也曾先后进行过旧渣油路面的再生利用研究。

2. 再生沥青混合料的评价

1）对旧沥青混合料的评价

对所用的旧沥青混合料必须进行试验了解四方面的内容：①沥青含量；②回收沥青的物理性能指标（黏度、针入度、延度、软化点等）；③回收沥青的化学组分；④集料的级配。对旧沥青混合料所得的试验数据是配合比设计的重要依据，试验结果务求真实、准确。

2）再生沥青等级的选择

由于再生沥青混合料的品质要求与普通沥青混合料的要求是基本一致的，故对再生沥青等级的选择也应该与普通沥青路面对沥青等级的选择一样。

3）再生剂的选择与用量确定

（1）再生剂的品种选择。

在进行再生剂品种选择时，应考虑到以下几个因素：再生后沥青的等级、再生剂的再生改性功能、旧路面的沥青老化程度、再生沥青混合料的路用自然环境。

（2）确定再生剂用量。

再生剂用量指的是所掺加的再生剂与旧沥青的质量比。再生沥青的等级已知后，在确定再生剂的用量时应以再生沥青的黏度为指标。再生沥青的其他指标与其黏度有很大的相关性，控制好再生沥青的黏度，其他性能也会得到相应的改善。在已知再生沥青黏度的情况下，可通过将回收的老化沥青与再生剂试配的方法来确定再生剂的掺量，即将不同掺量的再生剂与老化沥青溶合，测得针入度和黏度，找到能满足再生沥青要求的掺量。

（3）试验复检。

由上一步所确定的再生剂用量仅是以再生沥青的针入度来控制的，事实上我们也希望再生沥青的其他性能尽可能有所改善。为此，我们将在上一步所得的再生剂掺量范围内，再以不同的掺量与老化沥青相混溶，将混溶物做如下几项性能试验：①针入度、黏度、软化点、延度等相关指标；②薄膜烘箱试验，测得黏度比、质量损失率。

将不同掺量的试验结果相对比，综合考虑路用性能，选取薄膜烘箱试验黏度比较低、质量损失率较小、延度较大、软化点适中的那一组掺量作为再生剂的最终掺量值。如果在此掺量范围内，再生沥青的延度、薄膜烘箱试验黏度比和质量损失率与标准相去甚远，应考虑使用其他类型的再生剂。

（4）确定旧料掺配率。

旧料掺配率是指旧料占整个再生混合料的质量百分率。旧料掺配率对再生混合料的性能有很大的影响，所以确定旧料掺配率也是再生混合料设计的一个重要部分。

旧料掺配率的确定，与以下几个因素有关。

① 旧路面材料的品质。

旧料经过回收抽提后，通过试验可得到老化沥青和集料的相关性能。

如有的路面经多次罩面，含油量很大，而旧料老化不是很严重，为节省工程投资，此时可采用较大的旧料掺配率。有的路面使用年限长，旧沥青黏度大（如 60℃ 黏度 $> 10^6$ Pa·s），用再生剂降低黏度势必用量很大，工程造价高，同时再生剂的用量太大，也会使整个再生混合料的抗老化性能降低，导致再生路面的使用年限大大缩短。此时，旧料掺配率宜选用低值。

目前，我国高等级公路很多在通车几年、有的甚至一两年内便会出现大规模的破坏，破坏的原因是多方面的，但可以说很多并不是由于沥青老化导致的路用性能下降。这种旧路面沥青混合料中的沥青还有较好的路用品质，对于这种路面的再生利用，如果施工机械能够合理地配套，保证再生料的质量，则旧料掺配率应高。

旧料中的集料品质对掺配率也有较大的影响，如旧集料中的软弱、风化石含量大，针片状颗粒多，则旧料掺配率应低。如旧集料的级配波动大，与新集料混合后则再生料的整体级配也会有较大的波动，这种情况下旧料掺配率应低。

② 施工工艺与机械。

现在的沥青拌和站大多为间歇式拌和机，如果旧料在进入拌缸前经过适当的设备加热其温度能达到 120℃ 以上，此时一般选用掺配率为 30%～50%。如果旧料进入拌缸前经加热后的温度能达到普通沥青混合料的拌和温度，则旧料的掺配量可更大。

【沥青混合料再生设备介绍】

如旧料不经加热，在常温下与新集料拌和，则旧料的升温完全靠新集料的热传导作用，这样拌和后的出料温度低，会直接影响后面的碾压效果。同时新旧沥青的溶合效果差，会影响整个再生料的品质。此时旧料掺配率应低，一般不应超过 30%。

③ 再生混合料的用途。

如果再生料用于高速公路或一级公路的中、下面层，要求再生料具有很好的品质，则旧料掺量应取小值。如果再生料用于二级公路、三级公路、等外公路的路面或者基层，交通量较小，则可取用较高的掺配率。

不管取用何种掺配率，都应经过现场施工试验，使再生混合料的性能满足其所承担的路用功能。

④ 经济性的考虑。

如果工程所处地的砂、石料短缺，沥青单价高，从外地大量进购会增加工程投资额，而充分利用旧料可减少砂、石料的用量，节约资金，这种情况下，应提高旧料掺配率，同时要注意施工工艺和设备的改造，使生产出的再生料符合路用要求。此外，进行大规模施工前，应重视试验段的铺筑，取得更多有利于确定旧料掺配率的参考资料。

总之，旧料的掺配率对再生沥青路面的品质和整个工程的经济性都有很大影响，应本着质量和经济效益并举的原则来确定旧料的掺配率。

（5）新集料的级配。

再生混合料的集料级配组成与普通混合料不同，再生料的级配是由旧料和新料混合组成的，此时旧料的级配是已知的，新料的级配为未知。

在确定新料级配前，必须明确的是再生混合料的级配。对于再生混合料的级配标准是否应与普通沥青混合料的不同，国内外大量的资料表明，两者差别较小。美国、日本及西欧国家都是以普通混合料的级配标准来要求再生混合料的。在此我们也采用我国规范规定的普通沥青混合料的级配标准来要求再生混合料。

在旧料掺配率、旧集料的级配和再生混合料级配都已知的情况下，新集料的级配就很容易确定了。具体的确定方法有图解法、试算法、计算机程序法等。以标准级配的中值为目标，可以看出旧料所缺少的颗粒范围，然后采用不同的方法来确定新集料的级配。

由于旧料的级配已确定，同时现在一般碎石厂所供应的碎石是按粒径大小分为1♯、2♯、3♯、4♯等几种集料，这样有时调整新料的级配并不能达到级配要求。这时，可以更换新加集料的料源或小范围内适当调整旧料掺配率。

（6）最佳沥青用量的确定。

再生沥青混合量的最佳沥青用量也是采用马歇尔稳定度试验来确定的。

6.3.6　冷拌沥青混合料

1. 基本概念

冷拌沥青混合料也称常温沥青混合料，是指采用矿料与乳化沥青或液体沥青拌制，也可采用改性乳化沥青在常温状态下拌和、铺筑的沥青混合料。

冷拌沥青混合料宜采用乳化沥青为结合料拌制乳化沥青混凝土混合料或乳化沥青碎石混合料。我国目前采用的常温沥青混合料，主要是乳化沥青拌制的沥青碎石混合料。

2. 组成材料及级配类型

1）组成材料

集料与填料要求与热拌沥青碎石混合料相同，结合料宜采用乳化沥青。

2）级配类型

冷拌沥青混合料宜采用密级配沥青混合料，当采用半开级配的冷拌沥青碎石混合料路面时应铺筑上封层。

3. 配合比设计

1）矿料混合料级配组成

乳化沥青碎石混合料的矿料级配组成与热拌沥青碎石混合料相同。

2）沥青用量

乳化沥青碎石混合料的乳液用量应根据当地的实际经验，以及交通量、气候、集料情况、沥青等级、施工机械等条件确定，也可按热拌沥青混合料的沥青用量折算，实际的沥青残留物数量比同规格热拌沥青混合料的沥青用量减少 10%～20%。

【修路机器快速修补沥青路面】

4. 应用

冷拌沥青混合料适用于三级及三级以下的公路的沥青面层、二级公路的罩面层施工，以及各级公路沥青路面的基层、连接层或整平层。冷拌改性沥青混合料可用于沥青路面的坑槽冷补。

6.3.7　沥青稀浆封层混合料

沥青稀浆封层混合料是由乳化沥青、石屑（或砂）、填料和水等拌制而成的一种具有一定流动性能的沥青混合料。将沥青稀浆封层混合料摊铺在路面上（厚度为 3～10mm），经破乳、析水、蒸发、固化等过程，形成密实、坚固耐磨的表面处治薄层，可以治疗路面早期病害，延长路面使用寿命。

1. 沥青稀浆封层混合料的作用

沥青稀浆封层混合料的作用有：①防水作用；②防滑作用；③填充作用；④耐磨作用；⑤恢复路面外观形象的作用。但是，沥青稀浆封层混合料也有其局限性，它只能作为表面保护层和磨耗层使用，而不起承重的结构作用，不具备结构补强能力。

2. 沥青稀浆封层混合料的组成材料

1）乳化沥青

常采用阳离子慢凝乳液，为提高稀浆封层效果，可采用改性乳化沥青。

2）集料

采用级配石屑（或砂）组成矿质混合料，集料应坚硬、粗糙、耐磨、洁净，稀浆封层用通过 4.75mm 筛的合成矿料的砂当量不得低于 50%，细集料宜采用碱性石料生产的机制砂或洁净的石屑。对集料中的超粒径颗粒必须筛除。

3）填料

填料可分为具有化学活性的填料和不具有化学活性的填料。不具有化学活性的填料一般指矿粉等，具有化学活性的填料包括水泥、石灰粉、硫酸铵粉、粉煤灰等，在添加具有化学活性的填料时，应充分考虑填料与矿料和乳化沥青的反应及相容性，应有利于沥青稀浆封层混合料的拌和、摊铺和成型，保证封层的整体强度。

填料的作用主要有：①改善级配；②提高沥青稀浆封层混合料的稳定性；③加快或减缓破乳速度；④提高封层的强度。

最常用的矿物填料是水泥，其次是石灰。

4）水

水是构成沥青稀浆封层混合料的重要组成部分，它的用量大小是决定稀浆稠度和密实度的主要因素。沥青稀浆封层混合料的水相是由矿料中的水、乳液中的水和拌和时的外加水构成的，任何一种混合料都可由集料、乳液及有限范围的外加水组成稳定的稀浆。

（1）矿料中的水。一般矿料的含水量相当于矿料质量的 3%～5%。矿料中的含水量对于混合料中的用水量是次要的，矿料含水量过大主要影响矿料的容重，而且容易在矿料斗里产生"架桥"现象，影响矿料的传送，因此矿料输出量应随其含水量不同而做相应调整。矿料含水量还将影响封层的成型，含水量饱和的矿料，其成型开放交通时间需要更长。

（2）乳液中的水。沥青乳液中含有 35%～45% 的水。

（3）拌和时的外加水。典型的外加水质量一般是干矿料质量的 6%～11%。外加水量低于 6% 的沥青稀浆封层混合料太稠太干，不便于摊铺；而外加水量高于 11% 时，沥青稀浆封层混合料太稀，容易发生离析、流淌，变得不稳定，而且可能产生集料下沉、沥青上浮现象，成型后表面形成一层油膜而下面都是花白的松散集料，与原路面粘接不牢，容易成片起皮脱落，因此慎重控制外加水总量对于保证防水连接层质量至关重要。对于机械摊铺，9% 的外加水量是值得推荐的，但要根据集料与机械的情况做适当的调整，外加水量超过 11% 时机械操作应该避免。

总含水量（包括外加水、乳液中含水和矿料中含水）应控制为矿料质量的 12%～20%。

5）添加剂

乳化沥青稀浆封层混合料中的添加剂视需要而定。添加剂可分为促凝剂和缓凝剂，其作用主要是加快或减缓乳化沥青在沥青稀浆封层混合料中的破乳速度，满足拌和摊铺和开放交通的需要。添加剂的类型应在室内试验时确定，或由乳化剂生产厂配套指定。它可以是有机酸、碱、无机盐，也可以是其他高分子聚合物、表面活性剂等，如盐酸、氨水、硫酸铵、氯化铵、氯化钙、硫酸铝、OP10、OP40 或其他乳化剂，以及一些水乳性的高分子乳胶。另外，如抗剥落剂、改性剂等也可以通过添加剂的方式添加到沥青稀浆封层混合料中。

3. 沥青稀浆封层混合料的配合比设计

沥青稀浆封层混合料的配合比设计，可根据理论的矿料表面吸收法，即按单位质量的矿料表面积裹覆 $8\mu m$ 厚的沥青膜，计算出最佳沥青用量。但该方法并不能反映稀浆混合料的工作特性、旧路面的情况和施工的要求。为满足上述特性、情况和要求，目前通常采用试验法来确定配合比，其主要试验内容包括：①稠度试验；②初凝时间试验；③固化时间试验；④湿轮磨耗试验；⑤乳化沥青稀浆封层混合料碾压试验。沥青稀浆封层混合料的质量应符合表 6.34 的技术要求。

表 6.34　沥青稀浆封层混合料技术要求

项　目	单位	稀浆封层	试验方法
可拌和时间	s	＞120	手工拌和
稠度	cm	2～3	T0751
黏聚力试验 30min（初凝时间） 60min（开放交通时间）	 N·m N·m	（仅适用于快开放交通的稀浆封层） ≥1.2 ≥2.0	T0754
负荷轮碾压试验（LWT） 黏附砂量 轮迹宽度变化率	 g/m² %	（仅适用于重交通道路表层时） ＜450 —	T0755
湿轮磨耗试验的磨耗值（WTAT） 浸水 1h 浸水 6d	 g/m² g/m²	 ＜800 —	T0752

注：负荷轮碾压试验（LWT）的宽度变化率适用于需要修补车辙的情况。

4. 沥青稀浆封层混合料的应用

沥青稀浆封层混合料适合于沥青路面预防性养护。在路面尚未出现严重病害之前，为了避免沥青性质明显硬化，在路面上用沥青稀浆进行封层，不但有利于填充和治越路面的裂缝，还可以提高路面的密实性，以及抗水、防滑、抗磨耗能力，从而提高路面的服务能力，延长路面的使用寿命。

在水泥混凝土路面上加铺沥青稀浆封层混合料，可以弥合表面细小的裂缝，防止混凝土表面剥落，改善车辆的行驶条件。用沥青稀浆封层混合料技术处理砂石路面，可以起到防尘和改善道路状况的作用。

目前随着高速公路建设要求的提高，这种工艺正被广泛地用于高速公路下封层的施工中。如在 107 国道新乡至郑州段、京秦高速公路桥面防水、合徐高速公路、界阜蚌高速公路等都采用了这种施工工艺，并取得了良好的效果。

6.3.8 桥面铺装材料

桥面铺装又称车道铺装，其作用是保护桥面板，防止车轮或履带直接磨耗桥面，并用来分散车轮的集中荷载。桥面铺装材料通常有水泥混凝土和沥青混凝土，这里主要介绍沥青混凝土桥面铺装。

1. 沥青铺装层基本要求

（1）能与钢板紧密结合成为整体，变形协调一致。

（2）防水性能良好，防止钢桥面生锈。

（3）具有足够的耐久性和较小的温度敏感性，满足使用条件下的高温抗流动变形能力、低温抗裂性能、水稳定性、抗疲劳性能、表面抗滑要求。

（4）钢板黏结良好，具有较好的抗水平剪切重复荷载及蠕变变形的能力。

2. 沥青铺装层构造

1）粘层

粘层沥青可采用快裂的洒布型乳化沥青，或快、中凝液体石油沥青和煤沥青，其种类、等级应与面层所使用沥青相同。

2）防水层

其厚度宜为 1.0～1.5mm。可做沥青涂胶类下封层，用高分子聚合物涂刷或铺设沥青防水卷材。

3）保护层

其厚度宜为 1.0mm，主要为防止损伤防水层而设置。一般采用 AC-10 或 AC-5 型沥青混凝土或单层式沥青表面处治。

4）沥青面层

可采用高温稳定性好的 AC-16 或 AC-20 型中粒式热拌热铺沥青混凝土混合料铺筑。面层所用沥青最好用改性沥青。

【新工艺——高弹改性沥青钢桥面铺装】

6.3.9 彩色沥青

彩色沥青路面作为一种新型的铺装技术，具有美化环境、诱导交通等特殊功能。早在 20 世纪 50 年代，欧美、苏联、日本等国家就开始进行研究与应用。特别是近 20 年以来，彩色路面在市政道路及公园与社区道路中应用逐渐广泛。如图 6.21 所示为彩色沥青路面。

彩色沥青路面的开发与应用，经历了一个长期的探索过程。初期人们试图用彩色石料和沥青铺设彩色路面，但这种路面铺筑后仍然是黑色的，只是随着行车的磨耗，石头的颜色才慢慢显露出来，不过其色彩是很暗淡的。后来人们采用在路面上涂覆油漆的方法，这样可以获得所需要的颜色。但是，油漆的价格昂贵，不可能大面积应用；而且油漆的厚度

图 6.21 彩色沥青路面

【彩色乳化沥青
人工摊铺】

很薄，在车辆和行人的磨损下很快会被磨掉，难以持久保持路面颜色。所以迄今为止，各国均没有采用这种技术。后来有人直接将颜料加入沥青混合料中拌和，用以铺筑路面。由于沥青黑色的屏障作用，只有加入大量颜料后混合物的色彩才能显现出来。因此，人们认识到，铺筑彩色路面最好使用浅色胶结料，或者彩色胶结料。

1. 彩色（浅色）沥青的组成

目前，彩色沥青结合料绝大部分是采用现代石油化工产品，如芳香油、聚合物、树脂等产品，调配出与普通沥青性能相当的结合料。通常这类为浅色半透明状材料，在浅色石料拌和时，加入某种颜色的颜料，使这个混合料呈现出某种色彩，或者事先将颜料加入浅色沥青中使其成为彩色沥青。目前浅色沥青的工程应用较为广泛。

浅色沥青结合料有热固性和热塑性两类。热固性是指材料加热固化形成较高的强度，通常是通过添加环氧树脂和固化剂的方法来获得。日本对于热固性浅色沥青结合料的研究与应用较多，技术已较成熟。如日本名古屋市就在交通拥挤的天高岳线公交专用道铺筑了这种路面。这种技术在上海市也已试用，如在延安西路的公交专用道就铺筑了以环氧树脂为结合料的绿色路面。但是热固性浅色沥青制备工艺复杂、成本高，而且对施工设备和技术要求较高。热塑性浅色沥青与普通沥青具有基本相同的路用性能与施工工艺，而且价格相对较低，因此应用较多。表 6.35 列出了几种结合料的比较。

表 6.35　几种结合料的比较

结合料种类	优　点	缺　点	工程应用实例
普通沥青	来源广泛，价格较低，施工工艺简单	只能铺筑红色路面，且色彩较暗	上海世纪公园等
天然浅色沥青	施工工艺简单	资源很少	英国伦敦某些人行道
热固性浅色沥青	性能好，强度高，耐磨、抗滑	造价较高，施工工艺复杂	日本名古屋市天高岳线公交专用道、上海延安西路的公交专用道等
热塑性浅色沥青	路用性能好，价格可接受	施工工艺复杂	上海新江湾城、西安市雁塔路等

彩色沥青路面之所以呈现不同色彩是因为加入了不同类型的颜料。颜料主要有无机颜料和有机颜料两大类。无机颜料耐光、热老化性能好，而且价格比有机颜料便宜，因此大多选用无机颜料。如采用氧化铁红颜料，可铺筑红色沥青路面；采用铬绿颜料，可铺筑绿色沥青路面。

2. 彩色（浅色）沥青的技术要求

作为理想的彩色沥青铺筑用结合料，不仅色泽应该是浅色的，而且其黏结性、工艺性都应与普通沥青相近，或者说它应具备与普通沥青基本相同的路用性能和施工和易性。目前，通过在基础油中添加高分子聚合物、改性剂等方法合成的热塑性浅色沥青，由于其性能较好、加工工艺简单、价格相对较低而被广泛应用于彩色沥青路面。

目前道路采用的沥青大多为 AH-70 或 AH-90 沥青，因此从保证彩色路面的路用性能考虑，要求彩色铺面用结合料应满足普通沥青 AH-70 或 AH-90 的基本技术指标，而且从目前我国彩色沥青生产的技术水平来看，彩色沥青也能够满足相应要求。由于彩色沥青中含有大量聚合物，因此其软化点、延度等指标要高于普通沥青，但是其耐老化性能值得关注。上海市政工程管理局颁布的彩色沥青结合料路用技术要求见表 6.36。

表 6.36　彩色沥青结合料路用技术要求

技　术　指　标		技　术　要　求
针入度（25℃，100g，5s）（0.1mm），≥		50～70
延度（5cm/min，15℃），≥		100
软化点（环球法）（℃），≥		50
闪点（COC）（℃），≥		230
动力黏度（135℃）（Pa·s），≥		180
黏度（135℃）（Pa·s），≤		3
薄膜烘箱加热试验（163℃，5h）	质量损失（%），≤	2.0
	针入度比（%），≥	60
	软化点（环球法）（℃）	原样±155
	延度（5cm/min，15℃）（%），≥	15
	颜色	无明显变化

项目小结

本项目对沥青混合料概况、热拌沥青混合料、其他新型沥青混合料做了较为详细的阐述，包括沥青混合料的技术性质和技术要求；热拌沥青混合料的技术性质和技术要求、热拌沥青混合料的配合比设计方法；其他新型沥青混合料的特点等。

本项目的教学目标是使学生掌握热拌沥青混合料的分类、组成结构、技术性质和技术标准，会根据工程特点选择沥青材料和沥青混合料，会进行密级配沥青混凝土的配合比设计，了解其他各类新型沥青混合料的技术性质。

复习题

一、单选题

1. 沥青混合料标准马歇尔试件的尺寸要求是（　　　）。

A. ϕ100.0mm×63.5mm

B. ϕ101.6mm×63.5mm

C. ϕ100.0mm×65.0mm

D. ϕ101.6mm×65.0mm

2. 沥青混合料马歇尔稳定度试验的试件加载速度是（　　　）。

A. 10mm/min　　　　B. 0.5mm/min　　　　C. 1mm/min　　　　D. 50mm/min

3. 车辙试验是检验沥青混合料的（　　　）性能。

A. 变形　　　　B. 抗裂　　　　C. 抗疲劳　　　　D. 高温稳定

4. 沥青混合料配合比设计中，沥青含量为以下哪两个质量比的百分率？（　　　）

A. 沥青质量与沥青混合料的质量

B. 沥青质量和矿料质量

C. 沥青质量与集料质量

D. 沥青体积与沥青混合料的体积

5. 残留稳定度是评价沥青混合料（　　　）的指标。

A. 耐久性　　　　B. 高温稳定性　　　　C. 抗滑性　　　　D. 低温抗裂性

6. 评价沥青混合料高温稳定性的主要指标是（　　　）。

A. 饱和度　　　　B. 动稳定度　　　　C. 马氏模数　　　　D. 标准密度

7. 按现行交通行业标准，以下不属于沥青路面使用性能气候分区的指标是（　　　）。

A. 高温指标　　　　B. 雨量指标　　　　C. 低温指标　　　　D. 降雨强度指标

8. 沥青混合料车辙试验温度是（　　　）℃。

A. 60　　　　B. 80　　　　C. 100　　　　D. 50

9. 拌和沥青混合料时，一般矿料本身的温度应（　　　）。

A. 高于拌和温度

B. 低于拌和温度

C. 与拌和温度相同

D. 视混合料类型定

10. 影响沥青混合料耐久性的因素是（　　　）。

A. 矿料的级配

B. 沥青混合料的空隙率

C. 沥青的等级

D. 矿粉的细度

11. 压实沥青混合料密度试验中，当测定吸水率大于2%的沥青混凝土毛体积相对密度时，应采用（　　　）。

A. 表干法　　　　B. 水中重法　　　　C. 蜡封法　　　　D. 真空法

12. 某地区夏季气候凉爽，冬季寒冷，且年降雨量较少，则该地区气候分区可能是（　　　）。

A. 3—4—1　　　　B. 3—2—3　　　　C. 4—2—2　　　　D. 1—2—4

13. 评价沥青混合料高温稳定性的试验方法是（　　　）。

A. 车辙试验

B. 薄膜烘箱试验

C. 加热质量损失试验

D. 残留稳定度试验

14. 某沥青混合料的空隙率偏低，能够提高空隙率的可能措施是：① 改变集料最大粒径；② 增加集料的棱角程度；③ 降低矿粉的用量；④ 降低沥青的等级；⑤ 提高矿料的间隙率。其中能够提高沥青混合料空隙率的措施判断完全正确的是（　　　）。

A. ①②③④⑤　　B. ①④　　　　C. ②③⑤　　　D. ①⑤

15. 一马歇尔试件的质量为 1200g，高度为 65.5mm，制作标准高度为 63.5mm 的试件，混合料的用量应为（　　）。

A. 1152g　　　　B. 1182g　　　　C. 1171g　　　D. 1163g

16. 对沥青混合料生产配合比不会产生影响的因素是（　　）。

A. 目标配合比　　B. 冷料上料速度　　C. 集料加热温度　　D. 除尘的方法

17. 沥青混合料的残留稳定度表示材料的（　　）。

A. 承载能力　　　B. 高温稳定性　　　C. 抗变形能力　　　D. 水稳性

18. 表干法测试沥青混合料密度使用的条件是（　　）。

A. 试件吸水率大于 2%　　　　　　B. 试件吸水率小于 2%

C. 试件吸水率小于 0.5%　　　　　D. 任何沥青混合料

19. 热拌沥青混合料的动稳定度主要反映沥青混合料的（　　）。

A. 高温稳定性　　B. 低温抗裂性　　C. 密水性　　　　D. 强度

20. 沥青混合料中掺入矿粉后，对混合料的性能不会影响的是（　　）。

A. 黏附性　　　　B. 抗疲劳性　　　C. 低温抗裂性　　D. 抗车辙形成能力

21. 在沥青混合料中掺加适量消石灰粉，可以有效提高沥青混合料的（　　）。

A. 黏附性　　　　B. 抗疲劳性　　　C. 低温抗裂性　　D. 抗车辙形成能力

二、多选题

1. 沥青密度或相对密度的试验温度可选（　　）。

A. 20℃　　　　　B. 25℃　　　　　C. 15℃　　　　　D. 30℃

2. 软化点试验时，软化点在 80℃ 以下和 80℃ 以上其加热起始温度不同，分别是（　　）。

A. 室温　　　　　B. 5℃　　　　　C. 22℃　　　　　D. 32℃

3. 针入度试验属条件性试验，其条件主要有 3 项，即（　　）。

A. 时间　　　　　B. 温度　　　　　C. 针质量　　　　D. 沥青试样数量

4. 评价沥青与集料黏附性的常用方法是（　　）。

A. 水煮法　　　　B. 水浸法　　　　C. 光电分光光度法　D. 溶解-吸附法

5. 评价沥青路用性能最常用的经验指标是（　　）指标。

A. 抗老化性　　　B. 针入度　　　　C. 软化点　　　　D. 延度

6. 等级较低的沥青在性能上意味着（　　）。

A. 较小的针入度　　　　　　　　　B. 具有相对较好的抗变形能力

C. 黏稠性较高　　　　　　　　　　D. 更适用于华北地区

7. 沥青混合料的最佳沥青用量的确定取决于（　　）。

A. 稳定度　　　　B. 空隙率　　　　C. 密度　　　　　D. 沥青饱和度

8. 现行沥青路面施工技术规范规定，密级配沥青混合料马歇尔技术指标主要有（　　）。

A. 稳定度、流值　B. VCA　　　　　C. 空隙率　　　　D. 沥青饱和度

9. 沥青混合料稳定度与残留稳定度的单位分别是（　　）。

A. kN　　　　　　B. MPa　　　　　C. %　　　　　　D. mm

10. 沥青混合料试件成型时，料装入模后用插刀沿周边插捣（　　）次，中间（　　）次。

A. 13   B. 12   C. 15   D. 10

11. 下列关于沥青混凝土混合料马歇尔稳定度试验击实试件说法正确的是（   ）。

A. 高速公路一级公路击实 75 次（单面）   B. 其他等级公路击实 50 次（双面）

C. 高速公路一级公路击实 75 次（双面）   D. 其他等级公路击实 50 次（单面）

12. 计算沥青混合料空隙率时用到的密度有（   ）。

A. 表观密度   B. 毛体积密度   C. 表干密度   D. 理论最大密度

13. 测定沥青混合料试件密度的方法有（   ）等。

A. 水中重法   B. 表干法   C. 蜡封法   D. 灌砂法

14. 影响沥青混合料强度和稳定性的主要材料参数为（   ）。

A. 密度   B. 黏结力   C. 内摩阻力   D. 沥青用量

15. 沥青混合料按其组成结构可分为（   ）。

A. 悬浮-密实结构   B. 骨架-空隙结构

C. 悬浮-骨架结构   D. 密实-骨架结构（嵌挤结构）

16. 在沥青混合料配合比设计马歇尔稳定度试验后，还应进行（   ）。

A. 水稳定性检验   B. 高温稳定性检验

C. 抗剪切检验   D. 必要时钢渣活性检验

17. 沥青混合料的中沥青含量试验，一般采用（   ）。

A. 射线法   B. 离心分离法   C. 回流式抽提仪法   D. 脂肪抽提器法

18. 沥青混合料试件的制作方法，包括（   ）。

A. 击实法   B. 轮碾法   C. 静压法   D. 夯实法

19. 沥青混合料水稳定性可以通过（   ）试验来评价。

A. 马歇尔稳定度   B. 残留稳定度   C. 冻融劈裂   D. 饱和度

20. 以下材料可以作为高级路面基层的有（   ）。

A. 级配碎石   B. 沥青碎石   C. 乳化沥青碎石   D. 连续配筋混凝土

21. 最佳沥青用量 OAC_1 的确定取决于（   ）。

A. 间隙率   B. 稳定度   C. 空隙率   D. 密度

E. 沥青饱和度

22. 沥青混合料的路用性能包括（   ）。

A. 高温稳定性   B. 低温抗裂性   C. 耐久性   D. 施工和易性

E. 抗滑性

23. 沥青混凝土施工中发现压实的路面上出现白点，可能产生的原因是（   ）。

A. 粗集料中针片状颗粒含量高   B. 粗料中软石含量过高

C. 拌和不均匀   D. 碾压遍数过多

24. 不能用来评价沥青混合料耐久性的试验方法是（   ）。

A. 车辙试验   B. 薄膜烘箱试验   C. 冻融劈裂试验   D. 残留稳定度试验

25. 以 5% 为基准，分别换算出油石比和沥青含量，换算后二者分别为（   ）。

A. 4.501%   B. 4.76%   C. 5.26%   D. 5.52%

26. 沥青混合料生产配合比调整要解决的问题是（   ）。

A. 确定拌和温度   B. 确定各热料仓矿料的配合比例

C. 确定沥青用量　　　　　　　　　　　D. 确定拌和时间

三、判断题

1. 沥青混合料用的石粉，其亲水系数应大于 1。（　　）

2. 沥青黏附性测定：对偏粗颗粒采用水浸法，对偏细颗粒采用光电分光光度法。（　　）

3. 为准确评定沥青与集料之间的黏附性，需要对二者之间的黏附等级采用定量的方法进行评定。（　　）

4. 采用间断级配组成的沥青混合料具有较高的密实程度。（　　）

5. 马歇尔稳定度试验时的温度越高，则稳定度越大，流值越小。（　　）

6. 沥青混合料中保留 $3\%\sim6\%$ 的空隙率，是沥青混合料高温稳定性的要求。（　　）

7. 沥青混合料的水稳定性试验就是指浸水马歇尔稳定度试验。（　　）

8. 沥青混凝土冻融劈裂试验时，试件高度应在四个方向测定，计算其平均值后再用于计算劈裂强度。（　　）

9. 沥青混合料配合比设计可分为目标配合比设计和生产配合比设计两个阶段进行。（　　）

10. 随着沥青用量的增加，沥青混合料的稳定度也相应提高。（　　）

11. 具有较好高、低温性能的沥青混合料结构类型是骨架-密实型。（　　）

12. 沥青混合料马歇尔稳定度试验，从试件制作到进行稳定度测定不能少于 12h。（　　）

13. 当环境温度较高时，沥青混合料选用的沥青用量应比最佳沥青用量适当少一些。（　　）

14. 沥青混合料试件的高度变化不影响所测流值，仅对稳定度的试验结果有影响。（　　）

15. 沥青混合料中的空隙率越小，其路用性能越好。（　　）

16. 在进行沥青混合料配合比设计时，计算时应充分考虑便于现有材料得到有效的使用，筛孔上应特别重视 4.75mm、2.36mm、0.075mm，并尽量接近要求范围的中值。（　　）

17. 车辙试验能够更加准确地反映沥青混合料的高温稳定性和耐久性。（　　）

18. 对于吸水率大于 2% 的沥青混合料试件，应采用表干法测定其密度。（　　）

19. 沥青混合料的矿料间隙率是指沥青的体积率与剩余空隙率之和。（　　）

20. 为改善沥青混合料的黏附性，可在沥青混合料中添加适量的水泥或石灰粉替代部分矿粉。（　　）

21. 沥青混合料随矿料公称最大粒径的增大，高温稳定性提高，但耐久性降低。（　　）

22. 当沥青混合料达到最大稳定度承载能力不再增加的同时，其流值也不再变化。（　　）

23. 马歇尔试件的吸水率小于 2% 时，要采用水中重法测定其密度。（　　）

24. 黏稠性大的沥青适用于气候温度偏高的地区。（　　）

25. 沥青混合料中的矿粉只能采用偏碱性的石料加工而成。（　　）

26. 为兼顾沥青混合料的高、低温性能，所用矿料级配应是间断级配。（　　）

27. 当用于沥青混合料的粗集料其某一方向的尺寸超过所属粒级的 2.4 倍时，就可判断该颗粒为针状颗粒。（　　）

28. 采用蜡封法测得的沥青混合料密度是毛体积密度。（　　）

29. 为减缓沥青路面车辙的形成，在矿料配合比设计中应使矿料的级配曲线偏近级配范围的下限。 （　　）

30. 沥青混合料中的剩余空隙率，其作用是以备高温季节沥青材料膨胀。 （　　）

31. 凡在实验室制作的马歇尔试件，高度超出误差规定都应视为废试件。 （　　）

32. 由于沥青混合料中的空隙易于造成混合料的老化，所以路用沥青混合料中的空隙率越小越好。 （　　）

四、简答题

1. 什么是热拌沥青混合料？其特点是什么？

2. 沥青混合料的抗剪强度与黏结力和内摩擦角的关系如何？

3. 沥青混合料有哪些技术性质？分别用什么方法进行评定？

4. 沥青混合料的最佳用油量是采用什么方法确定的？热拌沥青混合料马歇尔稳定度试验技术标准有哪些项目？

5. 按施工温度可以将沥青混合料分成哪些类型？

6. 沥青混合料配合比设计有哪三个阶段？

7. 沥青混合料的高温稳定性和低温抗裂性是指什么？

8. 简述沥青混合料作为路用材料的特点。

9. 什么是开级配沥青混合料和半开级配沥青混合料？

10. 沥青和矿粉用量对沥青混合料的影响有哪些？

11. 沥青混合料的技术性质主要包括哪些？

12. 怎样提高沥青混合料的高温稳定性？

13. 影响沥青混合料抗剪强度的因素有哪些？

14. 与连续密级配热拌沥青混合料相比，沥青玛蹄脂碎石混合料材料的组成特点是什么？

15. 简述沥青玛蹄脂碎石混合料配合比设计的要点。其设计过程与普通热拌沥青混合料有何不同？

16. 某沥青混合料马歇尔稳定度试验物理-力学指标测定结果见表 6.37。

表 6.37　某沥青混合料马歇尔稳定度试验物理-力学指标测定结果

试件组号	沥青用量（%）	技术性质					
		毛体积密度（g/cm³）	空隙率（%）	矿料间隙率 VMA（%）	沥青饱和度 VFA（%）	稳定度 MS（kN）	流值 FL（0.1mm）
1	5	2.353	6.4	16.7	61.7	7.8	21
2	5	2.378	7	16.3	71.2	8.6	25
3	5.5	2.392	3.4	16.2	79.0	8.7	32
4	6	2.401	2.3	16.4	85.8	8.1	37
5	6.5	2.396	1.8	17.0	89.4	7.0	44
《公路沥青路面施工技术规范》(JTG F40—2004)	—		3～6	≥15	65～75	≥8	15～40

请绘制沥青用量与物理-力学指标关系图，并确定沥青最佳用量。

17. 某沥青混凝土马歇尔试件，实测毛体积相对密度为 2.3。真空抽气法测得其最大理论密度为 2.5。该混凝土采用的油石比为 5%，矿料配合比为 40：30：20：10（碎石：石屑：砂：矿粉）碎石的毛体积相对密度为 2.75，石屑、砂、矿粉的表观相对密度分别为 2.7、2.65、2.7。沥青的相对密度为 1.0。试计算该沥青混凝土的空隙率、矿料间隙率及沥青饱和度。

项目 **7** 建筑钢材

思维导图

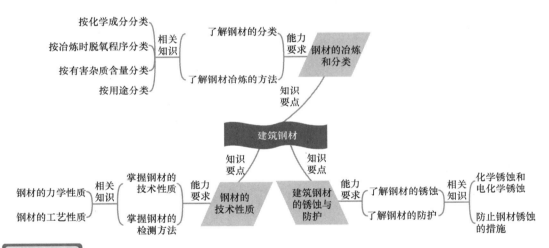

项目导读

钢桥和钢筋混凝土桥是现代桥梁的主要桥型。在钢结构和钢筋混凝土结构中，都要应用钢材。在学习钢桥和钢筋混凝土桥设计之前，必须掌握常用钢材的规格、性能和应用等材料方面的知识。

17 世纪 70 年代，人类开始大量应用生铁作为建筑材料。

19 世纪初，开始用熟铁、软钢建造桥梁和房屋。

19 世纪中叶起，钢材的品种、规格、生产规模大幅度增长，钢材的强度不断提高，相应地，其连接工艺技术也大为发展，为建筑结构向大跨重载方向发展奠定了重要基础。图 7.1 所示为钢结构桥梁。

钢材与非金属材料相比，具有品质均匀稳定、强度高、塑性韧性好、可焊接和铆接等优异性能，但也具有易锈蚀、维护费用大、耐火性差、生产能耗大的缺点。

图 7.1　钢结构桥梁

7.1　钢材的冶炼和分类

7.1.1　钢材的冶炼

生铁经过冶炼生成钢。铁矿石、焦炭（原料）和石灰石（溶剂）等在高炉中经高温熔炼，从铁矿石中还原出铁，从而得到生铁。生铁的主要成分是铁，但含有较多的碳以及硫、磷、硅、锰等杂质，杂质使得生铁塑性很差，硬而脆，抗拉强度很低，性能受到很大限制。炼钢的作用就是通过生铁在冶钢炉内的高温氧化作用，将生铁中的含碳量降至 2% 以下，磷、硫等杂质含量降至一定的范围内，以显著改善其技术性能。

根据炼钢设备的不同，建筑钢材的冶炼方法可分为氧化转炉、平炉和电炉三种。不同的冶炼方法对钢的质量有着不同的影响。

1. 氧化转炉炼钢

使用熔融的铁水围住材料，从炉顶向转炉内鼓入高压氧气，将铁水中的碳和硫等杂质氧化除去，得到较纯净的钢水。氧化转炉炼钢法避免了吹入空气冶炼时易带进氮、氢等有害气体的缺点，其生产效率高、炼钢周期短、清除杂质较充分，炼出的钢的质量较好。目前，氧化转炉炼钢法已成为现代炼钢的主要方法。

2. 平炉炼钢

平炉的冶炼时间长，有足够的时间调整和控制其成分，去除杂质更为彻底，故炼出的钢质量比较好。但由于设备一次性投资大，原料热效率较低，冶炼时间较长，故其成本高。

3. 电炉炼钢

电炉炼钢是指用电加热进行高温冶炼的炼钢法，其原料主要是废铁和生铁。电炉熔炼温度高，而且温度可以自由调节，清除杂质较容易，因此电炉钢的质量最好，但成本也最高。

7.1.2　钢材的分类

1. 按化学成分分类

（1）碳素钢。

碳素钢也称为碳钢，化学成分主要是铁，其次是碳，故又称铁-碳合金。其含碳量为 $0.02\%\sim2.06\%$，此外还含有较少量的硅、锰和微量的硫、磷等元素。碳素钢按其含量又可分为低碳钢（含碳量小于 0.25%）、中碳钢（含碳量为 $0.25\%\sim0.60\%$）和高碳钢（含碳量大于 0.60%）三种。其中低碳钢在建筑工程中应用最多。

（2）合金钢。

为改善钢的性能，在冶炼过程中，加入一种或多种合金元素而制成的钢称为合金钢。常用的合金元素有硅、锰、钛、钒、钼等。按合金元素含量的不同，合金钢可分为低合金钢（合金元素总含量小于 5%）、中合金钢（合金元素总含量为 $5\%\sim10\%$）和高合金钢（合金元素总含量大于 10%）。低合金钢为建筑工程中常用的主要钢种。

2. 按冶炼时脱氧程度分类

炼钢时脱氧程度不同，钢材的质量差别很大，通常可分为以下 4 种。

（1）沸腾钢。

在炼钢时仅加入锰铁进行脱氧，脱氧不安全。这种钢水浇入锭模时，会有大量的 CO 气体外逸，引起钢水呈沸腾状，故称沸腾钢，代号为 F。沸腾钢成分不太均匀，硫、磷等杂质偏析较严重，组织不够致密，故质量较差。但因其成本低、产量高，故被广泛用于一般建筑工程。

（2）镇静钢。

在炼钢时采用锰铁、硅铁和铝锭等作脱氧剂，脱氧完全，且同时能起去硫作用。这种钢水铸锭时能平静地充满锭模并冷却凝固，故称镇静钢，代号为 Z。镇静钢虽成本较高，但其成分均匀，性能稳定，组织致密，故质量好，适用于预应力混凝土等重要的结构工程。

（3）半镇静钢。

脱氧程度介于沸腾钢和镇静钢之间，为质量较好的钢，代号为 B。

（4）特殊镇静钢。

比镇静钢脱氧程度还要充分彻底的钢，故质量最好，适用于特别重要的结构工程，代号为 TZ。

3. 按有害杂质含量分类

按钢中有害杂质磷和硫含量的多少，钢材可分为以下四类。

（1）普通钢，磷含量不大于 0.045%，硫含量不大于 0.050%。

（2）优质钢，磷含量不大于 0.035%，硫含量不大于 0.0357%。

（3）高级优质钢，磷含量不大于 0.025%，硫含量不大于 0.025%。

（4）特级优质钢，磷含量不大于 0.025%，硫含量不大于 0.015%。

4. 按用途分类

（1）结构钢，主要用作工程结构构件及机械零件的钢，一般为低、中碳钢。

（2）工具钢，主要用于各种刀具、量具及模具的钢，一般为高碳钢。

（3）特殊钢，具有特殊物理、化学或力学性能的钢，如不锈钢、耐热钢等。

建筑钢材的产品一般分为型材、板材、线材和管材等几类。线材包括钢筋混凝土和预应力混凝土用的钢筋、钢丝和钢绞线等。板材包括用于建造房屋、桥梁及建筑机械的中厚钢板，用于屋面、墙面、楼板等的薄钢板。型材包括钢结构用的角钢、工字钢、槽钢、方钢、吊车轨、钢板桩等。管材主要用于钢桁架和供水、供气（汽）管线等。

7.2 钢材的技术性质

引例

某寒冷地区一间钢结构厂房，于某日突然发生倒塌。当时气温为 $-22℃$，事后经调查认为，此次事故与钢材性质有很大关系。

你能从钢材的性质方面来分析事故发生的可能原因吗？

钢材的技术性质主要包括力学性能（抗拉性能、冲击韧性、耐疲劳性和硬度等）和工艺性能（冷弯和焊接）两个方面。

7.2.1 力学性能

1. 抗拉性能

抗拉性能是建筑钢材最重要的技术性质。建筑钢材的抗拉性能，可用低碳钢受拉时的应力-应变曲线来阐明，如图 7.2 所示，图中明显地分为以下四个阶段。

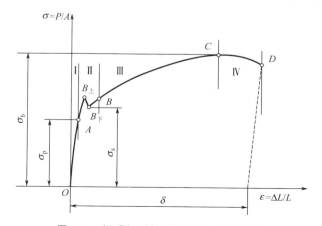

图 7.2　低碳钢受拉时的应力-应变曲线

1）弹性阶段（OA 段）

施加荷载后，如在 OA 段卸去荷载，试件将恢复原状，表现为弹性变形，与 A 点相应的应力为弹性极限，用 ‰ 表示。此阶段应力与应变成正比，其比值为常数，称为弹性模量，用 E 表示。弹性模量反映了钢材抵抗变形的能力，即产生单位弹性应变时所需的应力大小。它是钢材在受力条件下计算结构变形的重要指标。常用低碳钢的弹性模量 $E=(2.0\sim2.1)\times10^5$ MPa，弹性极限 $\sigma_p=180\sim200$ MPa。

2）屈服阶段（AB 段）

随着荷载增大，试件应力超过 σ_p 时，应变增加的速度大于应力增长的速度，应力与应变不再成比例，开始产生塑性变形。图中 $B_上$ 点是这一阶段应力的最高点，称为屈服上限，$B_下$ 点称为屈服下限。由于 $B_下$ 点比较稳定易测，故一般以 $B_下$ 点对应的应力作为屈服点，用 σ_s 表示。常用低碳钢的 $\sigma_s=185\sim200$ MPa。钢材受力达到屈服点后，变形即迅速发展，尽管尚未破坏但已不能满足使用要求，故设计中一般以屈服点作为强度取值的依据。

3）强化阶段（BC 段）

当荷载超过屈服点后，由于试件内部组织结构发生变化，抵抗变形能力又重新提高，故称为强化阶段。对应于最高点 C 的应力称为抗拉强度，用 σ_b 表示。常用低碳钢的 $\sigma_b=375\sim500$ MPa。

工程上使用的钢材，不仅希望具有高的 σ_s，还希望具有一定的屈强比（σ_s/σ_b）。屈强比越小，钢材在受力超过屈服点工作时的可靠性越大，结构越安全。但屈强比过小，会导致钢材的有效利用率太低，造成浪费。常用碳素钢的屈强比为 $0.58\sim0.63$，合金钢的屈强比为 $0.65\sim0.75$。

4）颈缩阶段（CD 段）

当钢材达到最高点后，在试件薄弱处的截面将显著缩小，产生"颈缩现象"，如图 7.3 所示。由于试件断面急剧缩小，塑性变形迅速增加，拉力也就随之下降，最后发生断裂。

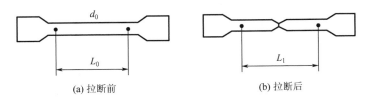

(a) 拉断前 (b) 拉断后

图 7.3　钢材的"颈缩现象"

将拉断后的试件于断裂处对接在一起（图 7.3），测得其断后标距 L_1。标距的伸长值占原始标距（L_0）的百分率称为伸长率（δ），即

$$\delta=[(L_1-L_0)/L_0]\times100\%　\qquad(7-1)$$

伸长率是衡量钢材塑性的重要技术指标，伸长率越大，表明钢材的塑性越好。尽管结构是在钢的弹性范围内使用的，但在应力集中处，其应力可能超过屈服点，此时会产生一定的塑性变形，可使结构中的应力产生重分布，从而避免结构的破坏。

钢材拉伸时塑性变形在试件标距内的分布不均匀，颈缩处的伸长量相对较大，原始标距（L_0）与直径（d_0）的比值越大，颈缩处的伸长值在总伸长值中所占的比例就越小，则计算所得的伸长率（δ）也越小。通常钢材拉伸试件取 $L_0=5d_0$ 或 $L_0=10d_0$，其伸长率分

别以 δ_5 和 δ_{10} 表示。对于同一钢材，当 $\delta_5 > \delta_{10}$ 时，钢材的塑性也可用其断面收缩率（ψ）表示，即

$$\psi = [(A_0 - A_1)/A_0] \times 100\% \tag{7-2}$$

式中：A_0——试件拉伸前的断面积，mm^2；

$\quad\quad A_1$——试件拉伸后的断面积，mm^2。

高碳钢拉伸时的应力-应变曲线与低碳钢不同，如图 7.4 所示，其抗拉强度高，塑性变形小，没有明显的屈服现象。这类钢材由于不能测定屈服点，故规范规定以产生 0.2% 残余变形时的应力值作为名义屈服点，用 $\sigma_{0.2}$ 表示。

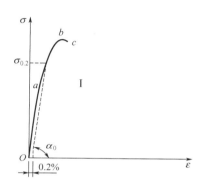

图 7.4 高碳钢拉伸时的应力-应变曲线

2. 冲击韧性

冲击韧性是指钢材在瞬间动荷载作用下抵抗破坏的能力。钢材的冲击韧性试验（图 7.5）采用中间开有 V 形缺口的标准弯曲试样，置于冲击机的支架上，并使切槽位于受拉的一侧，当试验机的重摆从一定高度自由落下将试件冲断时，试件所吸收的能量等于重摆所做的功（W）。钢材的冲击韧性用冲断试样所需的能量来表示。试件在缺口处的最小横截面积（A）除以重摆所做的功（W），得

【冲击韧性试验】

$$a_k = \frac{W}{A} \tag{7-3}$$

a_k 称为冲击韧性，其单位为 J/cm。a_k 越大，表示钢材抵抗冲击的能力越强。

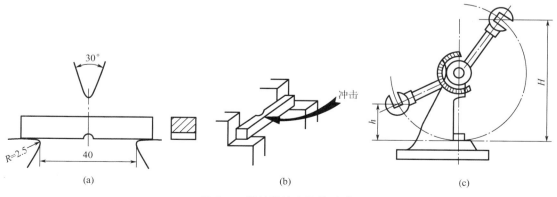

图 7.5 钢材的冲击韧性试验

钢材的冲击韧性受很多因素的影响，主要影响因素有以下几点。

（1）化学成分。钢材中有害元素磷和硫较多时，a_k减小。

（2）冶炼质量。脱氧不完全、存在偏析现象的钢，a_k减小。

（3）冷加工及时效。钢材经冷加工及时效后，a_k减小。

（4）环境温度影响。钢材的冲击韧性随温度的降低而下降。

3. 耐疲劳性

钢材在交变荷载的反复作用下，往往在应力远小于其抗拉强度时就会发生破坏，这种现象称为钢材的耐疲劳性。疲劳破坏的危险应力用疲劳极限来表示，指疲劳试验时试件在交变应力作用下，在规定的周期内不发生断裂所能承受的最大应力。设计承受反复荷载且需进行疲劳验算的结构时，应了解所用钢材的疲劳极限。

研究证明，钢材承受的交变应力（σ）越小，钢材至断裂时经受的交变应力循环次数（N）越多，反之则越少。当交变应力降低至一定值时，钢材可经受交变应力循环达无限次而不发生疲劳破坏。对于钢材，通常取交变应力循环次数 $N = 10^7$ 时，试件不发生破坏的最大应力（σ_n）作为其疲劳极限。

钢材的内部组织状态、成分偏析及其他各种缺陷是决定其耐疲劳性的主要因素。同时，疲劳裂纹是在应力集中处形成和发展的，故钢材的截面变化、表面质量及内应力大小等可能造成应力集中的各种因素都与其疲劳极限有关。一般来说，钢材抗拉强度高，其疲劳极限也较高。

4. 硬度

【钢材的硬度测试】

钢材的硬度是指其表面局部体积内抵抗硬物压入产生局部变形的能力。钢材的硬度值越高，表示其抵抗局部塑性变形的能力越大。

测定钢材硬度的方法很多，有布氏法、洛氏法和维氏法等。建筑钢材常用的硬度指标为布氏硬度值，其代号为 HB。

布氏法的测定原理是利用直径为 $D(m)$ 的淬火钢球，以荷载 $P(N)$ 将其压入试件表面，经规定的持续时间后卸去荷载，得到直径为 $d(mm)$ 的压痕，以压痕表面积 $A(mm)$ 除以荷载 P，即布氏硬度（HB）值，此值无量纲。测定时所得压痕直径应符合 $0.25D < d < 0.6D$，否则测定结果会不准确。故在测定前应根据试件厚度和估计的硬度范围，按试验方法的规定选定钢球直径、所加荷载持续时间。当被测材料 $HB > 450$ 时，钢球本身将发生较大的变形，甚至破坏，故这种硬度试验方法仅适用于 $HB < 450$ 的钢材。对于 $HB > 450$ 的钢材，应采用洛氏法测定其硬度。布氏法比较准确，但压痕较大，不适宜用于成品检验。而洛氏法压痕小，它是以压头压入试件的深度来表示硬度值的，常用于判断工件的热处理效果。布氏法测定硬度示意见图 7.6。

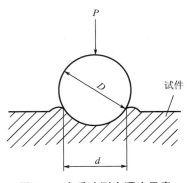

图 7.6 布氏法测定硬度示意

工艺性能

　　钢材的工艺性能主要有冷弯性能和焊接性能，下面主要介绍钢材的冷弯性能。

【钢筋的冷弯试验】

　　冷弯性能是指钢材在常温下承受弯曲变形的能力，并且是显示缺陷的一种工艺性能。

　　钢材的冷弯性能是以试验时的弯曲角度（α）和弯心直径（d）为指标表示的。钢材冷弯试验是通过直径（或厚度）为 a 的试件，采用标准规定的弯心直径 $d(d=na$，n 为整数），弯曲到规定的角度（180°或 90°）时，检查弯曲处有无裂纹、断裂及起层等现象，如图 7.7 所示。

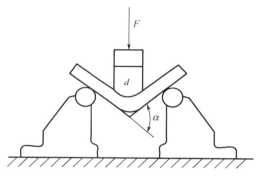

图 7.7　钢材的冷弯试验

　　如果冷弯试验后没有裂纹、断裂及起层等现象，则认为钢材的冷弯性能合格。钢材冷弯时的弯曲角度越小，弯心直径越大，则表示其冷弯性能越差，反之越好。图 7.8 所示为弯曲角度为 180°时不同弯心直径钢材的冷弯试验。

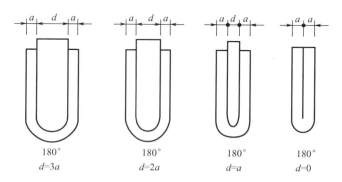

图 7.8　弯曲角度为 180°时不同弯心直径钢材的冷弯试验

　　钢材的冷弯性能表示钢材在静荷下的塑性，而且冷弯是在更加严格条件下对钢材塑性的检验，它能揭示钢材内部组织是否均匀，是否存在内应力及夹杂物等缺陷。在工程中，冷弯试验还是对钢材焊接质量进行严格检验的一种手段。

7.2.3 钢材的化学成分及其对钢材性能的影响

钢中除主要化学成分铁（Fe）以外，还含有少量的碳（C）、硫（S）、锰（Mn）、磷（P）、氧（O）、氮（N）、钛（Ti）、钒（V）等元素，这些元素虽然含量很少，但对钢材性能的影响很大，分析如下。

1. 碳的影响

决定钢材性能的最重要的元素是碳，它对钢材的塑性、韧性等力学性能均有影响。当钢中含碳量在0.8%以下时，随着含碳量的增加，钢的强度和硬度增加，塑性和韧性下降。但含碳量大于1.0%时，随含碳量的增加，呈网状分布于珠光体晶界上的渗碳体使钢变脆，从而导致钢的强度下降。钢中含碳量大于0.3%，可焊性显著下降，冷脆性和时效敏感性增大，并使钢耐大气锈蚀能力下降。一般工程所用碳素钢均为低碳钢，即含碳量小于0.25%，即工程用低合金钢含量小于18%。

2. 硫的影响

硫呈非金属硫化物夹杂物存在于钢中，降低了钢材的各种力学性能，是有害的元素。钢材在加热过程中，由于硫化物熔点低，可能造成晶粒的分离，引起钢材断裂，出现热脆现象，这种现象称为钢的热脆性。钢的可焊性、冲击韧性、耐疲劳性和抗腐蚀性等都可能因为硫化物的存在而降低。建筑钢材要求硫含量应小于0.045%。

3. 锰的影响

锰在炼钢时能起脱氧去硫的作用，可消减硫所引起的热脆性，同时能提高钢材的强度和硬度，是有益元素。当含锰量小于1.0%时，对钢的塑性和韧性影响不大。当钢中含锰量为1%~2%时，它的作用主要是溶于铁素体中使其强化，并细化珠光体，使钢材强度提高。当钢中含锰量为11%~14%时，称为高锰钢，其具有较高的耐磨性。

4. 磷的影响

磷主要溶于铁素体中起到强化作用，是钢中有害的化学元素之一。随含磷量的增加，钢材的强度、硬度有所提高，但塑性和韧性显著下降。尤其当温度越低时，磷对塑性和韧性的影响越大，从而显著增加钢材的冷脆性。磷也会使钢材的可焊性显著降低，但磷可提高钢的耐磨性和耐蚀性，所以在低合金钢中可配合其他元素如铜（Cu）作合金元素使用。建筑用钢一般要求含磷量小于0.045%。

5. 氧的影响

氧主要存在于非金属夹杂物中，少量溶于铁素体中，是钢中的有害化学元素之一。非金属夹杂物会降低钢的力学性能，特别是冲击韧性。氧化物所造成的低熔点也会使钢的可焊性变差。通常要求钢中含氧量应小于0.03%。

6. 氮的影响

氮主要嵌溶于铁素体中，也可以化合物的形式存在。氮对钢材性质的影响与碳、磷相似，氮的存在会使钢材的强度提高，塑性、韧性下降，特别是韧性下降显著。溶于铁素体中的氮会加剧钢材的时效敏感性和冷脆性，降低可焊性。在用铝和钛补充脱氧的镇静钢中，氮主要以氮化铝或氮化钛等形式存在，这时可减少氮的不利影响，并细化晶粒，改善性能。故在有铝、铌、钒等元素的配合下，氮可作为低合金钢的合金元素使用。钢中含氮量应小于0.008%。

7. 钛的影响

钛是强脱氧剂，能细化晶粒。钛能显著提高强度，但会稍降低塑性，由于会使晶粒细化，故可改善韧性。钛能减少时效倾向，改善可焊性，是常用的微量合金元素。

8. 钒的影响

钒是弱脱氧剂，加入钢中可减弱碳和氮的不利影响，能细化晶粒，有效地提高强度，减小时效敏感性，但有增加焊接时的淬硬的倾向。钒也是合金钢常用的微量合金元素。

 **引例解答**

气温为 −22℃ 时，钢结构厂房突然发生倒塌，说明钢材的塑性和韧性很差，低温时的脆性增大。导致钢材冷脆性增加的原因可能是钢材的化学成分中磷的含量过高，尤其是温度越低，由于含磷量过高导致的塑性和韧性下降越大。在寒冷地区使用的钢材必须考虑冷脆性。

7.3 建筑钢材的技术标准及选用

道桥建筑工程用钢分为结构用钢和钢筋混凝土结构用钢两类，前者主要是应用型钢和钢板，后者主要采用钢筋和钢丝。两者钢制品的原料钢钢种均多为碳素结构钢和低合金高强度结构钢，现将其技术标准及选用原则分述如下。

7.3.1 建筑钢材的主要钢种

1. 碳素结构钢

1）碳素结构钢的牌号及其表示方法

按标准规定，我国碳素结构钢分五个牌号，即 Q195、Q215、Q235、Q255 和 Q275。各牌号钢又按其硫、磷含量由多至少分为 A、B、C、D 四个质量等级。碳素结构钢的牌号表示按顺序由代表屈服点的字母（Q）、屈服点数值（N/mm^2）、质量等级符号（A、B、C、D）、脱氧程度符号（F、Z、TZ）四个部分组成。例如，Q235 − AF，它表示屈服点为 $235N/mm^2$ 的平炉或氧气转炉冶炼的 A 级沸腾碳素结构钢。当为镇静钢或特殊镇静钢时，则牌号表示符号可以省略。

2）碳素结构钢的技术要求

按照标准《碳素结构钢》（GB/T 700—2006）的规定，碳素结构钢的技术要求如下。

（1）化学成分。各牌号碳素结构钢的化学成分应符合表 7.1 的规定。

（2）力学性能。碳素结构钢的力学性能见表 7.2，冷弯性能见表 7.3。

表 7.1　碳素结构钢的化学成分

牌号	统一数字代号①	等级	厚度（或直径）（mm）	化学成分（质量分数）（%），≤					脱氧方法
				C	Si	Mn	S	P	
Q195	U11952	—	—	0.12	0.30	0.50	0.040	0.035	F、Z
Q215	U12152	A	—	0.15	0.35	1.20	0.050	0.045	F、Z
	U12155	B					0.045		
Q235	U12352	A	—	0.22	0.35	1.40	0.050	0.045	F、Z
	U12355	B		0.20②			0.045		
	U12358	C		0.17			0.040	0.040	Z
	U12359	D					0.035	0.035	TZ
Q275	U12752	A	—	0.24	0.35	1.50	0.050	0.045	F、Z
	U12755	B	≤40	0.21			0.045	0.045	Z
			>40	0.22					
	U12758	C	—	0.20			0.040	0.040	Z
	U12759	D					0.035	0.035	TZ

① 表中为镇静钢、特殊镇静钢牌号的统一数字代号，沸腾钢牌号的统一数字代号为：Q195 - F—U11950；Q215 - AF—U12150，Q215 - B—U12153；Q235 - AF—U12350，Q235 - BF—U12353；Q275 - AF—U12750。

② 经需方同意，Q235 - B 的碳含量可不大于 0.22%。

表 7.2　碳素结构钢的力学性能

牌号	等级	拉伸试验					冲击试验	
		屈服点（N/mm²），≥		抗拉强度 δ_b（N/mm²）	伸长率（%），≥		温度（℃）	冲击功（J），≥
		钢材厚度（直径）（mm）			钢材厚度（直径）（mm）			
		≤16	>16~40		≤40	>40~60		
Q195	—	195	185	315~430	33	—	—	—
Q215	A	215	205	335~450	31	30	—	—
	B						+20	27
Q235	A	235	225	370~500	26	25	—	—
	B						+20	27
	C						0	
	D						-20	
Q275	A	275	265	410~540	22	21	—	—
	B						+20	27
	C						0	
	D						-20	

表 7.3　碳素结构钢的冷弯性能

牌　号	试样方向	180°冷弯试验 $B = 2\alpha$	
		钢材厚度或直径（mm）	
		≤60	>60～100
		弯心直径 d	
Q195	纵	0	—
	横	0.5α	
Q215	纵	0.5α	1.5α
	横	α	2α
Q235	纵	α	2α
	横	1.5α	2.5α
Q275	纵	1.5α	2.5α
	横	2α	3α

由表 7.2 和表 7.3 可知，碳素结构钢随着牌号的增大，其含碳量增加、强度提高、塑性和韧性降低、冷弯性能逐渐变差。

3）碳素结构钢的特性及选用原则

（1）碳素结构钢的特性。建筑工程中常用的碳素结构牌号为 Q235，由于该牌号钢具有较高的强度，又具有较高的塑性和韧性，可焊性也好，故能较好地满足一般钢结构和钢筋混凝土结构的用钢要求。Q195 和 Q215 号钢，虽塑性很好，但强度太低；而 Q275 号钢强度很高，但塑性较差，所以均不太适用。

Q235 号钢冶炼方便、成本较低，故在建筑中应用广泛。其塑性好，在结构中能保证在超载、冲击、焊接、温度应力等不利条件下的安全；并适于各种加工，大量被用作轧制各种型钢、钢板及钢筋；其力学性能稳定，对轧制、加热、急剧冷却时的敏感性较小。其中 Q235 - A 级钢，一般适用于承受静荷载作用的结构，Q235 - C 和 Q235 - D 级钢可用于重要的焊接结构。另外，由于 Q235 - D 级钢含有足够的形成细晶粒结构的元素，同时对硫、磷有害元素控制严格，故其冲击韧性很好，具有较强的抗冲击、振动荷载的能力，尤其适宜在较低温度下使用。Q195 及 Q215 号钢多用于生产机械零件和工具等。

（2）碳素结构钢的选用原则。在结构设计时，对于用作承重结构的钢材，应根据结构的重要性、荷载特征（动荷载或静荷载）、连接方法（焊接或铆接）、工作温度（正温或负温）等不同情况选择其钢号和材质。下列情况的承重结构不宜采用沸腾钢。①焊接结构：重级工作制吊车梁、吊车桁架或类似结构；设计冬季计算温度低于或等于−20℃时的轻、中级工作制的吊车梁、吊车桁架或类似结构；设计冬季计算温度低于或等于−30℃时的其他承重结构。②非焊接结构：设计冬季计算温度低于或等于−20℃时的重级工作制吊车梁、吊车桁架或类似的结构。

2. 低合金高强度结构钢

1）低合金高强度结构钢的牌号

国家标准《低合金高强度结构钢》（GB/T 1591—2008）规定，低合金高强度结构钢共有五个牌号，所加合金元素主要有锰（Mn）、硅（Si）、钒（V）、钛（Ti）、铌（Nb）、铬（Cr）、镍（Ni）及稀土元素。低合金高强度结构钢的牌号由代表屈服点的字母 Q、屈服点数值和质量等级（A、B、C、D、E 五级）三个要素组成。

2）低合金高强度结构钢的性能及应用

低合金钢不仅有较高的强度，而且也具有较好的塑性、韧性和可焊性。因此，它是综合性能较为理想的建筑钢材。低合金高强度结构钢主要用于轧制各种型钢（角钢、槽钢、工字钢）、钢板、钢管及钢筋，广泛用于钢结构和钢筋混凝土结构中，尤其是大跨度、承受动荷载和冲击荷载的结构物中更为适用。低合金高强度结构钢的力学性能见表 7.4。

表 7.4　低合金高强度结构钢的力学性能

牌号	等级	拉伸试验				冲击功（J）		180°弯曲试验 d＝弯心直径 a＝试样厚度（直径）	
		屈服点（MPa），≥		抗拉强度 σ_b（MPa）	伸长率 σ（%）			钢材厚度（直径）（mm）	
		厚度（直径）（mm）							
		≤15	>16～35			+20℃	0℃	≤16	>16～100
Q295	A	295	275	390～570	23	34	—	$d=2a$	$d=3a$
	B								
Q345	A	345	325	470～630	21	34	34	$d=2a$	$d=3a$
	B								
	C								
	D				22				
	E								
Q390	A	390	370	490～650	19	34	34	$d=2a$	$d=3a$
	B								
	C								
	D				20				
	E								
Q420	A	420	380	520～680	18	34	34	$d=2a$	$d=3a$
	B								
	C								
	D				19				
	E								
Q460	C	460	420	550～720	17	—	34	$d=2a$	$d=3a$
	D								
	E								

钢筋混凝土结构用钢

1. 钢筋混凝土用热轧钢筋

根据表面状态特征，钢筋混凝土用热轧钢筋分为光圆钢筋和带肋钢筋两类，带肋钢筋又有月牙肋和等高肋两种。

《钢筋混凝土用钢　第 1 部分：热轧光圆钢筋》（GB/T 1499.1—2017）和《钢筋混凝土用钢　第 2 部分：热轧带肋钢筋》（GB/T 1499.2—2018）规定，热轧光圆钢筋级别为Ⅰ级，强度等级代号为 HPB300。热轧带肋钢筋分为 HRB335、HRB400、HRB500 三个牌号。其中热轧光圆钢筋由碳素结构钢轧制，热轧带肋钢筋均由低合金钢轧制。热轧钢筋的力学和工艺性能见表 7.5。按标准规定，钢筋在进行拉伸、冷弯试验时，试样不允许进行车削加工，计算钢筋强度用截面面积应采用其公称横截面面积。

表 7.5　热轧钢筋的力学和工艺性能

表面形状	牌号	公称直径（mm）	屈服点 δ（MPa）	抗拉强度 δ_b（MPa）	伸长率 δ_s（%）	冷弯 180° $d=$弯心直径 $a=$钢筋公称直径
光圆	HPB300	8～20	235	370	25	$d=a$
带肋	HRB335	6～25	335	490	16	$d=3a$
		28～50				$d=4a$
	HRB400	6～25	400	570	14	$d=4a$
		28～50				$d=5a$
	HRB500	6～25	500	630	12	$d=5a$
		28～50				$d=6a$

热轧光圆钢筋的强度较低，但塑性及焊接性能很好，便于各种冷加工，因而广泛用作普通钢筋混凝土构件的受力筋及各种钢筋混凝土结构的构造筋。HRB335 和 HRB400 钢筋强度较高，塑性和焊接性能也较好，故广泛用作大、中型钢筋混凝土结构的受力钢筋。HRB500 钢筋强度高，但塑性和焊接性能较差，可用作预应力钢筋。

2. 钢筋混凝土用冷拉钢筋

为了提高钢盘的强度及节约钢筋，工地上常按施工规程，控制一定的冷拉应力或冷拉率，对热轧钢筋进行冷拉。根据《混凝土结构工程施工质量验收规范》（GB 50204—2015）的规定，冷拉后不得有裂纹、起层等现象。

冷拉Ⅰ级钢筋适用于钢筋混凝土结构中的受拉钢筋，冷拉带肋钢筋可用作预应力混凝土结构的预应力筋。

3. 预应力混凝土用热处理钢筋

预应力混凝土用热处理钢筋是用 8mm、10mm 的热轧带肋钢筋经淬火和回火等调质处理而成。预应力混凝土用热处理钢筋成盘供应，每盘长约 200m。

预应力混凝土用热处理筋具有以下优点：强度高，可代替高强钢丝使用；配筋根数少，节约钢材；锚固性好，不易打滑，预应力值稳定；施工简便，开盘后钢筋自然伸直，不需调直及焊接。其主要用于预应力钢盘混凝土轨枕，也用于预应力梁、板结构等。

4. 冷轧带肋钢筋

冷轧带肋钢筋是采用由普通低碳钢或低合金钢热轧的圆盘条为母材，经冷轧减径后在其表面冷轧成两面或三面有肋的钢筋。肋呈月牙形，两面或三面肋均应沿钢筋横截面周围均匀分布，其中有一面的肋必须与另一面或另两面的肋反向。冷轧带肋钢筋是热轧圆盘钢筋的深加工产品，是一种新型高效建筑钢材。

国家标准《冷轧带肋钢筋》（GB 13788—2008）规定，冷轧带肋钢筋按抗拉强度分为五个牌号，分别为 CRB550、CRB650、CRB800、CRB970、CRB1170，其中 C、R、B 分别为冷轧、带肋、钢筋三个词的英文首位字母，后面的数字表示钢筋抗拉强度等级数值。

冷轧带肋钢盘的公称直径范围为 4～12mm，推荐钢筋公称直径为 5mm、6mm、7mm、8mm、9mm、10mm。冷轧带肋钢筋的力学性能和工艺性能应符合表 7.6 的要求。同时，当进行冷弯试验时，受弯曲部位表面不得产生裂纹。钢筋的强屈比应不小于 1.05。

冷轧带肋钢筋具有以下优点：强度高、塑性好，力学性能优良；握裹力强，混凝土对冷轧带肋钢筋的握裹力为同直径冷拔钢丝的 3～6 倍；节约钢材、降低成本；提高构件整体质量，改善构件的延性，避免抽丝现象。

表 7.6　冷轧带肋钢筋的力学性能和工艺性能

牌号	屈服点 δ_b（MPa）	伸长率（%），≥		冷弯 180° d＝弯心直径 a＝钢筋公称直径	松弛率 初始应力 σ_{com}＝$0.7\sigma_b$		反复弯曲次数
		δ_{10}	δ_{100}		1000h（%）	10h（%）	
CRB550	550	8	—	$d＝3a$	—	—	—
CRB650	650	—	4	$d＝3a$	≤8	5	≤3
CRB800	800	—	4	$d＝3a$	≤8	≤5	≤3
CRB970	970	—	4	$d＝3a$	≤8	≤5	≤3
CRB1170	1170	—	4	$d＝3a$	≤8	≤5	≤3

5. 冷拔低碳钢丝

冷拔低碳钢丝是将直径为 1～8mm 的 Q235 热轧盘条钢筋经冷拔加工而成。根据标准《混凝土结构工程施工质量验收规范》（GB 50204—2015）的规定，冷拔低碳钢丝分为甲、乙两级。甲级钢丝适用于作预应力筋，乙级钢丝适用于作焊接网、焊接骨架、箍筋和构造钢筋。其力学性能应符合表 7.7 的规定。

表 7.7　冷拔低碳钢丝的力学性能

钢丝级别	直径（mm）	抗拉强度（MPa）		伸长率（δ_{100}）（%）	反复弯曲次数（180°）
		I	II		
		≥			
甲级	5	650	600	3	4
	4	700	650	2.5	
乙级	3～5	550		2	4

6. 预应力混凝土用钢丝及钢绞线

由于大型预应力混凝土构件受力很大，常采用高强度钢丝或钢绞线作为主要受力钢筋。预应力高强度钢丝是用优质碳素结构钢盘条，经酸洗、冷拉或再经回火处理等工艺制成的，钢绞线是由几根直径为 2.5～5.0mm 的高强度钢丝，绞捻后经一定热处理清除内应力而制成的。绞捻方向一般为左捻。

根据国家标准《预应力混凝土用钢丝》（GB/T 5223—2014）的规定，这种钢丝按加工状态分为冷拉钢丝和消除应力钢丝两类。消除应力钢丝按松弛性能又分为低松弛级钢丝和普通松弛级钢丝。

预应力混凝土用钢丝按外形分为光圆钢丝、螺旋肋钢丝和刻痕钢丝三种。

预应力混凝土用钢丝具有以下优势：强度高、柔性好、无接头，施工简便；不需冷拉、焊接接头等加工；质量稳定、安全可靠。其主要用作大跨度吊车梁、大跨度屋架及薄腹梁、桥梁、轨枕等的预应力钢筋。

根据国家标准《预应力混凝土用钢绞线》（GB/T 5224—2014）的规定，钢绞线直径有 9.0mm、12.0mm 和 15.0mm 三种，整根破坏负荷可达 220kN，屈服负荷可达 187kN。钢绞线主要用于大跨度、大负荷的后张法预应力屋架、桥梁和薄腹梁等结构的预应力钢筋。

7.4 建筑钢材的锈蚀与防护

引例

在生活中，我们常能观察到一些铁制品、钢制品发生锈蚀现象，如何采取有效的技术对策及技术标准，防止混凝土结构过早出现钢筋锈蚀破坏呢？

7.4.1 钢材的锈蚀

钢材的表面与周围介质发生化学反应而遭到的破坏即为钢材的锈蚀。

钢材若在存放时严重锈蚀，会使有效截面积减小、性能降低甚至报废。在使用中若钢材发生锈蚀，不仅会使受力面积减小，而且因局部锈坑的产生，可造成应力集中，导致结构承载力下降。特别在有反复荷载作用时，将产生锈蚀疲劳现象，使疲劳强度大为降低，出现脆性断裂。

根据锈蚀的作用机理，钢材的锈蚀可分为化学锈蚀和电化学锈蚀两种。

1. 化学锈蚀

化学锈蚀是指钢材直接与周围介质发生化学反应而产生的锈蚀。这种锈蚀多数是氧化作用，使钢材表面形成疏松的氧化物。在常温下，钢材表面能形成一薄层氧化保护膜 FeO，可以防止钢材进一步锈蚀。所以在干燥环境下，钢材锈蚀进展缓慢，但在温度和湿度提高的情况下，这种锈蚀进展会加快。

2. 电化学锈蚀

电化学锈蚀是指钢材与电解质溶液接触产生电流，形成微电池作用而引起的锈蚀。钢的表面层在电解质溶液中构成以铁素体为阳极，以渗碳体为阴极的微电池。在阳极，铁失去电子成为 Fe^{2+} 进入水膜；在阴极，溶于水膜中的氧被还原生成 OH^-。随后两者结合生成不溶于水的 $Fe(OH)_2$，并进一步氧化成为疏松易剥落的红棕色 $Fe(OH)_3$。由于铁素体基体的逐渐锈蚀，钢组织中暴露出来的渗碳体等越来越多，形成的微电池数目也越来越多，钢材的锈蚀速度越益加快。

电化学锈蚀是建筑钢材在存放和使用中发生锈蚀的主要形式。影响钢材锈蚀的主要因素是水、氧及介质中的酸、碱、盐等。同时，钢材本身的组织成分对锈蚀也有影响。

置于混凝土中的钢筋，因为混凝土的碱性环境，会使之形成一层碱性保护膜，有阻止锈蚀继续发展的能力，故混凝土中的钢筋一般不容易发生锈蚀。

7.4.2 防止钢材锈蚀的措施

钢结构防止锈蚀的方法通常是采用表面刷漆。常用的面漆有调和漆、酚醛磁漆等；底漆有红丹漆、环氧富锌漆等。薄壁钢材可采用热浸镀锌等防锈措施。

根据结构的性质和所处的环境条件，混凝土配筋的防锈措施主要是保证足够的保护层厚度、保证混凝土的密实度、限制氯盐外加剂的掺加量和保证混凝土一定的碱度等。除此之外，还可掺用阻锈剂。

钢材的组织及化学成分是引起钢材锈蚀的内在原因。通过调整钢材的基本组织或加入某些合金元素，可有效地提高钢材的抗腐蚀能力。例如，炼钢时在钢中加入铬、镍、钛等合金元素，可制得不锈钢。

 知识链接

以下是一份国内外海洋结构腐蚀的调查实例，证明了钢筋混凝土结构防腐的重要性。

（1）美国标准局 1975 年的调查表明，美国全年各种腐蚀损失为 700 亿美元，其中混凝土中钢筋腐蚀损失占 40%。

（2）据 1984 年报道，美国 57.5 万座钢筋混凝土桥梁，一半以上出现了钢筋腐蚀病害。

（3）据 1986 年报道，日本运输省检查 103 座混凝土海港码头发现，凡是有 20 年以上历史的码头，都有相当大的顺筋开裂，需要修补。

（4）1981 年，对我国华南地区 7 个港口的 18 座桩基梁板码头的调查表明：由于混凝土钢筋锈蚀而导致码头严重损坏或较严重损坏的占 77.87%。

（5）1956 年建成的湛江港一区码头，由于混凝土水灰比较大，采用了海砂及其他施工质量问题等原因，起重机轨道使用了 7 年后，浪溅区钢筋腐蚀很快，达到 0.24 ~ 0.42mm/年，不得不进行修补；使用 32 年后，浪溅区钢筋严重腐蚀，面板露筋，混凝土剥落率高达 89%，横梁锈蚀率达 91%。

项目小结

　　钢材是建筑工程中最重要的金属材料。在道桥工程中应用的钢材主要是碳素结构钢和低合金高强度结构钢。钢材具有强度高，塑性及韧性好，可焊可铆，易于加工、装配等优点，已被广泛地应用于各工业领域中。在道桥建筑中，钢材用来制作钢结构构件及做混凝土结构中的增强材料，尤其在当代迅速发展的大跨度、大荷载、高层建筑中，钢材已是不可或缺的材料。

　　建筑钢材最主要的技术性质是：屈服强度、抗拉强度、延伸率、冲击韧性和冷弯性能。建筑钢材的强度等级主要根据这些指标来确定。

　　建筑钢材也是工程中耗量较大而价格昂贵的建筑材料，所以如何经济合理地利用钢材，以及设法用其他较廉价的材料来代替钢材，以节约金属材料资源、降低成本，也是非常重要的课题。

复习题

一、单选题

1. 钢筋力学性能检验时，伸长率是（　　　）。

A. 钢筋伸长长度/钢筋原长度　　　　　　B. 标距伸长长度/钢筋原长度

C. 标距伸长长度/标距　　　　　　　　　D. 钢筋伸长长度/标距

2. 钢筋拉伸试验一般应在（　　　）的温度条件下进行。

A. 23℃±5℃　　　　B. 0～35℃　　　　C. 5～40℃　　　　D. 10～35℃

3. 钢筋经冷拉后，其（　　　）。

A. 屈服点升高，塑性和韧性降低　　　　B. 屈服点降低，塑性和韧性降低

C. 屈服点升高，塑性和韧性升高　　　　D. 屈服点降低，塑性和韧性升高

4. 预应力混凝土配筋用钢绞线是由（　　　）根圆形截面钢丝绞捻而成的。

A. 5　　　　　　　　B. 6　　　　　　　　C. 7　　　　　　　　D. 8

5. 在热轧钢筋的冷弯试验中，（　　　）。

A. 弯心直径与钢筋直径之比不变，弯心角度与钢筋直径无关

B. 弯心直径与钢筋直径之比变化，弯心角度与钢筋直径有关

C. 弯心直径与钢筋直径之比变化，弯心角度与钢筋直径无关

D. 弯心直径与钢筋直径之比不变，弯心角度与钢筋直径有关

6. 公称直径为 6～25mm 的 HRB335 钢筋，弯曲试验时的弯心直径为（　　　）D。（注：D 为公称直径）

A. 200%　　　　　　B. 300%　　　　　　C. 400%　　　　　　D. 500%

7. 钢筋力学性能检验时，所对应的用来表征断裂伸长率的标距是（　　　）长度。

A. 断后　　　　　　B. 原始　　　　　　C. 拉伸　　　　　　D. 屈服

8. 钢筋试验一般在室温（　　　）范围内进行。

A. 10～35℃　　　　B. 10～25℃　　　　C. 15～25℃　　　　D. 15～35℃

二、判断题

1. 钢筋牌号 HRB335 中 335 是指钢筋的极限强度。　　　　　　　　　　（　　　）

2. 材料在进行强度试验时，加荷速度快者的试验结果值偏小。　　　　　（　　　）

3. 在钢筋拉伸试验中，若断口恰好位于刻痕处，且极限强度不合格，则试验结果
作废。　　　　　　　　　　　　　　　　　　　　　　　　　　　　　　（　　　）

4. 所有钢筋都应进行松弛试验。　　　　　　　　　　　　　　　　　　（　　　）

5. 碳素钢丝属高碳钢，一般含碳量为 0.6%～1.4%。　　　　　　　　　（　　　）

6. 钢材检验时，开机前试验机的指针在零点时就不用再进行调零。　　　（　　　）

7. 钢筋抗拉强度检验的断面面积以实量直径计算。　　　　　　　　　　（　　　）

三、简答题

1. 钢的冶炼方法主要有哪几种？对材质有何影响？

2. 什么是镇静钢和沸腾钢？它们有何优缺点？在哪些条件下不宜选用沸腾钢？

3. 低碳钢拉伸试验的应力-应变曲线分为哪几个阶段？各阶段的特征及指标如何？

4. 什么是屈强比？它在工程中的实际意义是什么？

5. 伸长率表示钢材的什么性质？伸长率的大小对钢材的使用有何影响？

6. 从一批钢筋中抽样，并截取两根钢筋做拉伸试验，钢筋公称直径为 12mm，标距为
60mm，拉断时长度分别为 70.6mm 和 71.4mm，求该钢筋试样的伸长率。

7. 什么是钢材的冷弯性能和冲击韧性？它们有什么实际意义？

8. 什么是钢筋的冷加工和时效？工地和预制厂常利用这一原理的目的何在？

9. 钢材的化学成分对性能有什么影响？

10. 解释下列钢牌号的含义。

(1) Q235-AF；(2) Q275-B；(3) Q420-D；(4) Q450-C。

11. 桥梁工程中主要应用哪些种类的钢？为什么 Q235 号钢和低合金钢能得到普遍的
应用？

12. 热轧钢筋根据哪些指标划分等级？如何选用各级钢筋？

13. 钢材的锈蚀原因及防止锈蚀的措施有哪些？

项目 8 高分子聚合物材料

思维导图

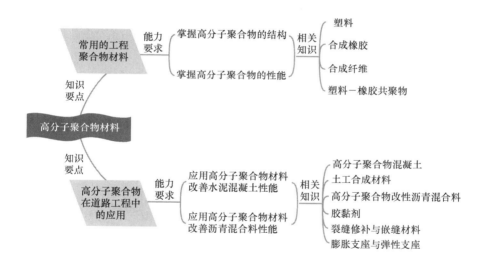

项目导读

　　人类利用天然聚合物的历史久远，但直到 19 世纪中叶才跨入对天然聚合物的化学改性工作。1839 年，C. Goodyear 发现了橡胶的硫化反应，从而使天然橡胶变为实用的工程材料的研究取得关键性的进展。1870 年，J. W. Hyatt 用樟脑增塑硝化纤维素使硝化纤维塑料实现了工业化。1907 年，L. Baekeland 报道合成了第一个热固性酚醛树脂，并在 20 世纪 20 年代实现了工业化，这是第一个合成塑料产品。1920 年，H. Standinger 提出了聚合物是由结构单元通过普通的共价键彼此连接而成的长链分子，这一结论为现代聚合物科学的建立奠定了基础。随后，Carothers 把合成聚合物分为两大类，即通过缩聚反应得到的缩聚物和通过加聚反应得到的加聚物。20 世纪 50 年代，K. Ziegler 和 G. Natta 发现了配位聚合催化剂，开创了合成立体规整结构聚合物的时代。在大分子概念建立以后的几十年中，合成高聚物取得了飞速的发展，许多重要的聚合物相继实现了工业化。

高等级公路的快速发展对道路和桥梁建筑用的材料提出了更高的要求。工程高分子聚合材料在道路工程中的应用，不仅提供了代替传统材料的新材料，而且可以作为改性剂来改善和提高现有材料的技术性能。高分子聚合物复合材料具有质量轻、强度高和加工性能好等优点，广泛应用于交通运输、土木工程等工程领域。然而，高分子聚合物复合材料在使用过程中因长时间受到外力、化学物质、热和光等的作用，容易形成裂纹，从而影响其使用寿命。若能对复合材料的裂纹进行修复，恢复其力学性能，则可延长其使用寿命。传统的修复方法包括焊接、打补丁和新树脂固化等，但仅能修复材料表面可见的裂纹，无法对其内部的微裂纹进行修复，并且耗费大量的人力。

 知识链接

高分子材料也称为高分子聚合物材料，是以高分子化合物为基体，再配有其他添加剂（助剂）所构成的材料。图 8.1 所示为简单高分子聚合物微观结构。

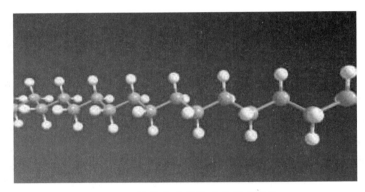

图 8.1　简单高分子聚合物微观结构

8.1　概述

高分子聚合物按国际理论化学和应用化学协会的定义是组成单元相互多次重复连接而构成的物质。通常认为高分子聚合物材料包括塑料、橡胶和纤维三类。

高分子材料有许多优良性能，如质量轻、比强度高、耐腐蚀、耐磨、绝缘性好，同时经济效益高，不受地域、气候限制，目前被广泛地应用于实际工程中。

1. 高分子材料按来源分类

高分子材料按来源分为天然高分子材料和合成高分子材料。天然高分子是存在于动物、植物及生物体内的高分子物质，可分为天然纤维、天然树脂、天然橡胶、动物胶等。合成高分子材料主要是指塑料、合成橡胶和合成纤维三大合成材料，此外，还包括胶黏剂、涂料及各种功能性高分子材料。合成高分子材料具有天然高分子材料所没有的或较为优越的性能——较小的密度和较高的力学性能、耐磨性、耐腐蚀性、电绝缘性等。

图 8.2 所示为不同颜色的高分子聚合物。

图 8.2 不同颜色的高分子聚合物

2. 高分子材料按特性分类

高分子材料按特性分为橡胶、纤维、塑料、高分子胶黏剂、高分子涂料和高分子基复合材料等。图 8.3 所示为不同特性的高分子聚合物。

图 8.3 不同特性的高分子聚合物

3. 高分子材料按应用功能分类

按照材料应用功能分类，高分子材料分为通用高分子材料、特种高分子材料和功能高分子材料三大类。

（1）通用高分子材料指能够大规模工业化生产，已普遍应用于建筑、交通运输、农业、电气电子工业等国民经济主要领域和人们日常生活的高分子材料。这其中又分为塑料、橡胶、纤维、黏合剂、涂料等不同类型。

（2）特种高分子材料主要是一类具有优良力学强度和耐热性能的高分子材料，如聚碳酸酯、聚酰亚胺等材料，已广泛应用于工程材料上。

（3）功能高分子材料是指具有特定的功能作用，可做功能材料使用的高分子化合物，包括功能性分离膜、导电材料、医用高分子材料、液晶高分子材料等。

8.1.1 高分子聚合物的基本概念

1. 单体、链节、聚合物、聚合度

高分子聚合物虽然分子量大、原子数较多，但都是由许多低分子化合物聚合而成，如聚乙烯（…—CH_2—CH_2—CH_2—CH_2—…）是由低分子化合物乙烯（CH_2=CH_2）聚合而成，若将"—CH_2—CH_2—CH_2—"看作聚乙烯大分子中的一个重复结构单元，则聚乙烯可写成 $[—CH_2—CH_2—]_n$。

单体是指可以聚合成高分子聚合物的低分子化合物，如上述的乙烯（CH_2=CH_2）；链节是指组成高分子聚合物最小的重复结构单元，如上述的"—CH_2—CH_2—"；聚合物是指相应组成的大分子，如上述的 $[—CH_2—CH_2—]_n$；聚合度是指聚合物中所含链节的数目 n，聚合度很大（10^3 以上）的聚合物称为高聚物。

2. 聚合物的命名

1）根据单体的名称命名

以形成聚合物的单体为基础，在单体名称之前加"聚"字而命名，如聚乙烯、聚丙烯等。如单体有两种或两种以上时，常把单体的名称（或其缩写）写在前面，在其后按用途加树脂或橡胶。如丁苯橡胶，便是由丁二烯和苯乙烯聚合而成的。

2）习惯上的命名或商品名称

这种方法完全是习惯上的命名法，或者纯属商品名称。如聚己二酰己二胺，习惯上称为聚酰胺 66，商品名称为尼龙。为简化起见也以聚合物的英文名称缩写符号表示，如聚乙烯（Polyethylene）缩写为 PE 等。

8.1.2 高分子聚合物的分子结构

高分子聚合物是由不同结构层次的分子有规律地排列、堆砌而成的，按分子几何结构形态来分，可分为线型、支链型和体型三种。

1. 线型

线型高分子聚合物的分子为线状长链分子，大多数呈卷曲状，由于高分子链之间的范德华力很微弱，使分子容易相互滑动，在适当的溶剂中能溶解，溶解后的溶液黏度很大。当温度升高时，它可以熔融而不分解，成为黏度较大、能流动的液体。利用此特性，在加工时可以反复塑制。塑性树脂大部分属于线型高分子聚合物。线型高分子聚合物具有良好的弹性、塑性、柔顺性，还有一定的强度，但硬度小。

2. 支链型

支链型高分子聚合物的分子在主链上带有比主链短的支链。它可以溶解和熔融，但当支链的支化程度和支链的长短不同时，会影响高分子聚合物的性能。如低密度聚乙烯属于支链型结构，与线型高密度聚乙烯相比，它的密度小，抗拉强度低，而溶解性增大，这是由于其分子间的作用力较弱造成的。

3. 体型

体型高分子聚合物的分子是由线型或支链型高分子聚合物分子以化学键交联形成的，

呈空间网状结构。它不能溶解于任何溶剂，最多只能溶胀；加热后不软化，也不能流动，加工时只能一次塑制。热固性树脂属于体型高分子聚合物。由于体型高分子聚合物是一个巨型分子，所以塑性和弹性低，但硬度与脆性较大，耐热性较好。

三大合成材料中的合成纤维属于线型高分子聚合物，而塑料可以是线型高分子聚合物，也可以是体型高分子聚合物。

8.1.3 高分子聚合物的分类

高分子聚合物的分类方法很多，经常采用的方法有如下几种。

（1）按高分子聚合物的合成材料分类，可分为塑料、合成橡胶和合成纤维，此外还有胶黏剂、涂料等。

（2）按高分子聚合物的分子结构分类，可分为线型、支链型和体型三种。

（3）按高分子聚合物的反应类别分类，可分为加聚反应和缩聚反应，其反应产物分为加聚物和缩聚物。

8.1.4 高分子聚合物的工程应用

工程高分子聚合物材料，除了直接作为道路与桥梁结构物构件或配件的材料外，更多的是作为改善水泥混凝土或沥青混合料性能的组分，为此必须掌握高分子聚合物材料的组成、性能和配制，才能正确选择和应用这类材料。

8.2 常用的工程高分子聚合物材料

工程高分子聚合物材料是以聚合物为主要原料加工而成的塑料、合成橡胶、合成纤维和塑料-橡胶共聚物。

8.2.1 塑料

1. 塑料的组成

塑料是以合成树脂为主要原料，加入填充剂、增塑剂、润滑剂、颜料等添加剂，在一定温度和压力下制成的一种有机高分子材料。

1）合成树脂

在塑料中，合成树脂的含量为 $30\%\sim60\%$。塑料的主要性质取决于所采用的合成树脂。合成树脂在塑料中起胶结作用，它能把其他组分牢固地结合起来，使塑料具有加工成型的性能。

合成树脂是合成高分子聚合物的一类，简称树脂，高分子聚合物的结构复杂而且分子量很大，一般都在数千以上，甚至高达上百万。例如由乙烯（$CH_2{=}CH_2$）聚合而成的高分子聚乙烯，其分子量为 $1000\sim3500$，甚至高达 50×10^4。

合成树脂按其受热时所发生的变化不同又可分为热塑性树脂和热固性树脂。以不同的树脂为基材，可以分别制得热塑性塑料和热固性塑料。塑料的主要性质取决于所采用的合成树脂。用于热塑性塑料的树脂主要有聚氯乙烯、聚苯乙烯等。用于热固性塑料的树脂主要有酚醛树脂、环氧树脂等。

2）添加剂

塑料中除含有合成树脂外，为了改善其加工条件和使用性能，还需在其中添加一定数量的增塑剂、稳定剂、填充剂及其他助剂。这些填充剂分散于塑料基体中，并不影响高分子聚合物的分子结构。

（1）增塑剂。能使高分子材料增加塑性的化合物称为增塑剂，一般为高沸点、不易挥发的液体或低熔点的固体有机化合物，如邻苯二甲酸酯类、聚酯类、环氧类等。

（2）稳定剂。在高分子聚合物模塑加工过程中起到减缓反应速度，防止光、热、氧化引起的老化作用，减缓高分子聚合物在加工和使用过程中的降解作用，延长使用寿命的添加剂，常用的有抗氧剂、热稳定剂和紫外吸收剂等。

（3）填充剂。主要是化学性质不活泼的粉状、块状或纤维状的固体物质，常用的有有机玻璃纤维、云母、石棉等，占塑料质量的 $20\%\sim50\%$，可提高强度，增加耐热性、稳定性，并可降低塑料成本。

（4）其他助剂。如改善高分子聚合物加工性能的润滑剂，使高分子聚合物由受热可塑的线性结构转变为体型结构的固化剂及阻燃剂等。

2. 常用塑料的性能和用途

塑料是可以通过调整配合比参数及工艺条件制得不同性能的材料，具有较高的比强度和优良的加工性能，因此在土建工程中也得到了广泛的应用。表 8.1 所示为常用于制造塑料的合成树脂的特性与用途。

表 8.1　常用于制造塑料的合成树脂的特性与用途

合成树脂名称	代号	合成方法	特性与用途
聚乙烯	PE	乙烯单体加聚而成，按合成方法的不同，有高压、中压和低压之分	强度高、延伸率大、耐寒性好、电绝缘，但耐热性差。用于制造薄膜、结构材料，配制涂料、油漆等
聚丙烯	PP	丙烯单体加聚而成	密度低，强度、耐热性比 PE 好，延伸率、耐寒性尚好。主要用于生产薄膜、纤维、管道等
聚氯乙烯	PVC	氯乙烯单体加聚而成	较高的力学性能、化学稳定性好，但变形能力低、耐寒性差。用于制造建筑配件、管道及防水材料等
聚苯乙烯	PS	苯乙烯加聚而成	质轻、耐水、耐腐蚀、不耐冲击、性脆。用于制作板材和泡沫塑料等

续表

合成树脂名称	代号	合 成 方 法	特性与用途
乙烯-乙酸乙烯酯共聚物	EVA	乙烯和乙酸乙烯酯共聚而成	具有优良的韧性、弹性和柔软性，并具有一定的刚度、耐磨性和抗冲击性。用于黏结剂、涂料等
聚甲基丙烯酸甲酯	PMMA	甲基丙烯酸甲酯加聚而成	透明度高，低温时具有较高的冲击强度，坚韧、有弹性。主要用作生产有机玻璃
酚醛树脂	PF	苯酚与甲醛缩聚而成，两者比例及催化剂种类不同时，可得到热塑性及热固性品种	耐热、耐化学腐蚀、电绝缘；较脆，对纤维的胶合能力强。不能单独作为塑料使用
环氧树脂	EP	两个或两个以上环氧基团交联而成	黏结性和力学性能优良，耐碱性良好，电绝缘性能好，固化收缩率低。可用于生产玻璃钢、胶结剂和涂料等
聚酰胺	PA	由己内酰胺加聚而成	质轻、有良好的力学性能、耐磨性、耐油，但不耐酸和强碱。大量用于制造机械零件
有机硅树脂	SI	二氯二甲基硅烷水解缩聚（线型）；二氯二甲基硅烷与三氯甲基硅烷水解（体型）	耐高温性、耐寒性、耐腐蚀性、电绝缘性、耐水性好。用于制作高级绝缘材料、防水材料等
ABS 塑料	ABS	丙烯腈、丁二烯和苯乙烯共聚	高强、耐热、耐油、弹性好、抗冲击、电绝缘，但不耐高温、不透明。用于制作装饰板材、家具等
聚碳酸酯	PC	双酚 A（2，2-双丙烷）缩聚而成	透明度极高、耐冲击、耐热、耐油等，耐磨性差。用于制造电容器、录音带等

8.2.2 合成橡胶

1. 合成橡胶的组成

合成橡胶是以生胶为原料，加入适合的配合剂，经硫化以后得到的高分子弹性体。

【合成橡胶100年介绍】

1）合成橡胶的基本原料

合成橡胶是由石油、天然气、煤、石灰石及粮食等原料经加工而制得的。常用原料如甲烷、丙烷、乙烯、丁烯、戊烯、苯、甲苯及乙炔等。这些原料经与水作用或脱水反应即可生成丁二烯，而丁二烯是很多合成橡胶的单体原料。

生胶是橡胶制品的重要组成部分，但由于它自身的分子结构是线型或带有支链的长链状分子，分子中有不稳定的双键存在，受温度影响体态性能变化较大，因此通常必须在生胶中掺加其他组分进行硫化处理。根据其在橡胶中的作用可分为硫化剂、硫化促进剂、活化剂、填充剂、防老剂、增塑剂、着色剂等，统称为配合剂。

2）配合剂

（1）硫化剂，相当于热塑性塑料中的固化剂，它使生胶的线型分子间形成交联而成为立体的网状结构，从而使胶料变成具有一定强度、韧性的高弹性硫化胶。硫化剂品种很多，除硫黄外，还有胺类、树脂类、金属氧化物等。近年来还发展出用原子辐射的方法直接进行交联作用。

（2）硫化促进剂，其作用是缩短硫化时间，降低硫化温度，提高制品的经济性，并能改善性能。硫化促进剂多为有机化合物。

（3）活化剂，又称助促进剂，能起加速并充分发挥有机促进剂的活化促进作用，以减少促进剂用量，缩短硫化时间。常用的活化剂有氧化锌、氧化镁、硬脂酸等。

（4）填充剂，作用是增加橡胶制品的强度，降低成本及改善工艺性能。填充剂的主要形状有粉状和织物状。常用的活性填充料有炭、二氧化硅、白陶土、氧化锌、氧化镁等，非活性填料有滑石粉、硫酸钡等。

（5）防老剂，用于防止橡胶因热氧化作用、机械力作用、光参与氧化作用及水解作用而引起质变。常用的防老剂有酚类、胺类、蜡类。为了有效抑制橡胶老化，可同时使用几种防老剂，共同发挥作用。

（6）增塑剂，又称软化剂。应根据具体橡胶的性能及要求选用不同的增塑剂，选用时要考虑增塑剂与橡胶的极性相似，相似相容，这样有利于增塑剂的均匀分散。

各种配合剂的功用不同，有的在一种胶中同时起几种作用，如石蜡既是润滑剂又是防老剂，硬脂酸既是活性剂又是分散剂，同时它们又有很好的增塑作用，石蜡与硬脂酸还能起内润滑与外润滑作用，帮助橡胶脱模，是很好的脱模剂。

2. 合成橡胶的性能与用途

合成橡胶的特征是在较小的外力作用下，能产生大的变形，外力去除后能迅速恢复原状，具有良好的伸缩性、储能能力和耐磨、隔声、绝缘等性能，是应用广泛的材料。生胶原料有天然橡胶和合成橡胶两大类，而天然橡胶远远不能满足生产发展的需要，而石化工业的迅速发展可生产大量的合成橡胶原料，因此人工合成橡胶是主要的原料来源，所制成的橡胶制品的性能因单体和制造工艺的不同而异，某些性能（如耐油、耐热、耐磨等）甚至较天然橡胶为优。表8.2列出了常用橡胶材料的性能与用途。

表8.2 常用橡胶材料的性能与用途

品种	代号	来源	特性	用途	品种
天然橡胶	NR	天然	弹性高、抗撕裂性能优良、加工性能好，易与其他材料相混合，耐磨性良好	耐油、耐溶剂性差，易老化，不适用于100℃以上	轮胎、通用制品
丁苯橡胶	SBR	丁二烯-苯乙烯共聚	与天然橡胶性能相近，耐磨性突出，耐热性、耐老化性较好	生胶强度低，加工性能较天然橡胶差	轮胎、胶板、胶布、通用制品

续表

品种	代号	来源	特 性	用 途	品 种
丁腈橡胶	NBR	丁二烯与丙烯腈聚合	耐油、耐热性好，气密性与耐水性良好	耐寒性、耐臭氧性较差，加工性差	输油管、耐油密封圈及一般耐油制品
氯丁橡胶	CR	由氯丁二烯经乳液聚合制成	物理、力学性能良好，耐油、耐溶剂性和耐气候性良好	电绝缘性差，加工时易粘辊，相对成本较高	胶管、胶带、胶黏剂、一般制品
顺丁橡胶	BR	丁二烯定向共聚	弹性性能最优，耐寒、耐磨性好	抗拉强度低，黏结性差	橡胶弹簧、减震橡胶垫
丁基橡胶	HR	异丁烯与少量异戊二烯共聚	气密性、耐老化性和耐热性最好，耐酸碱性良好	弹性大，加工性能差，耐光老化性差	内胎、外胎、化工衬里及防振制品
乙丙橡胶	EPR	乙烯-丙烯二元共聚物	耐热性突出、耐气候性、耐臭氧性很好，耐极性溶剂和无机介质	硫化慢、黏着性差	耐热、散热胶管和胶带，汽车配件及其他工业制品
硅橡胶	SR	硅氧烷聚合	耐高温及低温性突出，化学惰性大，电绝缘性优良	机械强度较低、价格较贵	耐高低温制品，印膜材料
聚氨酯橡胶	UR	由低聚物多元醇、多异氰酸酯和扩链剂反应而成	耐磨性高于其他各类橡胶，抗拉强度最高，耐油性优良	耐水、耐酸碱性差，高温性能差	胶轮、实心轮胎、齿轮带及耐磨制品

8.2.3 合成纤维

合成纤维是以有机高分子聚合物为原料，经熔融或溶解后纺制成的纤维，如聚酰胺、聚酯纤维等，它与纤维素纤维和蛋白质纤维等人造纤维一样均属于有机化学纤维。而玻璃纤维、陶瓷纤维等则属于无机化学纤维，自然界还有石棉等无机天然纤维及动植物纤维等有机天然纤维。

1. 合成纤维的制造

合成纤维的制取工艺包括有机化合物单体制备与聚合、纺丝和后加工三个基本环节。合成纤维是以有机高分子化合物为主要成分，并添加提高纤维加工和使用性能的某些助剂，如二氧化钛、油剂、染料和抗氧剂等，而制成的成纤高分子聚合物。

将成纤高分子聚合物的熔体或浓溶液，用纺丝泵连续、定量而均匀地从喷头的毛细孔中挤出，成为液态细流，再在空气、水或特定的凝固浴中固化成为初生纤维的过程，称为纺丝或纤维成型。纺丝方法主要有两大类：熔体纺丝法和溶液纺丝法。溶液纺丝法又分为湿法纺丝和干法纺丝。因此，合成纤维主要有三种纺丝方法。纺丝成型后得到的初生纤维的结构还不完善，物理力学性能较差，必须经过一系列后加工，主要是拉伸和热定型工序，使其性能得到提高和稳定。

2. 常用合成纤维的特性

相对于各种天然纤维和人造纤维，合成纤维具有强度高、密度小、弹性好、耐磨、耐酸碱、不霉、不蛀等优越性能，因此合成纤维不仅广泛应用于工农业生产、国防工业和日常衣料用品等各个领域，近年来在道路等土木工程中也得到越来越多的应用。常用合成纤维的特性见表 8.3。

表 8.3　常用合成纤维的特性

化学名称	商品名称	特性
聚酯纤维	涤纶（的确良）	弹性好，弹性模量大，不易变形，强度高，抗冲击性好，耐磨性、耐光性、化学稳定性及绝缘性均较好
聚酰胺纤维	锦纶（人造毛）	质轻，强度高，抗拉强度好，耐磨性好，弹性模量低
聚丙腈烯纤维	腈纶（奥纶）	质轻，柔软，不霉蛀，弹性好，吸湿小，耐磨性差
聚乙烯醇	维纶、维尼纶	吸湿性好，强度较好，不霉蛀，弹性差
聚丙烯	丙纶	质轻，强度大，相对密度小，耐磨性优良
聚氯乙烯	氯纶	化学稳定性好，耐酸碱，弹性、耐磨性均好，耐热性差；可用作纤维增强材料，配制纤维混凝土，具有较高的抗冲击性能，也可作为防护构件用

8.2.4　塑料-橡胶共聚物

随着高分子聚合物工业的发展，不论成分还是形状，橡胶与塑料的区别已不是很明显了。例如，将聚乙烯氯化可以得到氯化聚乙烯橡胶（CPE），即氯原子部分置换聚乙烯大分子链上氢原子的产物。随着氯含量的增加，氯化聚乙烯柔韧性增加而呈现橡胶的特性。ABS 树脂在光、氧作用下容易老化，为了克服这一缺点，将氯化聚乙烯与苯乙烯和丙烯腈进行接枝，可制得耐候性的 ACS 树脂。高冲击聚苯乙烯树脂是由顺丁橡胶（早期为丁苯橡胶）与苯乙烯接枝共聚而成，故也称接枝型抗冲击聚苯乙烯（HIPS），该产品韧性较高，抗冲击强度较普通聚苯乙烯提高 7 倍以上。苯乙烯-丁二烯-苯乙烯嵌段共聚物（SBS）是苯乙烯与丁二烯嵌段共聚物，它兼具塑料和橡胶的特性，具有弹性好、抗拉强度高、低温变形能力好等优点。SBS 是较佳的沥青改性剂，可综合提高沥青的高温稳定性和低温抗裂性。

8.3 高分子聚合物在道路工程中的应用

由于有机化学工业的迅速发展，有机高分子材料的品种不断增加，性能不断改善，所使用的领域更加广泛，在土木建筑、道路工程中得到大量的应用。在道路工程中应用最多的高分子聚合物是改性沥青，它用以改善水泥混凝土性能或制作聚合物混凝土，还可作为胶结和嵌缝密封材料，以及用于加强土基和路面基层的高分子聚合物土工格栅材料等。

8.3.1 聚合物混凝土

水泥混凝土具有许多优良的技术品质，所以广泛应用于高等级路面和大型桥梁工程。但它最主要的缺点是抗拉（或抗弯）强度与抗压强度的比值较低，相对延伸率小，是一种典型的强而脆的材料。如能借助高分子聚合物的特性，采用高分子聚合物改性水泥混凝土，则可弥补上述缺点，使水泥混凝土成为强而韧的材料。

聚合物混凝土是由有机、无机材料复合而成的混凝土。它按组成材料和制作工艺可分为三种：聚合物浸渍混凝土、聚合物水泥混凝土和聚合物胶结混凝土。

1. 聚合物浸渍混凝土

聚合物浸渍混凝土（PIC）是已硬化的混凝土（基材）经干燥后浸入有机单体（甲基丙烯酸甲酯、丙烯腈等），用加热或辐射等方法使混凝土孔隙中的单体聚合而成的一种混凝土。

1）基本工艺

（1）干燥。为使聚合物能渗填混凝土基材的孔隙，必须使基材充分干燥，温度为$100\sim105$℃。

（2）浸渍。浸渍是使配制好的浸渍液填入混凝土孔隙中的工序。最常用的浸渍聚合物材料有甲基丙烯酸甲酯（MMA）、苯乙烯（S），此外还需加入引发剂、催化剂及交联剂等浸渍液。

（3）聚合。聚合是使浸渍在基体孔隙中的单体聚合固化的过程。目前采用较多的是掺加引发剂的热聚合法。

2）技术性能

聚合物浸渍混凝土由于聚合物浸渍充盈了混凝土的毛细管孔和微裂缝所组成的孔隙系统，改变了混凝土的孔结构，因而使其物理力学性能得到明显改善。一般情况下，聚合物浸渍混凝土的抗压强度为普通混凝土的$3\sim4$倍，抗拉强度提高约3倍，抗弯强度提高约$2\sim3$倍，弹性模量提高约1倍，抗冲击强度提高约0.7倍。此外，聚合物浸渍混凝土的徐变大大减小，抗冻性、耐硫酸盐、耐酸和耐碱等性能也有很大改善。其主要缺点是耐热性差，高温时聚合物易分解。

聚合物浸渍混凝土的加工工艺过程比较复杂，需消耗大量的能量，制作成本较高。在美国、日本等国家用于上下水管道、预制预应力桥面板、高强混凝土、地下支撑系统等，也可浸渍混凝土挡板，提高表面耐磨能力。

2. 聚合物水泥混凝土

聚合物水泥混凝土（PMC）是在拌和混凝土时掺入聚合物（丙烯酸类等）或单体（丙烯腈、苯乙烯等）制成的。聚合物水泥混凝土也称为聚合物改性水泥混凝土，是采用聚合物乳液或粉状材料拌和水泥，并掺入砂和其他集料制成。其生产工艺与普通水泥混凝土相似，由于其便于现场施工，因而成本较低，应用较广泛，主要应用于机场跑道、混凝土路面或桥梁面层及构造物的防水层。

1）材料组成

聚合物水泥混凝土的材料组成，基本上与普通水泥混凝土相同，只增加了聚合物组分。常用的聚合物有下列三类。

（1）橡胶乳液类。如天然胶乳（NR）、丁苯胶乳（SBR）和氯丁胶乳（CR）等。

（2）热塑性树脂类。如聚丙烯酸酯（PAE）、聚乙酸乙烯酯（PVAC）等。

（3）热固性树脂类。如环氧树脂（PE）类。

2）技术性能

（1）抗弯拉强度高。掺加聚合物后，作为路面混凝土强度指标的抗弯拉强度提高更为明显。

（2）抗冲击韧性好。掺加聚合物后，其脆性降低，柔韧性增加，因而抗冲击能力提高，这对作为承受动荷载的路面和桥梁用混凝土是非常有利的。

（3）耐磨性好。聚合物对矿质集料具有优良的黏附性，因而可以采用硬质耐磨的石料作为集料，这样可提高路面混凝土的耐磨性和抗滑性。

（4）耐久性好。聚合物在混凝土中能起到阻水和填隙的作用，因而可提高混凝土的抗水性、耐冻性和耐久性。

3. 聚合物胶结混凝土

聚合物胶结混凝土（PC）又称树脂混凝土，是完全采用聚合物（聚酯、聚甲基丙烯酸甲酯等）为胶结材料的混凝土，即主要由聚合物和砂石材料组成。为改善某项性能，必要时也可掺加短纤维、减缩剂、偶联剂等添加剂。

1）组成材料

（1）胶结材料。用于拌制聚合物混凝土的树脂或单体，常用的有环氧树脂（PE）、苯乙烯（S）等。

（2）集料。应选择高强度和耐磨的石料，轧制的集料要有良好的级配，集料最大粒径不大于 20mm。

（3）填料。其粒径宜为 $1\sim30\mu m$，矿物成分有碱性的碳酸钙（$CaCO_3$）系和酸性的氧化硅（SiO_2）系，需根据聚合物特性确定。

2）技术性能

聚合物胶结混凝土是以聚合物为结合料的混凝土，由于聚合特征，其具有以下特点。

（1）表观密度小。由于聚合物的密度较水泥的密度小，所以聚合物混凝土的表观密度也较小，通常为 $2000\sim2200kg/m^3$。如采用轻集料配制混凝土，更能减少结构断面和增大跨度。

（2）力学强度高。聚合物混凝土的抗压强度、抗拉强度或抗弯强度比普通水泥混凝土要高，特别是抗拉强度和抗弯强度尤为突出。这对减薄路面厚度或减小桥梁结构断面都有显著效果。

（3）与集料的黏附性强。由于聚合物与集料的黏附性强，可采用硬质石料做成混凝土路面抗滑层，提高路面抗滑性。此外，还可以做成空隙式路面防滑层，以防止高速公路路面的漂滑并减小噪声。

（4）结构密实。由于聚合物不仅可填密集料间的空隙，而且可浸填集料的孔隙，使混凝土的结构密度增大，提高混凝土的抗渗性、抗冻性和耐久性。

与普通水泥混凝土相比，聚合物胶结混凝土具有一些新的性能特点。其抗拉强度、抗压强度、抗弯强度也都得到较大提高，抗渗性、耐磨性、耐水性、耐腐蚀性也都得到较大改善。因此，聚合物胶结混凝土在土建、交通和化工部门都得到重视，已应用于铺筑路面和桥面、修补路面凹坑、修补机场跑道等。由于生产工艺的改进，聚合物胶结混凝土材料的应用越来越广，如应用于混凝土管、隧道衬砌、支柱、堤坝面层及各种土建工程的装饰性构件等。

8.3.2 土工合成材料

土工合成材料是以高分子聚合物为原料的新型建筑材料，广泛应用于土木工程各个领域。它的种类很多，其中有一类具有透水性的布状织物，称为土工织物，俗称土工布。织物的成分是人造聚合物，常用的有聚丙烯（丙纶）、聚酯（涤纶）、聚乙烯、聚酰胺（锦纶）、尼龙和聚偏二氯乙烯等。目前，土工合成材料主要包括土工织物（透水、布状）、土工网、土工格、土工垫（粗格或网状）、土工薄膜（不透水、膜状）和土工复合材料（以上材料的组合）等。

1. 土工布的种类和特点

按照不同的制造工艺，可将土工布分为有纺织物、无纺织物、编织织物和复合织物四种。

1）有纺织物

有纺织物是由经线和纬线相互交织而成的织物，与日用布相似，可分为平纹织物和斜纹织物。

（1）单丝有纺织物。织物的成分大多为聚酯或聚丙烯，单丝的横截面为圆形或长方形。单丝有纺织物一般为中等强度，主要用作反滤材料。

（2）复丝有纺织物。由许多细纤维的纱线织成。纤维原料多为聚丙烯和聚酯，薄膜丝原料为聚乙烯，主要用于加筋，在铺设时应注意使其最大强度方向与最大应力方向一致。此种织物价格较高，应用受到限制。

（3）扁丝有纺织物。由宽度大于厚度许多倍的纤维织造而成。常见的扁丝织物是聚丙烯薄膜织物，扁丝之间不经黏合易撕裂。但此种织物具有较高的强度和弹性模量，主要用作分隔材料。

2）无纺织物

将纤维沿一定方向或随机地以某种方法相互结合而制成的织物。无纺织物的原料几乎全是聚酯、聚丙烯或由聚丙烯与尼龙纤维混纺制成。其价格较低，具有中、低强度和中等至较大的破坏延伸率，已广泛用作反滤、隔离和加筋材料。

3）编织织物

由一股或多股纱线组成的线卷相互连锁而制成，又称针织物。使用单丝和复合长丝，能够织成各种管状织物。编织织物造价较低，但在工程领域中应用较少，近年美国已将其用于反滤与加筋材料。

4）复合织物

将编织织物、有纺织物和无纺织物等重叠在一起，用黏合或针刺等方法使其相互组合加工而成的织物。许多专门用于排水的复合织物由两层薄反滤层中间夹一厚透水层组成。反滤层一般是热黏合无纺织物，透水层是厚型针织物或特种织物。

【土工布在道路工程中的应用】

2. 土工布在道路工程中的应用

合成织物用于土木工程始于 20 世纪 50 年代末，最早是美国人 R. J. Barrett 在佛罗里达州将透水性合成纤维有纺织物铺设在混凝土块下，作为防冲刷保护层。20 世纪 70 年代以后，国外织物的应用从公路、铁路的路基工程逐步扩展到挡土墙、土坝等大型永久性工程。20 世纪 80 年代初，我国铁道部门开始试用无纺织物。20 世纪 80 年代中期，水利、港建、航道和公路部门开始推广使用无纺织物。其作用如下。

1）排水作用

织物是多孔隙透水介质，埋在土中可以汇集水分，并将水排出土体。织物不仅可以沿垂直于其平面的方向排水，也可以沿其平面方向排水，即具有水平排水功能。

2）反滤作用

为防止土中细颗粒被渗流潜蚀（即管涌现象），传统上使用级配粒料滤层。而有纺和无纺织物都能取代常规的粒料，起到反滤层的作用。工程中往往同时利用织物的反滤和排水两种作用。

3）分隔作用

在岩土工程中，不同的粒料层之间经常发生相互混杂现象，使各层失去应有的性能。将织物铺设在不同粒料层之间，可以起分隔作用。例如，在软弱地基上铺设碎石粒料基层时，在层间铺设织物，可有效地防止层间土粒相互贯入和控制不均匀沉降。织物的分隔作用在公路软土路基处理中效果很好。

4）加筋作用

织物具有较高的抗拉强度和较大的破坏变形率，以适当方式将其埋在土中，作为加筋材料，可以控制土的变形，增加土体的稳定性，可用于加筋土挡墙中。

在一项工程中，可要求织物发挥多种作用，见表 8.4。

表 8.4 织物在工程中的各种作用

主要作用	工程	次要作用	主要作用	工程	次要作用
分隔	道路和铁路路基	反滤、排水、加筋	加筋	沥青混凝土路面	—
	填土、预压稳定	排水、加筋		路面底基层	反滤
	边坡防护、运动场、停车场	反滤、排水、加筋		挡土结构	排水
	挡土墙、垂直排水	分隔、反滤		软土地基	分隔、排水、反滤
排水	横向排水（铺在薄膜下）	加筋	反滤	填土地基	排水
	土坝	反滤		沟渠、基层、结构和坡脚排水	分隔、排水
	铺在水泥板下	—		堤岸防护	分隔

8.3.3 高分子聚合物改性沥青混合料

1. 高分子聚合物改性沥青的性能

目前，应用于改善沥青性能的高分子聚合物主要有树脂类、橡胶类和树脂–橡胶共聚物三类。各类改性沥青常用高分子聚合物名称分别列于表 8.5。

表 8.5 改性沥青常用高分子聚合物名称

树脂类高分子聚合物	橡胶类高分子聚合物	树脂–橡胶共聚物
聚乙烯（PE） 聚丙烯（PP） 乙烯–乙酸乙烯酯共聚物 （EVA）	丁苯橡胶（SBR） 氯丁橡胶（CR） 丁腈橡胶（NBR） 苯乙烯–异戊二烯橡胶（SIR） 乙丙橡胶（EPR）	苯乙烯–丁二烯–苯乙烯嵌段共聚物（SBS） 苯乙烯–异戊二烯嵌段共聚物（SIS）

常用的高分子聚合物改性沥青有以下几种。

1）树脂类改性沥青

用作沥青改性的树脂，主要是热塑性树脂，较常用的有聚乙烯（PE）和聚丙烯（PP）。它们所组成的改性沥青性能，主要是提高沥青的黏度，改善沥青的高温抗流动性，同时可增大沥青的韧性，所以它们对改善沥青的高温性能是有效的，但是对低温性能的改善有时并不明显。

2）橡胶类改性沥青

橡胶类改性沥青的性能，不仅取决于橡胶的品种和掺量，而且取决于沥青的性质。当前合成橡胶类改性沥青中，通常认为改性效果较好的是丁苯橡胶（SBR）。SBR 改性沥青的性能如下。

（1）在常规指标上，针入度值减小，软化点升高，常温（25℃）延度稍有增加，特别是低温（5℃）延度有较明显的增加。

（2）不同温度下的黏度均有增加，随着温度降低，黏度差逐渐增大。

（3）热流动性降低，热稳定性明显提高。

（4）韧度明显提高，黏附性也有所提高。

3）热塑性弹性体类改性沥青

热塑性弹性体类改性沥青由于兼具树脂和橡胶的特性，所以对沥青性能的改善优于树脂类和橡胶类改性沥青。现以苯乙烯–丁二烯–苯乙烯嵌段共聚物（SBS）为例，说明其改善沥青性能的优越性。以 90 号沥青为基料，掺入 5% 的 SBS 改性沥青的技术性能列于表 8.6。

表 8.6 SBS 改性沥青的技术性质

沥青名称	高温指标		低温指标		耐久性指标
	绝对黏度 60℃（Pa·S）	软化点 $T_{R\&B}$（℃）	低温延度 5℃（cm）	脆点（℃）	TFOT 前后 黏度比 $A=\dfrac{\eta\,(60℃)_b}{\eta\,(60℃)_a}$
原始沥青［针入 度 86（0.1mm）］	115	48	3.8	−10.0	2.18
改性沥青［针入 度 90（0.1mm）］	224	51	36.0	−23.0	1.08

注：改性沥青由原始沥青与 5% 的 SBS 及助剂组成。

由表 8.6 可知，改性沥青较原始沥青在使用性能上主要有下列改善。

（1）提高了低温变形能力。改性沥青 5℃时的延度增加，脆点降低。

（2）提高了高温使用的黏度。改性沥青 60℃的黏度增加，软化点提高。

（3）提高了温度感应性。改性沥青在低温时的黏度较原始沥青降低（具有较好的变形能力），而高温（60℃）时的黏度提高（具有较好的抗变形能力），在更高温度（90℃以上）时，黏度与原始沥青相近（具有较好的易施工性）。

（4）提高了耐久性。掺加高聚物后沥青的耐久性指标 A 值变化小，表明其耐久性有了提高，这主要取决于高分子聚合物中助剂（防老剂）的作用。

2. 改性沥青混合料的性能

采用不同高分子聚合物的改性沥青，将其配制成沥青混合料，可以考察其使用于路面中的性能。现以 SBS 改性沥青为例，将该沥青配制成沥青混合料，然后测定其技术性能，试验结果列于表 8.7。

表 8.7　SBS 改性沥青混合料的技术性能

混合料名称	高温性能（$T=60℃$）			低温性能（$T=-10℃$）			
	稳定度 MS（kN）	流值 FL（0.1mm）	视劲度 T（kN/mm）	劈裂抗拉强度 σ_t（MPa）	竖向应变 ε_h（10^{-2}mm/mm）	侧向应变 ε_L（10^{-2}mm/mm）	断裂能 E_g（N/mm）
原始沥青混合料	8.30	31	2.72	2.90	6.9	2.0	1.00
改性沥青混合料	8.45	29	2.87	2.75	16.0	9.0	2.19

注：改性沥青混合料为中粒式 LH-10，I；改性沥青由原始沥青与 5%SBS 及助剂组成。

从表 8.7 中的试验结果可以看出，SBS 改性沥青混合料在技术性能上有如下几点改善。

（1）提高了高温时的稳定性。表中 SBS 改性沥青混合料的马歇尔稳定度有所提高，流值有所减小，视劲度也有所提高。

（2）提高了低温时的变形能力。从表 8.7 中可以看出，SBS 改性沥青混合料的劈裂抗拉强度稍有降低，变形量增大，断裂能增加，这就表明，在低温下它变得较原始沥青混合料更为柔韧，因此抵抗低温裂缝的能力也有所提高。

高分子聚合物改性沥青可改善混合料的性能，树脂类改性沥青对提高混合料的稳定性有明显的效果，橡胶类改性沥青对提高混合料的低温抗裂性有一定的效果，树脂-橡胶共聚物能适当程度地兼顾高温稳定性和低温抗裂性两方面的性能。改性沥青制备的混合料应用于高等级路面，对防止高温车辙和低温裂缝有一定的效果。

8.3.4　胶黏剂

胶黏剂又称为黏合剂，是一类具有优良黏合性能的材料。使用胶黏剂可以将同质或不同质的材料黏结在一起，因此胶黏剂在土木工程中得到了广泛应用。

胶黏剂具有足够的流动性，使用范围广泛，可不受材料种类、形状的限制，而且能保证黏结基面充分浸润，具有很好的密封作用，黏结牢固。

胶黏剂的品种很多，按其基料可分为无机胶和有机胶。在有机胶中，一部分为天然动植物胶，这类胶已逐渐被淘汰；另一部分为合成胶，包括树脂型、橡胶型和混合型三类。由于有机高分子材料的迅速发展，合成胶的发展很快，其品种多，性能优良。其中树脂型胶黏剂的黏结强度高，硬度高，耐温、耐介质的性能都比较好，但较脆，起黏性、韧性较差；橡胶型胶黏剂的柔韧性和起黏性好，抗震和抗弯性能好，但强度和耐热性较差；混合型胶黏剂是树脂与橡胶，或多种树脂、橡胶混合使用，可取长补短，发挥各自的优越性。

在土建工程中应用最多的是环氧树脂胶黏剂，它是由环氧树脂、固化剂、增韧剂、填料等组成，有时还包括稀释剂、促进剂、偶联剂等。环氧树脂的特点是黏结力强、收缩率小、稳定性高，而且与其他高分子化合物的混溶性好，可制成不同用途的改性品种，如环氧丁腈胶、环氧尼龙胶、环氧聚砜胶等。环氧树脂的缺点是耐热性不高，耐候性尤其是耐紫外线性能较差，而且部分添加剂有毒，在配制后应尽快使用，以免固化。它可用于金属与金属之间、金属与非金属之间材料的黏结，也可用作防水、防腐涂料。

聚乙酸乙烯酯胶黏剂是常用的热塑性树脂胶黏剂，是以聚乙酸为基料的胶黏剂，它可以制备成乳液胶黏剂、溶液胶黏剂或热熔胶等，其中乳液胶黏剂使用最多。聚乙酸乙烯酯乳液胶黏剂的成膜是通过水分的蒸发或吸收和乳液互相融结这两个过程实现的。它具有树脂分子量高、黏结强度高、黏度低、使用方便、无毒、不燃等优点，适用于黏结多孔性易吸水的材料，如木材、纤维制品等，也可用来黏结混凝土制品、水泥制品等，用途十分广泛。

一般的酚醛树脂固化后脆性大，抗冲击性差，很少应用。若加入橡胶或热塑性树脂，则可提高其韧性，成为韧性好、耐热温度高、强度大、性能优良的结构黏结剂，广泛用于金属、非金属及热固性塑料的黏结，其中以酚醛-缩醛胶和酚醛-丁腈胶应用较为广泛，这两类胶固化时需加热加压，而且胶的配方中含有溶剂，应注意通风防火。

橡胶胶黏剂是以氯丁、丁腈、丁苯、丁基等合成橡胶或天然橡胶为基料配成的一类胶黏剂，这类胶黏剂具有较强的黏附性、良好的弹性。但其拉伸强度和剪切强度较低，主要适用于柔软的或膨胀系数相差很大的材料的黏结。其主要品种有氯丁橡胶胶黏剂、丁腈橡胶胶黏剂等。

8.3.5 裂缝修补与嵌缝材料

裂缝修补与嵌缝材料实际上是一种胶黏剂，用于修补水泥混凝土路面的裂缝、嵌缝结构或构件的接缝。此类材料必须具备较好的黏结力、较高的拉伸率，并具有较好的低温塑性及耐久性。目前常用的有环氧树脂及改性环氧树脂类、聚氨酯及改性聚氨酯类、烯类裂缝修补材料，以及聚氯乙烯胶泥、橡胶类嵌缝材料。

1. 环氧树脂类

环氧树脂类裂缝修补材料的主要组分是环氧树脂，它是含有两种以上环氧基团的有机高分子化合物。常见的环氧树脂可分为两类：一类是缩水甘油基型环氧树脂；一类是环氧化烯烃型环氧树脂。水泥混凝土路面修补中使用的大多属于缩水甘油基型，常用的有由多元酚和多元醇制备的双酚 A 环氧树脂。双酚 A 环氧树脂本身很稳定，但活性较大，所以要在改性或碱性固化剂作用下固化。在双酚 A 环氧树脂分子结构中有羟基和醚键，固化过程中在固化剂的作用下还能进一步生成羟基和醚键，因而有较高的内聚力和较强的黏附力。同时其收缩率较低，因此可作为水泥混凝土路面的裂缝灌浆材料。但由于环氧树脂的延伸率低、脆性大、不耐疲劳，在使用中会造成一定的缺陷。因此，必须对环氧树脂进行改性，以提高其延伸率，降低其脆性。改性的方法是加一些改性剂，可采用低分子液体改性剂、增柔剂、增韧剂等，如聚硫改性环氧灌浆材料及 914 双组分快速固化裂缝修补材料等。

2. 聚氨酯类

聚氨酯类裂缝维补材料的主体材料是多异腈酸酯和聚氨基甲酸酯，制备成 A、B 两组分，固化所得到的弹性体具有极高的黏附性，耐候性高。它与混凝土的黏固很牢，且不需要打底，可用作房屋、桥梁的嵌缝密封材料。

3. 烯类

烯类裂缝修补材料主要采用烯类聚合物配制而成，通常有两大类：一类是以烯类单体或预聚体作胶黏剂；另一类是以高分子聚合物本身作胶黏剂，如氰基丙烯酸酯胶黏剂。其最大的优点是室外固化时间快，几分钟之内就可以粘住，24~48h 可达到最大抗拉强度，且气密性能好，但其价格较高，不宜大面积使用。

4. 聚氯乙烯胶泥

聚氯乙烯胶泥是以煤焦油为基料，加入聚氯乙烯树脂、增塑剂、填充料和稳定剂等配制而成的单组分材料，呈黑色固体状，施工时需要加热到 130~140℃，采用填缝机进行灌注，冷却后成型。它具有良好的防水性、黏结性、柔韧性和抗渗性，且耐寒、耐热、抗老化，能很好地与混凝土黏结，适用于混凝土路面板的接缝及各种管道的接缝。

5. 橡胶类

氯丁橡胶嵌缝材料是以氯丁橡胶和丙烯系塑料为主体材料，配以适量的增塑剂、硫化剂、增韧剂、防老剂及填充剂等配制而成的一种黏稠物。其特征为与砂浆、混凝土及金属等有良好的黏结性能，且易于施工，常用作混凝土路面的嵌缝材料。

硅橡胶是一种优质的嵌缝材料，具有低温（-60℃）柔韧性好、可耐 150℃ 的高温、耐腐蚀等优点，但价格较高。

聚硫橡胶嵌缝材料兼具塑料和橡胶的性能，常温下不发生氧化、变形小、抗老化，适用于细小、多孔或暴露表面的接缝，但价格较高。

8.3.6 膨胀支座和弹性支座

桥梁和管线工程中的膨胀支座一般采用聚四氟乙烯（PTFE）树脂，可以保证梁的水平移动的要求。弹性支座可采用氯丁橡胶（CR）和异戊二烯橡胶（IR）等制作，以减少噪声和振动。

◀ 项目小结 ▶

　　高分子聚合物又称为高分子化合物，是由不饱和有机低分子化合物（单体）经聚合反应所得。聚合物是塑料、合成橡胶和合成纤维的基本原料，由于其原料来源广泛，而且随着有机化工工业的迅速发展，聚合物的品种不断增多，性能越来越优异。因此高分子聚合物材料是有很大潜力的材料。

　　高分子聚合物材料在道路工程中得到越来越多的应用。聚合物混凝土、土工合成材料、高分子聚合物改性沥青混合料、胶黏剂、裂缝修补与嵌缝材料及膨胀支座和弹性支座等的应用，使道路工程质量得到明显的提高。

◀ 复　习　题 ▶

一、判断题

1. 最早投产的聚合物共混物是在 1942 年的 PVC/NBR。　　　　　　　　（　　）

2. 银纹和裂纹的是同一概念的不同说法。　　　　　　　　　　　　　　（　　）

3. 只有少数聚合物对是完全相容或部分相容，大多数是不相容的。　　　（　　）

4. 在相同的剪切力场中分散相的大粒子比小粒子容易变形，大粒子比小粒子受到更大的外力。　　　　　　　　　　　　　　　　　　　　　　　　　　　　（　　）

5. 界面层的形成：第一步是两相之间的相互接触，第二步是两种聚合物大分子链段之间的相互扩散。增加两相的接触面有利于链段扩散，提高两相之间的黏合力。（　　）

6. 界面层的厚度主要取决于两种聚合物的相容性，还与大分子链段尺寸、组成及相分离条件有关。　　　　　　　　　　　　　　　　　　　　　　　　　　　（　　）

7. 基本不混溶的聚合物，链段之间只有轻微的相互扩散，因而两相之间有非常明显和确定的相界面。　　　　　　　　　　　　　　　　　　　　　　　　　（　　）

8. 随着两种聚合物之间混溶性增加，扩散程度提高，相界面越来越模糊，界面层厚度越来越大，两相之间的黏合力增大。完全相容的两种聚合物最终形成均相，相界面消失。　　　　　　　　　　　　　　　　　　　　　　　　　　　　　（　　）

9. 在剪切带内分子链有很大程度的取向，剪切带有高度双折射现象。　　（　　）

10. 剪切带与聚合物界面处会发生光的全反射。　　　　　　　　　　　　（　　）

二、简答题

1. 聚合物材料的原料主要有哪些？通过什么聚合为高分子聚合物？

2. 试解释下列名词：单体、链节、聚合度、热塑性、热固性、均聚物、共聚物、缩聚物。

3. 请简述塑料、合成树脂、合成橡胶、合成纤维的定义。

4. 请简述合成橡胶的性能与用途。

5. 试简述几种主要合成纤维及它们的性能。

6. 举例说明道路工程中较多采用的聚合物品种。

7. 请比较几种聚合物混凝土的性能和用途。

8. 写出以下代号所表示的聚合物品种：PE、PVC、PS、EP、SBS、EVA、SBR。

9. 塑料的主要组成材料有哪些？各自所起的作用是什么？

10. 高分子合成材料主要包括哪几类？试简述其一般的生产工艺过程。

参 考 文 献

[1] 李立寒，张南鹭．道路建筑材料 [M]．4 版．北京：人民交通出版社，2003．

[2] 严家伋．道路建筑材料 [M]．3 版．北京：人民交通出版社，2004．

[3] 姚组康．铺面工程 [M]．上海：同济大学出版社，2001．

[4] 吴科如，张雄．土木工程材料 [M]．2 版．上海：同济大学出版社，2008．

[5] 符芳．建筑材料 [M]．2 版．南京：东南大学出版社，2001．

[6] 朱张校．工程材料 [M]．3 版．北京：清华大学出版社，2001．

[7] 姚望科．石料生产技术 [M]．北京：人民交通出版社，2001．

[8] 林绣贤．高性能沥青混合料设计方法的应用 [J]．华东公路，1998 (5)：58 - 64．

[9] 张德勤，范耀华，师洪俊．石油沥青的生产与应用 [M]．北京：中国石化出版社，2001．

[10] 吕伟民，孙大权．沥青混合料设计手册 [M]．北京：人民交通出版社，2007．

[11] 姜志青．道路建筑材料 [M]．5 版．北京：人民交通出版社，2015．

[12] 蒋玲．道路建筑材料 [M]．2 版．北京：机械工业出版社，2012．

[13] 廖正环．公路工程新材料及其应用指南 [M]．北京：人民交通出版社，2004．

[14] 中华人民共和国行业标准．公路沥青路面设计规范 (JTG D50—2017) [S]．北京：人民交通出版社，2017．

[15] 中华人民共和国行业标准．公路沥青路面施工技术规范 (JTG F40—2004) [S]．北京：人民交通出版社，2004．

[16] 中华人民共和国国家标准．建筑用砂 (GB/T 14684—2011) [S]．北京：中国建筑工业出版社，2011．

[17] 中华人民共和国国家标准．建筑用卵石、碎石 (GB/T 14685—2011) [S]．北京：中国建筑工业出版社，2011．

[18] 中华人民共和国行业标准．公路工程岩石试验规程 (JTG E41—2005) [S]．北京：人民交通出版社，2005．

[19] 中华人民共和国行业标准．公路工程集料试验规程 (JTG E42—2005) [S]．北京：人民交通出版社，2005．

[20] 中华人民共和国行业标准．普通混凝土用砂、石质量及检验方法标准 (JGJ E52—2006) [S]．北京：中国建筑工业出版社，2006．

[21] 中华人民共和国行业标准．公路路面基层施工技术规范 (JTG F20—2015) [S]．北京：人民交通出版社，2015．

[22] 中华人民共和国行业标准．公路沥青路面再生技术规范 (JTG F41—2008) [S]．北京：人民交通出版社，2008．

[23] 中华人民共和国行业标准．公路工程沥青及沥青混合料试验规程 (JTG E20—2011) [S]．北京：人民交通出版社，2011．

[24] 中华人民共和国国家标准．低合金高强度结构钢 (GB/T 1591—2008) [S]．北京：中国标准出版社，2008．

[25] 中华人民共和国国家标准．钢筋混凝土用钢　第 1 部分：热轧光圆钢筋 (GB/T 1499.1—2017) [S]．北京：中国质检出版社，2018．

[26] 中华人民共和国国家标准．钢筋混凝土用钢　第 2 部分：热轧带肋钢筋 (GB/T 1499.2—2018) [S]．

北京：中国质检出版社，2018.

[27] 中华人民共和国行业标准. 公路工程无机结合料稳定材料试验规程（JTG E51—2014）[S]. 北京：人民交通出版社，2014.

[28] 中华人民共和国行业标准. 公路水泥混凝土路面设计规范（JTG D40—2011）[S]. 北京：人民交通出版社，2011.

[29] 中华人民共和国行业标准. 普通混凝土配合比设计规程规范（JGJ 55—2011）[S]. 北京：中国建筑工业出版社，2011.